U0264271

普通高等教育土建学科专业"十一五"规划教材
全国高职高专教育土建类专业教学指导委员会规划推荐教材

建筑电气工程预算

(建筑电气工程技术专业适用)

本教材编审委员会组织编写

郑发泰　主编

刘　玲　主审

中国建筑工业出版社

图书在版编目（CIP）数据

建筑电气工程预算/郑发泰主编. —北京：中国建筑工业
出版社，2004

普通高等教育土建学科专业"十一五"规划教材

全国高职高专教育土建类专业教学指导委员会规划推荐
教材. 建筑电气工程技术专业适用

　ISBN 978-7-112-06957-6

　Ⅰ. 建…　Ⅱ. 郑…　Ⅲ. 房屋建筑设备：电气设备—建
筑预算定额—高等学校：技术学校—教材　Ⅳ. TU723.3

　中国版本图书馆 CIP 数据核字（2004）第 119278 号

普通高等教育土建学科专业"十一五"规划教材

全国高职高专教育土建类专业教学指导委员会规划推荐教材

建筑电气工程预算

（建筑电气工程技术专业适用）

本教材编审委员会组织编写

郑发泰　主编

刘　玲　主审

*

中国建筑工业出版社出版、发行（北京西郊百万庄）

各地新华书店、建筑书店经销

北京富生印刷厂印刷

*

开本：787×1092 毫米　1/16　印张：15　字数：364 千字

2005 年 1 月第一版　2019 年 1 月第十四次印刷

定价：**36.00** 元(含光盘)

ISBN 978-7-112-06957-6

（20931）

本书主要依据建设部 2000 年《全国统一安装工程预算定额》、2003 年《建设工程工程量清单计价规范》（GB 50500—2003）以及现行有关工程造价的文件编写而成。书中详细讲述了定额计价模式下预算定额的特点及使用方法、施工图预算的编制方法；讲述了工程量清单计价模式下工程量清单的编制方法、招标标底以及投标报价的编制方法；介绍了目前流行的定额计价软件以及工程量清单计价软件的操作使用方法；介绍了施工预算、竣工结算的编制方法以及工程预（结）算的审核等内容。书中列举了建筑电气工程施工图预算编制实例、工程量清单以及投标报价编制实例，从而可加深理解编制工程造价的方法步骤。随书附带定额计价软件及工程量清单计价软件（1CD），供读者学习使用。

　　本书内容新颖、实用，可作为高职院校建筑电气工程技术专业的教材，也可供其他专业学习安装工程预算以及从事安装工程造价管理的专业技术人员学习参考。

＊　　　＊　　　＊

责任编辑：齐庆梅　　朱首明
责任设计：孙　梅
责任校对：刘　梅　　刘玉英

本教材编审委员会名单

主　任：刘春泽

副主任：贺俊杰　张　健

委　员：陈思仿　范柳先　孙景芝　刘　玲　蔡可键

　　　　蒋志良　贾永康　王青山　胡晓元　刘复欣

　　　　郑发泰　尹秀妍

序　言

　　全国高职高专教育土建类专业教学指导委员会建筑设备类专业指导分委员会（原名高等学校土建学科教学指导委员会高等职业教育专业委员会水暖电类专业指导小组）是建设部受教育部委托，并由建设部聘任和管理的专家机构。其主要工作任务是，研究建筑设备类高职高专教育的专业发展方向、专业设置和教育教学改革，按照以能力为本位的教学指导思想，围绕职业岗位范围、知识结构、能力结构、业务规格和素质要求，组织制定并及时修订各专业培养目标、专业教育标准和专业培养方案；组织编写主干课程的教学大纲，以指导全国高职高专院校规范建筑设备类专业办学，达到专业基本标准要求；研究建筑设备类高职高专教材建设，组织教材编审工作；制定专业教育评估标准，协调配合专业教育评估工作的开展；组织开展教学研究活动，构建理论与实践紧密结合的教学内容体系，构筑"校企合作、产学研结合"的人才培养模式，为我国建设事业的健康发展提供智力支持。

　　在建设部人事教育司和全国高职高专教育土建类专业教学指导委员会的领导下，2002年以来，全国高职高专教育土建类专业教学指导委员会建筑设备类专业指导分委员会的工作取得了多项成果，编制了建筑设备类高职高专教育指导性专业目录；制定了"供热通风与空调工程技术"、"建筑电气工程技术"、"给水排水工程技术"等专业的教育标准、人才培养方案、主干课程教学大纲、教材编审原则，深入研究了建筑设备类专业人才培养模式。

　　为适应高职高专教育人才培养模式，使毕业生成为具备本专业必需的文化基础、专业理论知识和专业技能、能胜任建筑设备类专业设计、施工、监理、运行及物业设施管理的高等技术应用性人才，全国高职高专教育土建类专业教学指导委员会建筑设备类专业指导分委员会，在总结近几年高职高专教育教学改革与实践经验的基础上，通过开发新课程，整合原有课程，更新课程内容，构建了新的课程体系，并于2004年启动了"供热通风与空调工程技术"、"建筑电气工程技术"、"给水排水工程技术"三个专业主干课程的教材编写工作。

　　这套教材的编写坚持贯彻以全面素质为基础，以能力为本位，以实用为主导的指导思想。注意反映国内外最新技术和研究成果，突出高等职业教育的特点，并及时与我国最新技术标准和行业规范相结合，充分体现其先进性、创新性、适用性。它是我国近年来工程技术应用研究和教学工作实践的科学总结，本套教材的使用将会进一步推动建筑设备类专业的建设与发展。

　　"供热通风与空调工程技术"、"建筑电气工程技术"、"给水排水工程技术"三个专业教材的编写工作得到了教育部、建设部相关部门的支持，在全国高职高专教育土建类专业教学指导委员会的领导下，聘请全国高职高专院校本专业享有盛誉、多年从事"供热通风与空调工程技术"、"建筑电气工程技术"、"给水排水工程技术"专业教学、科研、设计的副教授以上的专家担任主编和主审，同时吸收工程一线具有丰富实践经验的高级工程师及优秀中青年教师参加编写。可以说，该系列教材的出版凝聚了全国各高职高专院校"供热通风与空调工程技术"、"建筑电气工程技术"、"给水排水工程技术"三个专业同行的心血，也是他们多年来教学工作的结晶和精诚协作的体现。

各门教材的主编和主审在教材编写过程中认真负责，工作严谨，值此教材出版之际，全国高职高专教育土建类专业教学指导委员会建筑设备类专业指导分委员会谨向他们致以崇高的敬意。此外，对大力支持这套教材出版的中国建筑工业出版社表示衷心的感谢，向在编写、审稿、出版过程中给予关心和帮助的单位和同仁致以诚挚的谢意。衷心希望"供热通风与空调工程技术"、"建筑电气工程技术"、"给水排水工程技术"这三个专业教材的面世，能够受到各高职高专院校和从事本专业工程技术人员的欢迎，能够对高职高专教学改革以及高职高专教育的发展起到积极的推动作用。

全国高职高专教育土建类专业教学指导委员会
建筑设备类专业指导分委员会
2004 年 9 月

前　　言

随着我国市场经济的不断发展，特别是我国加入 WTO 成为世界贸易组织的正式成员国后，工程造价管理体制逐渐由传统的定额计价模式转向国际通行的工程量清单计价模式，逐步建立起"统一计价规则、企业自主报价、市场竞争形成价格"的工程造价运行机制。现阶段定额计价与工程量清单计价两种计价方式并存，具体采用何种方式确定工程造价，须按当地工程造价管理部门的规定进行。

工程预算是一项技术性、实践性很强的工作，因此本书在编写时注重理论联系实际，简明扼要地讲述了安装工程预算的编制要求、编制方法和编制步骤，并列举了建筑电气安装工程作为预算编制实例。全书围绕建设部 2000 年《全国统一安装工程预算定额》、2003年《建设工程工程量清单计价规范》（GB 50500—2003）以及现行有关工程造价的文件编写而成。书中详细讲述了定额计价模式下预算定额的作用、特点及使用方法；详细讲述了施工图预算的编制方法、编制步骤及编制实例；详细讲述了工程量清单计价模式下工程量清单的编制方法、招标标底以及投标报价的编制方法，并列举了编制实例。书中还介绍了目前流行的定额计价软件以及工程量清单计价软件的操作使用方法；介绍了施工预算、竣工结算的编制方法；介绍了工程预（结）算的审核等内容。全书内容全面、新颖、实用。

本书是全国高职高专教育土建类专业教学指导委员会规划推荐教材，可作为高职院校建筑电气技术专业的教材，也可作为其他专业学习安装工程预算以及从事安装工程造价管理的专业技术人员的学习参考书。

本书由广东建设职业技术学院的郑发泰任主编。全书共十章，其中第一章、第二章、第三章由沈阳建筑大学职业技术学院的韩俊玲编写；第四章、第六章、第七章由广东建设职业技术学院的吴彩虹编写；第五章第三节的施工图预算实例由广东建设职业技术学院的罗敏编写；其余内容由郑发泰编写并对全书进行了统稿。在本书的编写过程中参考了部分同行的文章及成果，并由新疆建设职业技术学院的刘玲对全书进行了审阅，在此表示衷心的感谢。

本书在编写过程中还得到了广州市殷雷软件有限公司的大力支持，该公司向本书提供了第十章所讲述的定额计价软件、工程量清单计价软件以及软件操作使用的多媒体演示软件，供读者学习使用。在此谨代表广大读者表示衷心的感谢。

由于编写时间紧迫，参加编写的人员水平有限，书中难免会出现不当之处，恳请广大读者谅解。

目 录

绪　　论

　　工程造价管理是基本建设管理的重要组成部分，合理确定和有效控制工程造价，能最大限度地提高投资效益。随着我国经济体制由传统的计划经济体制向社会主义市场经济体制的转化和深入发展，工程造价管理模式逐渐由定额计价模式向工程量清单计价模式转变。期间大致可分为三个阶段：量价合一的定额计价、量价分离的定额计价、量价分离的工程量清单计价。

一、量价合一的定额计价

　　我国的建设工程概、预算定额，产生于20世纪50年代，由于历史的原因，在20世纪60～70年代被废止，工程建设变成了无定额的实报实销制，直到20世纪80年代初，才又恢复了工程预算定额。在相当长的时期内，工程预算定额都是我国建设工程预算、结算的法定依据。而且全国各省市都有自己独立实行的工程概、预算定额，作为编制施工图预算、招标标底、投标报价以及签订工程承包合同的依据，在工程造价管理中必须严格执行，不得违背。

　　定额及定额计价模式是计划经济时代的产物，这种量价合一、工程造价单一的静态管理模式，在当时的历史条件下起到了确定建筑工程造价的作用，规范了建筑市场。

　　到了20世纪90年代初，随着我国市场经济体制的建立，在工程施工的发包与承包中开始实行招投标制度，但无论是招标人编制标底，还是施工企业投标报价，都没有跳出定额及定额计价的范畴，没有真正引入竞争机制。因为定额的指令性过强，把施工过程中的工、料、机消耗量统的过死，把施工企业的技术装备、施工手段、管理水平等本属竞争内容的因素固化了，出现了一项工程只有一个价的局面，不利于竞争机制的发挥。

二、量价分离的定额计价

　　为了适应市场经济及建设市场改革的要求，针对工程预算定额编制和使用中存在的问题，建设部于1992年提出了"控制量、指导价、竞争费"的工程造价改革措施，将工程预算定额中的人工、材料、机械台班的消耗量和相应的单价分离。2000年3月17日，建设部颁发了《全国统一安装工程预算定额》及配套的《全国统一安装工程预算工程量计算规则》，体现了以工程消耗量为主、价格作为参考的思想。

　　《全国统一安装工程预算定额》是按照正常的施工条件进行编制的，其中的人工、材料、机械台班的消耗量反映的是正常条件下的社会平均水平。编制预算时，仍要按照预算定额规定的工程消耗量，对定额指导价进行适当的调整。这种计价模式也不能准确反映施工企业的实际消耗量，不能全面体现施工企业的技术力量、管理水平和劳动生产率，由此确定的工程造价，没有真正体现市场经济体制下由市场竞争形成价格的原则。

三、量价分离的工程量清单计价

　　随着我国市场经济体制改革的深化，特别是我国加入WTO以后，全球经济一体化的趋势将使我国的经济更多地融入世界经济之中。从工程建设市场来看，全球经济一体化必将使我国的建筑施工企业与国外的施工企业进行激烈的竞争，采用工程量清单计价是国际工程造价的惯例。因此，我国的工程造价管理模式，不仅要适应社会主义市场经济的需求，还应与国际惯例接轨，即采用工程量清单计价模式。

自2000年起，建设部在广东、吉林、天津等地进行了工程量清单计价的试点工作。广东省根据在顺德市的试点经验，从2001年开始在全省范围内推广工程量清单计价，增加了工程招投标活动的透明度，在充分竞争的基础上降低了工程造价，提高了投资效益。

为了规范工程量清单计价的行为，建设部于2003年颁发了《建设工程工程量清单计价规范》（GB 50500—2003），作为国家标准自2003年7月1日起在全国实施。《建设工程工程量清单计价规范》体现了"政府宏观调控、统一计价规则、企业自主报价、市场形成价格"的工程造价运行机制，具有强制性、实用性、竞争性的特点。

所谓定额计价模式，是按照预算定额的子目划分工程项目，依据施工图纸计算该工程项目的工程数量，再按照该定额子目所规定的工、料、机消耗量及当地所规定的材料预算价格，计算得出工程造价。由于消耗量和价格是规定的，使工程造价具有单一性。

工程量清单计价模式，简单来说就是指制定全国统一的工程量计算规则，在工程招标时，由招标方根据工程设计图纸计算并提供工程量清单（包括须完成的工程项目及相应的工程数量），各投标单位根据自己的实力，按照竞争策略的要求自主报价，招标方择优定标，选择报价低的投标单位承建工程，以工程合同的方式使报价法定化。若施工中出现与招标文件或合同不符，或者工程量发生变化时，采取据实索赔的方法调整支付。工程量清单计价分为标底和投标报价两方面，标底是由招标人编制的，作为衡量工程建设成本，进行评标的参考依据。投标报价是由施工企业编制的，反映该企业承建工程所需的全部费用。

由于我国在工程预算方面长期采用的方法是定额计价模式，工程量清单计价实施不久，各项配套措施正在完善之中，因此在一段时间内定额计价与工程量清单计价仍将并存，《全国统一安装工程预算定额》仍然是定额计价及工程量清单计价时，用于确定工程消耗量的主要依据。也许在不久的将来，预算定额的属性会发生改变，预算定额规定的工程消耗量标准不再是法令性的强制标准，而是作为指导性的参考资料。招标单位可以依据全国统一预算定额的实物消耗量标准编制招标标底，投标单位可以依据本企业内部的实物消耗量标准编制投标报价。

基于此，本教材对定额计价方法和工程量清单计价方法都作了详细介绍，两种方法都可用来编制施工图预算，确定工程造价，具体采用何种方法，应按照当地的规定进行。书中以建筑电气工程为例，重点介绍了两种计价模式下施工图预算的工程量计算方法及工程造价计算方法。学习时应注意以下几点：

1. 深入学习定额

全面了解《全国统一安装工程预算定额》（2000）的分部划分、编制条件以及有关人工、材料、机械台班的确定原则，重点了解第二册及第七册中有关建筑电气强电工程、弱电工程的工程项目划分及工程量计算规则。学习时可以直接使用当地省市在2000年《全国统一安装工程预算定额》的基础上经过换算而编制出的当地安装工程预算定额或单位估价表的相应分册，因为当地的安装工程预算定额或单位估价表中的基价已按本地人工、材料、机械的预算价格计算出，以此为依据编制施工图预算时，可减少计算工作。

2. 收集信息

注意收集当地工程造价管理部门或工程造价咨询机构发布的人工工日工资标准、材料预算价格、机械台班价格等信息以及当地所规定的规费(即行政事业性收费)项目及其计算方法,作为定额计价或工程量清单计价时的定价依据。

3. 掌握格式、养成习惯

掌握用定额计价方法编制施工图预算书的内容及格式,掌握工程量清单计价时工程量清单、投标报价的内容及格式。养成书写格式规范、计算准确认真的一丝不苟的习惯。

4. 学会运用两种计价方法

通过对比定额计价方法和工程量清单计价方法,充分理解用不同方法编制计算工程造价的方法步骤。由于采用工程量清单计价是工程预算的必然趋势,学习时应把工程量清单计价作为重点内容,以适应社会的需要。

5. 应用软件编制预算

编制工程预算时,计算工作量大,过程繁琐,为保证计算结果的准确,有些省市规定预算书必须用计算机进行计算并按规定的格式打印。工程预算电算化是必然趋势,学习时,在掌握了预算编制方法之后,应充分了解社会上流行的、经过工程造价管理部门认证的工程计价软件的特点及操作使用方法,并能熟练使用其中一种软件编制符合要求的预算。

6. 多做练习,熟能生巧,提高编制预算的速度和效率

第一章　工程概预算基础知识

第一节　基本建设概述

一、基本建设

基本建设是指国民经济各部门为建立和形成固定资产的一种综合性的经济活动，即将一定数量的建筑材料、机器设备等，通过购置、建造和安装调试等活动，使之成为固定资产，形成新的生产能力或使用效益的过程。

1. 基本建设的内容

基本建设的内容包括：建筑工程、安装工程、设备材料的购置和其他建设工作。

（1）建筑工程

建筑工程包括：各种永久性和临时性的建筑物、构筑物及其附属于建筑工程内的暖卫、管道、通风、照明、消防、燃气等安装工程；设备基础、工业筑炉、障碍物清理、排水、竣工后的施工渣土清理、水利、铁路、公路、桥梁、电力线路等工程以及防空设施。

（2）安装工程

安装工程包括：各种需要安装的生产、动力、电信、起重、运输、传动、医疗、实验等设备的安装工程；安装设备的绝缘、保温、油漆、防雷接地和管线放设工程；安装设备的测试和无负荷试车等；与设备相连的工作台、梯子等的装设工程。

（3）设备、材料的购置

包括一切需要安装或不需要安装的设备、材料的购置。

（4）其他建设工作

包括上述内容以外的土地征用，原有建筑物拆迁及赔偿，青苗补偿、生产人员培训和管理工作等。

2. 基本建设的作用

基本建设是扩大再生产以提高人民物质、文化生活水平和加强国防综合实力的重要手段。它的具体作用是：

（1）为国民经济各部门提供生产能力；

（2）影响和改变各产业部门内部之间、各部门之间的构成和比例关系；

（3）使全国生产力的配置更趋合理；

（4）用先进的技术改造国民经济；

（5）基本建设还为社会提供住宅、文化设施、市政设施，为解决社会重大问题提供了物质基础。

3. 基本建设项目的分类

（1）按建设项目的建设性质分：新建项目、扩建项目、改建项目、恢复项目、迁建项目；

(2) 按建设项目在国民经济中的用途分：生产性建设项目、非生产性建设项目；

(3) 按建设项目资金来源渠道分：国家投资的建设项目、银行信用筹资的建设项目、自筹资金的建设项目、引进外资的建设项目、长期利用市场资金的建设项目；

(4) 按建设项目的工作阶段分：筹建项目、施工项目、投产项目、竣工项目等；

(5) 按建设项目的规模和投资多少分：大型、中型、小型；

(6) 按建设项目的隶属关系分：部直属项目、部直供项目、地方项目。

二、基本建设工程项目划分

基本建设工程项目，是指具有计划任务书和总体主设计、经济上实行独立核算、管理上具有独立组织形式的基本建设单位。通常将基本建设工程项目简称为建设工程或建设项目。例如：在工业建设中，一般一个工厂为一个建设项目，城市与工业区的一项给水工程或一项排水工程为一个建设项目；在民用建设中，一般一所学校、一所医院即为一个建设项目。

基本建设工程项目可以划分为：单项工程、单位工程、分部工程和分项工程。

1. 单项工程

单项工程是建设项目的组成部分。凡是具有独立的设计文件，竣工后可以独立发挥生产能力或效益的工程，称为一个单项工程。一个建设项目，可以由一个单项工程组成，也可以由若干个单项工程组成。工业建设项目中，如各个独立的生产车间、实验大楼等；民用建设项目中，如学校的教学楼、宿舍楼、图书馆、食堂等，这些都各自为一个单项工程。

2. 单位工程

单位工程是单项工程的组成部分。凡是具有独立的施工图设计，具有独立的专业施工特点并能独立施工，但完工后不能独立发挥生产能力或效益的工程，称为单位工程。一个单项工程可划分一个或若干个单位工程。如房屋建筑中的电气照明工程、暖通工程等。

3. 分部工程

分部工程是单位工程的组成部分。一般按工程部位、专业结构特点等，将一个单位工程划分为若干个分部工程。如防雷接地、电缆工程等。

4. 分项工程

分项工程是分部工程的组成部分。如变配电工程由变压器安装、高低压柜安装、母线安装等分项工程组成。

三、基本建设程序

基本建设程序是人们在长期进行基本建设经济活动中，对基本建设客观规律所作的科学总结。基本建设过程一般包括如下阶段：

(一) 投资决策阶段

1. 提出项目建议书

项目建议书是根据国民经济和社会发展的长远规划、行业规划、地区规划要求，经过调查、预测和分析后提出。项目建议书的主要内容如下：

(1) 项目提出的必要性和依据；

(2) 产品方案、拟建规模和建设地点的初步设想；

（3）资源情况、建设条件、协作关系和引进国别、厂商的初步设计；

（4）投资的初步估算和资金筹措设想；

（5）项目的进度安排；

（6）经济效果和社会效益的初步估计。

2. 建设项目可行性研究

根据国民经济发展规划及项目建议书，对建设项目的投资建设，从技术和经济两个方面，进行系统的、科学的、综合性的研究、分析、论证，以判断技术上是否可行，经济上是否合理，并预测其投产后的经济效益和社会效益。通过多方案比较，提出评价意见，推荐最佳方案，以取得尽可能好的经济效益。

3. 编制计划任务书，选定建设地点

计划任务书，又称设计任务书，是确定建设项目和建设方案的基本文件，是对可行性研究推荐的最佳方案的确认，也是编制设计文件的主要依据。

大中型工业建设项目的计划任务书，一般应包括以下内容：

（1）建设项目的目的和依据；

（2）建设规模、产品方案，生产工艺或方法；

（3）矿产资源，水文地质，燃料、水、电、运输条件；

（4）工程地点及占用土地的估算；

（5）资源综合利用，环境保护、城市规划、防震、防空、防洪、劳动保护及可持续发展的要求；

（6）建设工期和实施进度；

（7）投资估算和资金筹措；

（8）劳动定员控制数；

（9）预期技术水平和经济效益等。

建设项目立项后，建设单位提出建设用地申请。设计任务书报批后，必须附有城市规划行政主管部门的选址意见书。建设地点的选择要考虑工程地质、水文地质等自然条件是否可靠；水、电、运输条件是否落实；项目建设投产后的原材料、燃料等是否具备；对于生产人员的生活条件、生产环境也应全面考虑。在认真细致调查研究的基础上，从几个方案中选出最佳推荐方案，编写选址报告。

（二）规划设计阶段

设计阶段是指由设计单位根据可行性研究报告和选址报告及其批准文件的内容要求，编制出设计文件。建设项目一般包括初步设计、技术设计和施工图设计三个阶段。

1. 初步设计

初步设计是一项带有规划性质的轮廓设计。它的主要内容包括：建厂规模、产品方案、工艺流程、设备选型及数量、主要建筑物和构筑物、劳动定员、建设工期、"三废"治理等。在初步设计阶段，应编制建设项目总概算，确定工程总造价。

2. 技术设计

技术设计是对初步设计的深化。它的内容包括进一步确定初步设计所采用的产品方案和工艺流程，校正初步设计中设备的选择和建筑物的设计方案以及其他重大技术问题。同时编制修正后的总概算。

3. 施工图设计

施工图设计是初步设计、技术设计的具体化，是施工单位组织施工的基本依据。其主要内容包括：

（1）建设工程总平面图，单位建筑物、结构物布置详图和平面图、立面图及剖面图；

（2）生产工艺流程图、设备布置和管路与电气系统等的平面图、剖面图；

（3）各种标准设备的型号、规格、数量及各种非标准设备加工制作图等；

（4）编制施工图预算。

（三）施工阶段

1. 安排年度建设计划

建设单位根据批准后的初步设计、总概算和总工期，编制企业的年度基本建设计划。合理分配各年度的投资额使每年的建设内容与当年的投资额及设备材料分配额相适应。配套项目应同时安排，相互衔接，保证施工的连续性。

2. 建设准备

建设准备工作主要包括：

（1）组织设计文件的编审；

（2）安排年度基本建设计划；

（3）申报物资采购计划；

（4）组织大型专用设备预订和安排特殊材料的订货；

（5）落实地方材料供应，办理征地拆迁手续；

（6）提供必要的勘察测量资料；

（7）落实水、电、道路等外部建设条件和施工力量等。

3. 组织施工

建设准备工作完成后，建设单位用招标方式选定施工单位和签订合同。施工单位根据设计单位提供计划、设计文件的规定，编制施工组织设计及施工预算。根据施工图纸，有计划地按照施工顺序合理进行施工，确保工程质量并按期完工。

（四）竣工验收与投产阶段

1. 竣工验收

竣工验收是全面考核建设成果、检查设计和施工质量的重要环节。根据国家规定，由建设单位、施工单位、工程监理部门和环境保护部门等共同进行工程验收。对于不合格的建设项目，不能办理验收和移交手续。

2. 生产准备

生产准备是衔接工程建设和生产的一个重要环节。建设单位要根据工程项目的生产技术特点，抓好投产前的准备工作。准备工作主要内容如下：

（1）培训生产人员和技术工人，参加生产设备的安装、调试和验收，组织工具、器具、备品的制作与供应；

（2）建立各级生产机构，制定管理制度和安全操作规程。

基本建设程序如图 1-1 所示。

四、建设工程不同阶段的造价

基本建设是特殊的经济活动，在不同的阶段，其工程造价的计价方法、计价标准有所

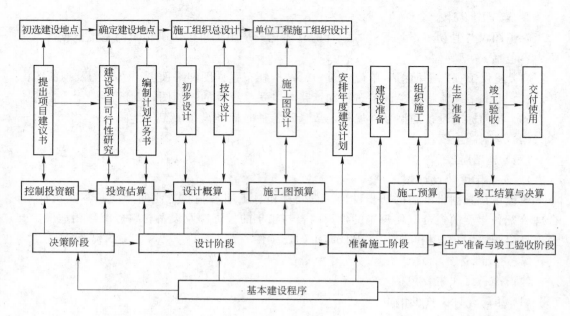

图 1-1 基本建设程序

不同。从工程计价角度看，不同阶段的工程造价分别称为投资估算、设计概算、施工图预算、施工预算、工程结算、竣工决算等。建设工程造价具有分段计价、由粗到细的特点。

各阶段工程造价的计价依据及作用见表 1-1。

建设工程各阶段的工程计价 　　　　　　　　　　　　　表 1-1

建设阶段	投资决策	规 划 设 计		施 工	验 收	竣 工
		初步设计	施工图设计			
计价名称	投资估算	设计概算	施工图预算	施工预算	工程结算	竣工决算
计价依据	估算指标 概算指标	概算指标 概算定额	预算定额	预算定额 施工定额	预算定额	有关文件
用 途	1. 估算投资额 2. 控制总投资 3. 编制计划任务书	1. 确定项目投资额 2. 编制建设计划 3. 考核设计及建设成本 4. 招标	1. 工程预算造价 2. 拨、贷款依据 3. 编制施工计划 4. 招、投标 5. 结算	1. 班组承包 2. 企业内部经济核算	1. 工程实际造价 2. 结算价款，完清财务手续 3. 成本分析	1. 建设项目总价 2. 形成固定资产 3. 考核投资效果

我们通常把设计概算、施工图预算和竣工决算称之为"三算"。在工程建设中加强"三算"，即强调设计有概算、施工有预算、竣工有决算。对于控制基本建设投资，发挥投资效益，防止"三超"，即概算超投资估算、预算超概算、结算超预算，有着重要的作用。

把施工预算和施工图预算两者进行经济效益的比较，称为"两算对比"。安装施工企业可通过"两算对比"，对所承包工程的经济收支进行预测，便于发现问题，采取措施，降低消耗，提高企业经济效益。

第二节　工程概预算概述

一、概算

设计概算，又称为工程概算，是用来确定基本建设项目总造价的技术经济文件。它是在基本建设项目的初步设计阶段，由设计单位根据建设项目的性质、规模、内容、要求、技术经济指标等各项要求做出初步设计图纸，再结合概算定额或概算指标编制而成的。

（一）概算的作用

国家有关部门规定，无论大、中、小型建设项目，在报批设计时，必须同时报批设计概算。经过批准的设计概算是控制建设项目投资的最高限额，一般不得任意修改和突破。因此，设计概算在基本建设经济管理中，具有重要的作用。

1. 概算是控制和确定建设项目投资的依据

经过主管部门批准的设计概算，其费用就成为该建设项目投资的最高总额。不论是年度基本建设投资安排、建设银行拨款和贷款，还是施工图预算、竣工结算，在一般情况下都不能突破这个限额。

2. 概算是编制基本建设计划的依据

计划部门编制建设项目年度固定资产投资计划、物资供应计划等，应以国家主管部门批准的设计概算为依据。没有设计概算的建设项目，不得列入年度基本建设计划。

3. 概算是衡量设计方案是否经济合理的依据

概算的各项指标是技术经济效果的反映。在相同资金及相同经济指标的控制下，不同的设计方案反映不同的经济效果或资金使用效果。因此，根据编制的设计概算，对同类工程的不同设计方案进行技术经济指标、建设成本等方面的分析和对比，对于设计不合理、不太经济的设计方案进行局部修改，提高设计水平，获得最佳的设计方案，以达到节约国家建设投资的目的。

4. 概算是签订建设项目总包合同和贷款的依据

建设周期比较长的大中型建设项目，在施工图总预算没有编制出来以前，设计概算是建设单位与施工单位，以及建设银行签订施工总包合同、投资贷款合同的依据。

5. 概算是编制标底的依据

6. 概算是控制、考核预算造价的依据

（二）概算的编制依据

编制设计概算时，主要依据下列资料进行：

（1）设计图纸、设计说明书、材料表；

（2）国家或省、市颁发的概算定额或概算指标；

（3）安装材料概算价格；

（4）费用定额及其他有关资料。

（三）概算的编制方法

设计概算是由单位工程概算、单项工程综合概算和建设项目总概算逐级汇总而成的。编制时可按如下方法进行：

1. 按概算定额编制

当初步设计达到一定深度时，根据图纸工程量及概算定额编制概算造价。

2. 按概算指标编制

当初步设计深度不够，不能准确计算工程量时，根据有关部门规定的概算指标编制概算造价。

二、施工图预算

施工图预算是在施工图设计完成后，工程开工前，以单位工程为对象，以施工图和施工组织设计为依据，按照国家和地区现行的统一预算定额、费用标准以及地区材料预算价格等编制出的，用来反映单位工程造价的经济文件。

（一）施工图预算的作用

施工图预算具有下列作用：

（1）施工图预算是落实和调整年度基建计划的依据。

（2）施工图预算是实行招标、投标的依据。

（3）施工图预算是签订工程承包合同的依据。

（4）施工图预算是办理财务拨款、工程贷款、工程结算的依据。

建设银行根据施工图预算办理工程的拨款或贷款，同时，监督甲、乙双方按工期和工程进度办理结算。工程竣工后，按施工图和实际工程变更记录及签证资料修正预算，并以此办理工程价款的结算。

（5）施工图预算是施工企业编制施工计划和施工组织设计的依据。

（6）施工图预算是施工企业进行计划管理、工程经济核算的依据。

（二）施工图预算的编制依据

编制施工图预算时，主要依据下列资料进行：

1. 会审后的施工图纸和设计说明等设计资料

经过建设单位、施工单位和设计部门三方共同会审后的施工图纸、图纸会审记录、标准图集、验收规范及有关的技术资料。

2. 电气安装工程预算定额

包括国家颁发的《全国统一安装工程预算定额》和各地方主管部门颁发的现行预算定额、地区单位估价表等。

3. 设备、材料预算价格

设备、材料预算价格是计算设备费、材料费的主要依据。计算时，应使用工程所在地有关部门发布的设备、材料预算价格。

4. 建筑安装工程费用标准

由于地区不同，取费项目、取费标准也有所不同，在编制施工图预算时，应按各地区颁发的建筑安装工程费用标准的有关规定执行。

5. 工程承包合同或协议书

工程承包合同中的有关条款，规定了编制预算时的有关项目、内容的处理办法和费用计取的各项要求，在编制施工图预算时必须充分考虑。

6. 施工组织设计方案

施工组织设计方案是计算工程量，划分分项工程项目，确定其他直接费时不可缺少的依据。为确保施工图预算编制的准确，必须在编制预算前熟悉施工组织设计或施工方案，了解施工现场情况。

7. 有关工程材料设备的出厂价格

对于材料预算价格表中查不到的材料，可以在出厂价的基础上，按预算价格编制方法编制出预算价格。

8. 其他有关资料

如电气安装工程施工图集、标准图集及有关的资料手册。

（三）施工图预算的编制方法

1. 熟悉施工图纸、全面了解工程情况

在编制施工图预算之前，必须认真阅读图纸，理解设计意图，了解工程内容。把图纸中的疑难问题记录下来，通过查找有关资料或向有关技术人员咨询解决，正确确定分项安装工程的项目及数量。

2. 计算工程量

工程量计算的准确性直接影响工程预算造价的准确性，所以在计算工程量时应严格按工程量计算规则进行，保证预算的质量。

3. 工程量汇总

把单位工程中型号、敷设条件、安装方式都相同的工程量汇总在一起，填入工程量汇总表。如配管配线工程量是根据供电系统图和平面图逐段计算得到的，在不同的位置、不同的管段会有种类、规格相同的线管，因此，要将它们汇总为一项。工程量汇总表中的分项工程子目、定额编号、计量单位必须与定额一致。该表中的工程量数值，作为套用定额计算直接费的依据。

4. 套定额单价，计算定额直接费

根据选用的预算定额套用相应项目的预算单价，计算定额直接费。通常采用填写"定额直接费计算表"的方法进行计算。具体方法如下：

（1）将顺序号、定额编号、分项工程名称、折算成定额单位后的工程量数量和单位填写在表中相应栏目内；再按定额编号，查出定额基价以及其中的人工费、材料费、机械费的单价，填入表中相应的栏目内；用工程量乘以各项定额单价，即可求出该分项工程的预算金额。

（2）凡是定额单价中未包括主材费的，在该分项工程项目下面应补上主材费的费用，定额直接费表中的安装费加上主材费用，才是该安装项目的全部费用。

（3）在定额直接费中，还包括各册定额说明中所规定的按系数计取的费用。其中有定额分项工程子目增减系数而增加或减少的费用，应在该子目中增减。

（4）在每页定额直接费表最后一行进行小计（页计），计算出该页各项费用，便于汇总计算。在最后一页小计下面写出总计，即工程基价、人工费、材料费、机械费各项目的总和，尤其是人工费，它是安装工程计取单位费和其他费用的计算基数，必须进行统计。

5. 计算各项费用及工程造价

计算出单位工程定额直接费后，按各省、市的"安装工程取费标准和计算程序表"来计取间接费和其他各项费用，并汇总得出单位工程预算造价。

6. 编写施工图预算的编制说明

编制说明的主要内容如下：

（1）编制预算的依据。即所用的定额、地方预结算估价表、地区工程材料预算价格表、工程取费标准及计算程序等有关文件。

（2）其他费用的计取方法。包括施工图预算以外发生费用的计取；对材料预算价格是否进行调差及调差时所用主材价的说明；对定额中未包括项目借套定额的说明，或因定额缺项而编制补充预算单价表的说明等。

（3）其他需要说明的情况。

编制说明要求简明扼要，语言简练、书写工整。

7. 编制主要材料表

按材料表各栏要求把各种主要材料逐项填入表内。较小工程可不编制，规模较大或重点工程必须编制。

8. 填写封面、装订送审

施工图预算的计算工作全部完成后，要装订成册，形成预算书。通常预算书装订顺序为：封面、预算编制说明、工程总价表、定额直接费计算表、工程量计算表、特殊资料附件。

第三节　电气安装工程预算造价的组成

根据建设部和财政部建标〔2003〕206 号文件《关于印发〈建筑安装工程费用项目组成〉的通知》的精神，建筑安装工程费用由直接费、间接费、利润和税金组成，如表1-2所示。

建筑安装工程费用的组成　　　　　　　　　　　　　　表 1-2

建筑安装工程费	一、直接费	（一）直接工程费	1. 人工费 2. 材料费 3. 施工机械使用费	
		（二）措施费	1. 环境保护费 2. 文明施工费 3. 安全施工费 4. 临时设施费 5. 夜间施工增加费 6. 二次搬运费 7. 大型机械设备进场及安拆费	8. 混凝土、钢筋混凝土模板及支架费 9. 脚手架费 10. 已完工程及设备保护费 11. 施工排水、降水费 12. 市政工程施工干扰费 13. 其他措施费
	二、间接费	（一）规费	1. 工程排污费 2. 工程定额测定费 3. 社会保障费	4. 住房公积金 5. 危险作业意外伤害保险
		（二）企业管理费	1. 管理人员工资 2. 办公费 3. 差旅交通费 4. 固定资产使用费 5. 工具用具使用费 6. 劳动保险费	7. 工会经费 8. 职工教育经费 9. 财产保险费 10. 财务费 11. 税金 12. 其他
	三、利润			
	四、税金	1. 营业税 2. 城市维护建设税 3. 教育费附加		

一、直接费

直接费是由直接工程费、措施费组成。

（一）直接工程费

直接工程费是指施工过程中消耗的构成工程实体和有助于工程实体形成的各项费用，包括人工费、材料费和机械费。直接工程费又叫做实体项目费。

1. 人工费

人工费是指直接从事建筑安装工程施工的生产工人所开支的各项费用。定额的人工费包括：

（1）生产工人的基本工资；

（2）生产工人工资性津贴；

（3）生产工人的辅助工资；

（4）职工福利费；

（5）生产工人劳动保护费。

人工费作为其他费用的取费基础，要单列出来，计算要准确无误。人工费的计算方法为：

$$人工费＝换算成定额单位后的工程数量×相应子目的人工费单价 \qquad (1-1)$$

2. 材料费

材料费是指施工过程中耗用的构成工程实体的主要材料、辅助材料、构配件、半成品、零件及其他零星材料之和。材料费包括以下内容：

（1）材料原价或供应价；

（2）运输损耗费；

（3）检验试验费；

（4）材料运杂费；

（5）采购保管费。

材料费可按下式计算：

$$分项工程材料费＝未计价材料费＋已计价材料费 \qquad (1-2)$$

$$未计价材料费＝\Sigma(加损耗后的工程数量×材料单价) \qquad (1-3)$$

$$已计价材料费＝换算成定额单位后的工程数量×相应子目的材料费单价 \qquad (1-4)$$

未计价材料是指在定额表中列出了消耗量但在定额基价中未包含其价值的材料，已计价材料是指在定额表中列出了消耗量并且在定额基价中已经包含了其价值的材料。

3. 机械费

机械费是施工机械使用费的简称，是指建筑安装工程施工过程中，使用各类施工机械作业所发生的机械使用费以及机械安、拆和进出场费用。其内容包括机械设备折旧费、大修费、经常修理费、安拆费及场外运输费、驾驶人员的人工费、运输机械养路费、车船使用税及保险费等。编制预算时，机械费可按式(1-5)计算：

$$分项工程机械费＝换算成定额单位后的工程数量×相应子目机械费单价 \qquad (1-5)$$

上述人工费、材料费、机械费分别求得后，经累加后得出定额直接费，即：

$$分项工程定额直接费＝换算成定额单位后的工程数量×相应子目基价单价$$

$$＝分项工程人工费＋分项工程材料费＋分项工程机械费$$

直接工程费依据施工图和定额进行计算，应包括定额中按系数计取的各项费用。

（二）措施费

措施费是指为完成工程项目施工，发生于该工程施工前和施工过程中非工程实体项目的费用。其内容包括：

（1）环境保护费。

（2）文明施工费。

（3）安全施工费。

（4）临时设施费。

临时设施包括：临时宿舍、文化福利及公用事业房屋与构筑物、仓库、办公室、加工厂以及规定范围内道路、水、电、管线等临时设施和小型临时设施。

（5）夜间施工增加费。

（6）二次搬运费。

（7）大型机械设备进出场及安拆费。

（8）混凝土、钢筋混凝土模板及支架费。

（9）脚手架费。

（10）已完工程及设备保护费。

（11）施工排水、降水费。

（12）市政工程施工干扰费。

（13）其他费用。

措施费应按工程实际发生情况计取，用直接工程费中的人工费乘以规定费率计算得到。

二、间接费

间接费是指施工企业为组织和管理建筑安装工程施工而发生的非生产性开支。间接费由企业管理费和规费组成。间接费没有全国统一的收费定额，是由各省、市及地区经济管理机关，依据国家方针政策及本地企业经济管理水平等情况制定间接费定额，作为计取间接费用的标准。间接费的计算方法应按照当地规定进行。

（一）企业管理费

企业管理费是指施工企业为组织施工生产、经营管理活动所发生的管理费用。其内容包括：

1．管理人员工资

指管理人员的基本工资、工资性补贴和按规定标准提取的职工福利费、劳动保护费。

2．差旅交通费

指职工因公出差、调动工作的差旅费、住勤补助费，市内交通费和误餐补助费，职工探亲路费，劳动力招募费，职工离退休、退职一次性路费，工伤人员就医路费，工地转移费以及管理部门使用的交通工具的油料、燃料、大修、维修或租赁等费用。

3．办公费

指企业管理办公用的文具、纸张、账表、印刷、邮电、书报、会议、水电、烧水和集体取暖（包括现场临时宿舍取暖）用煤等费用。

4．固定资产使用费

指管理和试验部门及附属生产单位使用的属于固定资产的房屋、设备仪器等的折旧、大修、维修或租赁等费用。

5. 工具用具使用费

指管理所用的不属于固定资产的工具、器具、家具、交通工具和检验、试验、测绘、消防用具等的购置、维修和摊销费。

6. 工会经费

指企业按职工工资总额计提的工会经费。

7. 职工教育经费

指企业为职工学习先进技术和提高文化水平，按职工工资总额计提的费用。

8. 财产保险费

指施工管理用财产、车辆保险费用。

9. 财务费

指企业为筹集资金而发生的各项费用。包括企业经营期间发生的短期贷款利息净支出，金融机构手续费，汇兑损失以及企业筹集资金所发生的其他财务费用。

10. 劳动保险费

指由企业支付离退休职工的易地安家补助费、职工退休金、六个月以上的病假人员工资、职工死亡丧葬补助费、抚恤费、按规定支付给离休干部的各项费用。

目前，全国很多地市已实行了劳动保险待业统筹管理。实行统筹管理的地区，大部分已将劳动保险基金从企业管理费中提出单独列项计算；未实行统筹管理的地区，劳动保险基金含在间接费的企业管理费中。

11. 税金

指企业按规定交纳的房产税、车船使用税、土地印花税、土地使用税及土地使用费等。

12. 其他费用

指以上各项费用以外的其他必要的费用支出，包括：技术转让、技术开发、业务招待、排污、绿化、广告、法律顾问、审计、咨询费等。

（二）规费

规费是指政府和有关权力部门规定必须缴纳的费用（又称为行政事业性收费）。包括：

1. 工程排污费

指施工现场按规定缴纳的工程排污费。

2. 工程定额测定费

指按规定支付工程造价（定额）管理部门的定额测定费。

3. 社会保障费

（1）养老保险费：指企业按规定标准为职工缴纳的基本养老保险费。

（2）失业保险费：指企业按照国家规定标准为职工缴纳的失业保险费。

（3）医疗保险费：指企业按照规定标准为职工缴纳的基本医疗保险费。

（4）生育保险费：指企业按照规定标准为职工缴纳的女职工生育保险费。

4. 住房公积金

指企业按规定标准为职工缴纳的住房公积金。

5. 危险作业意外伤害保险

指按照《中华人民共和国建筑法》规定，企业为从事危险作业的建筑安装施工人员支付的意外伤害保险费。

三、利润

利润是指施工企业完成建筑产品后，按国家规定应计入建筑安装工程造价的利润，根据不同工程类别实行差别利润率。其计算公式如下：

$$利润＝人工费×规定费率 \tag{1-6}$$

四、税金

税金是指按国家税法规定的应计入建筑安装工程造价内的营业税、城市维护建设税及教育费附加。税金按各省、自治区、直辖市规定的税率进行计算。其计算公式如下：

$$税金＝(直接费＋间接费＋利润)×综合税率 \tag{1-7}$$

按现行税法的规定，综合税率有三种情况：

1. 纳税地点在市区的企业

$$税率＝\frac{1}{1-3\%-(3\%×7\%)-(3\%×3\%)}-1＝3.4126\%≈3.41\%$$

2. 纳税地点在县城、镇的企业

$$税率＝\frac{1}{1-3\%-(3\%×5\%)-(3\%×3\%)}-1＝3.3485\%≈3.35\%$$

3. 纳税地点不在市区、县城、镇的企业

$$税率＝\frac{1}{1-3\%-(3\%×1\%)-(3\%×3\%)}-1＝3.2205\%≈3.22\%$$

在建筑安装工程费用组成项目中，除定额直接费根据设计图纸和预(概)算定额计算外，其余各项费用均需按照工程所在地规定的取费标准进行计算。由于各省所划分的费用项目不尽相同，因此，编制预算时，应按照当地规定的现行取费标准和计算程序表进行计算。我国部分地区已经实行工程量清单计价，有些地区则实行定额计价。工程量清单计价和定额计价的费用项目及其计算方法有所不同。表1-3所示为辽宁省2004年安装工程工程量清单计价程序表，表1-4为辽宁省2004年安装工程定额计价程序表。

2004年辽宁省安装工程工程量清单计价程序表　　　　　　表1-3

序 号	费 用 项 目	计 算 方 法	备 注
1	工程量清单项目费	清单工程量×综合单价	
2	措施项目费		
2.1	技术措施项目费	技术措施工程量×综合单价	
2.2	其他措施项目费		
2.2.1	临时设施费	人工费×费率	
2.2.2	环境保护费		
2.2.3	文明施工费	人工费×费率	
2.2.4	安全施工费		
2.2.5	夜间施工增加费	(1－合同工期/定额工期)×(直接工程费中的人工费/平均日工资单价)×每工日夜间施工费开支	

16

序 号	费 用 项 目	计 算 方 法	备 注
2.2.6	二次搬运费	签证计算	
2.2.7	已完成工程及设备保护费	按施工组织设计计算	
3	其他项目费		
4	规费		
4.1	工程排污费	按各市规定计算	
4.2	工程定额测定费	按各市规定计算	
4.3	社会保险费		
4.3.1	养老保险费	按各市规定计算	
4.3.2	失业保险费	按各市规定计算	
4.3.3	医疗保险费	按各市规定计算	
4.3.4	生育保险费	按各市规定计算	
4.4	住房公积金	按各市规定计算	
4.5	危险作业意外伤害保险	按各市规定计算	
5	合计(不含税工程造价)	1+2+3+4	
6	税金	5×税率	
7	工程造价	5+6	

2004 年辽宁省安装工程定额计价程序表　　　　　　　　表 1-4

序 号	费 用 项 目	计 算 方 法	备 注
1	直接工程费	实体工程量×定额基价	
2	直接工程费中的人工费		
3	措施项目费		
3.1	技术措施项目费	按规定计算	
3.2	其他措施项目费	按规定计算	
3.2.1	临时设施费	人工费×规定费率	
3.2.2	环境保护费		
3.2.3	文明施工费	人工费×规定费率	
3.2.4	安全施工费		
3.2.5	夜间施工增加费	(1-合工工期/定额工期)×(直接工程费中的人工费/平均日工资单价)×每工日夜间施工费开支	
3.2.6	二次搬运费	签证计算	
3.2.7	已完成工程及设备保护费	按施工组织设计计算	
4	企业管理费	人工费×规定费率	
5	利润	人工费×规定费率	
6	价差		
6.1	人工价差	按规定计算	

序 号	费 用 项 目	计 算 方 法	备 注
6.2	材料价差	按规定计算	
6.3	机械价差	按规定计算	
7	其他项目费		
8	规费		
8.1	工程排污费	按各市规定计算	
8.2	工程定额测定费	按各市规定计算	
8.3	社会保险费		
8.3.1	养老保险费	按各市规定计算	
8.3.2	失业保险费	按各市规定计算	
8.3.3	医疗保险费	按各市规定计算	
8.3.4	生育保险费	按各市规定计算	
8.4	住房公积金	按各市规定计算	
8.5	危险作业意外伤害保险	按各市规定计算	
9	合计(不含税工程造价)	1+2+3+4+5+6+7+8	
10	税金	9×税率	
11	含税工程造价	9+10	

注：技术措施项目费包括：模板、脚手架、大型机械设备进出场及安拆、施工排水、降水等(指定额有子目的)。

无论是工程量清单计价方式还是定额计价方式，安装工程都以人工费为计费基础。定额计价方式中的人工费应是定额人工费与各项技术措施项目中人工费之和。

第四节　工程类别的划分

在编制电气安装工程预算造价时，利润等费用的费率与工程类别有关，工程类别不同，取费就不同。因此，工程类别划分正确与否，直接影响工程预算造价的准确性。

一、工程类别划分标准

工程类别按照工程的规模大小、复杂程度及施工技术难易程度划分为四类，划分标准见表1-5所示。

工程类别划分　　　　　　表1-5

工程类别	划 分 标 准	说 明
一　类	1. 单层厂房15000m²以上 2. 多层厂房20000m²以上 3. 民用建筑25000m²以上 4. 机电设备安装工程工程费(不含设备)1500万元以上 5. 市政公用工程工程费(不含设备)3000万元以上	单层厂房跨度超过30m或高度超过18m，多层厂房跨度超过24m，民用建筑檐高超过100m，机电设备安装单体设备重量超过80t，市政工程的隧道及长度超过80m的桥梁工程，可参考一类工程费率。

工程类别	划 分 标 准	说 明
二 类	1. 单层厂房 10000m² 以上，15000m² 以下 2. 多层厂房 15000m² 以上，20000m² 以下 3. 民用建筑 18000m² 以上，25000m² 以下 4. 机电设备安装工程工程费(不含设备)1000 万元以上，1500 万元以下 5. 市政公用工程工程费(不含设备)2000 万元以上，3000 万元以下	单层厂房跨度超过 24m 或高度超过 15m、多层厂房跨度超过 18m、民用建筑檐高超过 80m、机电设备安装单体设备重量超过 50t、市政工程的隧道及长度超过 50m 的桥梁工程，可参考二类工程费率。
三 类	1. 单层厂房 5000m² 以上，10000m² 以下 2. 多层厂房 8000m² 以上，15000m² 以下 3. 民用建筑 10000m² 以上，18000m² 以下 4. 机电设备安装工程工程费(不含设备)500 万元以上，1000 万元以下 5. 市政公用工程工程费(不含设备)1000 万元以上，2000 万元以下	单层厂房跨度超过 18m 或高度超过 10m、多层厂房跨度超过 15m、民用建筑工程檐高超过 50m、机电设备安装单体设备重量超过 30t、市政工程的隧道及长度超过 30m 的桥梁工程，可参考三类工程费率。
四 类	1. 单层厂房 5000m² 以下 2. 多层厂房 8000m² 以下 3. 民用建筑 10000m² 以下 4. 机电设备安装工程工程费(不含设备)500 万元以下 5. 市政公用工程工程费(不含设备)1000 万元以下	其他不属于一类、二类、三类的安装工程。

二、工程类别划分说明

(1) 建筑物按审图部门审核后的施工图的单位工程进行划分。

(2) 以工程费为标准划分类别的工程，其工程费为经批准的工程概算(或投资估算)扣除设备费。

(3) 一项总包工程中含两项以上不同性质的工程时，不同性质的工程分别确认，以类别高的工程为准。

(4) 划分标准中的×××以上，不包括×××本身，×××以下包括×××本身。

三、工程类别确认报告单

工程类别划分后，应填写工程类别确认报告单并报批。工程类别确认报告单的格式见表 1-6 所示。

2004 年辽宁省工程类别确认报告单　　　　　表 1-6

工程名称	
工程性质	
业主名称	
建筑工程建筑面积(m²)	
机电设备安装工程工程费(万元)	
市政公用工程工程费(万元)	
业主确认工程类别	工程造价主管部门
业主公章　　　　　　负责人签字 　　　　　　　　　　年 月 日	报告表收讫章　　　　　　负责人签字 　　　　　　　　　　　　　年 月 日

说明：

（1）工程性质指建筑工程、机电设备安装工程、市政公用工程。

（2）一项总包工程中含两项以上不同性质的工程时，不同性质的工程分别确认，以类别高的为准。

（3）本表一式多份，向工程造价主管部门报告后，业主留存一份，随报审的招标文件送招投标管理部门一份，作为招标文件内容之一送每位投标人。

四、各类工程的费率

各类工程的费率应按当地的规定选取。表1-7、表1-8列出2004年《辽宁省建设工程费用参考标准》，供学习时参考。

（一）施工总承包工程

施工总承包工程费率（单位：％）　　　　　　　　　　表 1-7

费用项目 \ 工程性质·取费基数·工程类别	建筑工程 直接工程费				机电设备安装工程 直接工程费中人工费				市政公用工程 直接工程费			
	一	二	三	四	一	二	三	四	一	二	三	四
临时设施费	1	1	1.5	1.5	5	5	7.5	7.5	1	1	1.5	1.5
企业管理费	4	5	6	7	16	20	24	28	4	5	6	7
利　润	3	3.5	4	4.5	12	14	16	18	3	3.5	4	4.5

（二）专业承包工程

专业承包工程费率（单位：％）　　　　　　　　　　表 1-8

工程项目 \ 费用项目·取费基数·工程类别	取费基数	临时设施费				企业管理费				利　润			
		一	二	三	四	一	二	三	四	一	二	三	四
以直接费计取的专业工程	直接工程费	0.8	0.8	1.2	1.2	3.2	4	4.8	5.6	1.5	1.7	2	2.2
以人工费计取的专业工程	直接工程费中人工费	4	4	6	6	12.8	16	19.2	22.4	6	7	8	9

本　章　小　结

（1）基本建设是形成固定资产的一种综合性的经济活动。基本建设过程一般包括投资决策阶段、规划设计阶段、施工阶段、竣工验收与投产阶段。不同阶段的工程造价分别称为投资估算、设计概算、施工图预算、施工预算、工程结算、竣工决算等。

（2）工程概算是在基本建设项目的初步设计阶段，根据初步设计图纸，再结合概算定额或概算指标编制而成的。施工图预算是在施工图设计完成后，工程开工前，按照现行预算定额、费用标准以及材料预算价格等编制出的经济文件。

（3）电气安装工程预算造价由直接费、间接费、利润和税金组成，各项费用的计算体现在计价程序表中。编制预算时应按照工程所在地的计价程序表计算工程预算造价，计价程序表中的费用项目及费率应按照工程类别、工程实际情况、当地文件规定等据实选取。

思 考 题 与 习 题

1. 什么是基本建设？基本建设包括哪些内容？
2. 基本建设程序包括哪几个阶段？各阶段工程计价的名称及作用是什么？
3. 什么叫概算？概算的作用和编制依据是什么？
4. 什么叫施工图预算？施工图预算的作用和编制依据是什么？
5. 建筑电气安装工程造价由哪些费用组成？
6. 什么是直接费？直接费包括哪些费用？如何计算？
7. 什么是间接费？间接费包括哪些内容？如何计算？
8. 什么是利润？如何计算？
9. 什么是税金？如何计算？

第二章　工程定额基础知识

第一节　工程定额概述

一、工程定额

安装工程定额，是指安装企业在正常的施工条件下，完成某项工程任务所消耗的人工、材料、机械台班数量的标准。安装工程定额是按照正常的生产技术和经营管理水平，用科学的方法制定的，它反映了一定社会生产条件下产品和生产消费之间的数量关系。定额是计划经济管理的重要组成部分，是确定工程造价和物资消耗数量的主要依据。

安装工程定额不仅规定了完成单位数量工程项目所需要的人工、材料、机械台班的消耗耗量，还规定了完成该工程项目所包含的主要施工工序和工作内容，对全部施工过程都做了综合性的考虑。

（一）工程定额的特点

1. 定额具有法令性和有限灵活性

安装工程定额的法令性体现在定额是国家或其授权主管部门组织制定的，一经颁发就具有法律效力。定额的法令性决定了各地区、各部门都必须严格遵守和执行，不得随意修改，以保证全国各地区的工程建设有一个统一的标准。

安装工程定额的灵活性，主要是指定额在执行上的有限灵活性。国家工程建设主管部门颁发的全国统一定额是根据全国生产力平均水平编制的，是一个综合性的定额，由于全国各地区情况差异较大，国家允许省（直辖市、自治区）级工程建设主管部门，根据本地区的实际情况，在全国统一定额基础上制定地方定额，并以法令性文件颁发，在本地区范围内执行。某一定额中有缺项时，允许套用定额中相近的项目或对相近定额进行调整、换算。如无相近项目，也允许企业编制补充定额，但需经建设主管部门批准后才有效。可见，具有法令性的定额在使用上具有有限的灵活性。

2. 定额的先进性与合理性

安装工程的先进性体现在编制定额时，考虑了已成熟推广的新工艺、新技术、新材料。定额规定的人工、材料及施工机械台班消耗量，是在正常条件下，大多数施工企业可以达到或超过的社会平均先进水平，因而定额具有合理性。这样，可以更好地调动企业与工人的积极性，不断改善经营管理，改进施工方法，提高生产率，降低成本，取得更好的经济效益。

3. 定额的稳定性与时效性

定额是反映一定时期内，社会生产技术、机械化程度和新材料、新技术的应用水平，但定额不是长期不变的。随着科学技术的发展，新材料、新工艺和新技术的不断出现，必然对定额的内容和数量标准产生影响，这就要对原定额进行修改和补充，制定和颁发新定额，因此，定额在执行期内具有时效性和相对的稳定性。

4. 定额的科学性与群众性

定额的科学性体现在定额是吸取现代科学管理新成果的基础上，采用科学的方法测定计算而制定的。

定额的群众性体现在群众是编制定额的参与者，也是定额的执行者。定额产生于生产和管理的实践中，又服务于生产，不仅符合生产的需要，而且具有广泛的群众基础。

（二）工程定额的分类

1. 按生产要素分类

进行产品生产所具备的三要素为劳动者、劳动手段、劳动对象。劳动者是指生产工人，劳动手段是指生产工具和机械设备，劳动对象是指工程材料。根据这三部分内容编制的定额，为劳动定额、材料消耗定额和机械台班使用定额。

2. 按不同用途分类

按定额的不同用途可分为施工定额、预算定额、概算定额和概算指标等。

3. 按定额的编制单位和执行范围分类

按定额的编制单位和执行范围可分为全国统一定额、行业统一定额、地方定额、企业定额等。

（1）全国统一定额。这是综合全国建筑安装工程的生产技术、施工组织管理的平均水平而编制的定额。由国家主管部门统一制定和颁发，在全国范围内执行。如《全国统一安装工程预算定额》，它反映了全国安装工程的平均生产力水平，使全国在计划、统计、产品价格、成本核算等方面，具有统一尺度，并对行业统一定额和地方定额具有指导作用。

（2）行业统一定额。它是考虑各专业生产技术特点，参照全国统一定额的水平而编制的，一般只在本行业范围内执行。如：铁道部编制的铁路建设工程定额，煤炭工业部编制的矿井建设工程定额，石油总公司编制的石化建设工程定额等。

（3）地方定额。它是国家授权各地区主管部门，根据本地区自然气候、物质技术、地方资源和交通运输等条件，并参照全国统一定额水平编制的。如《辽宁省建筑工程定额》，只限在辽宁省内执行。

（4）企业定额。它是建筑安装企业自行编制的具有补充性质的定额。企业在执行定额中由于新技术、新材料等的出现，定额项目需要不断补充，以适应生产需要。企业可根据实际情况，针对全国统一定额和地方定额中的某些缺项编制补充定额，经履行审批手续后，在本企业范围内执行。

4. 按专业工程分类

按照定额所适应的专业工程可分为：建筑工程定额、安装工程定额、市政工程定额、建筑装饰工程定额、房屋修缮工程定额、水利工程定额、铁路工程定额等。各专业定额在规定的适用范围内执行。

二、安装工程概算定额和概算指标

（一）概算定额

安装工程概算定额简称概算定额。它是国家或授权机关为编制设计概算而编制的用于确定安装工程的扩大分项工程所需的人工、材料及施工机械台班消耗量的标准。概算定额以预算定额为基础，根据通用设计图或标准图等资料，经过适当综合扩大编制而成。其项目划分是在保证相对正确的前提下，按工程形象部位，以主体结构分部为主，合并预算定额中相关联的部分(即将预算定额的几个项目合并为一个项目)，进行综合扩大而成。

由于一个扩大分项工程概算定额综合了若干分项工程预算定额，因此使工程概算的计算和概算书的编制都比施工图预算简化了许多。全国没有统一的概算定额，均由各地区编制本地区的概算定额。

概算定额的主要作用有：

(1) 概算定额作为设计部门编制初步设计概算和修正概算的依据。

(2) 概算定额是有关主管部门确定基本建设项目投资、编制基本建设计划、实行基本建设包干、控制基本建设拨款、编制施工图预算和考核设计是否经济合理的依据。

(3) 概算定额是编制概算指标的依据。

(4) 概算定额还可以作为基本建设计划提供主要材料的参考。

合理编制概算定额对提高设计概算质量，加强基本建设宏观经济控制与管理，合理使用建设资金，降低建设成本，充分发挥投资效果等方面都具有重要作用。

(二) 概算指标

概算指标是比概算定额更加综合扩大的数量标准。它是以建筑面积或者单项工程为计算单位，规定技术经济指标和人工、材料的定额标准。概算指标比概算定额更加综合和简化。

概算指标的主要作用有：

(1) 概算指标是初步设计阶段编制设计概算，确定工程概算造价和建设单位申请投资拨款的依据。

(2) 概算指标是建设单位编制工程建设计划和申请主要材料的依据。

(3) 概算指标是进行设计方案比较、分析投资效果的主要依据。

(4) 概算指标是工程建设决策阶段编制计划任务书的依据。

三、安装工程预算定额

预算定额是在施工定额的基础上综合和扩大，以单位工程各个分部分项工程为单位编制的，用于反映在正常施工条件下，完成一定计量单位的分项工程或结构构件所需要的人工、材料、机械台班消耗量的数量标准。

预算定额主要有全国统一预算定额、地区预算定额或单位估价表等。

预算定额在工程建设中具有十分重要的地位。其主要作用为：

(1) 预算定额是编制施工图预算、确定工程造价的依据。

(2) 预算定额是编制施工组织设计的依据。

(3) 预算定额是办理工程竣工结算的依据。

(4) 预算定额是施工企业进行财务计划和经济核算的依据。

(5) 预算定额是编制概算定额和概算指标的依据。

预算定额作为确定工程产品的管理工具，必须遵照价值规律的客观要求进行编制，内容应简明、实用、依据恰当。

预算定额的编制依据主要有：

(1) 国家和有关部委颁发的现行全国通用的设计规范、施工及验收规范、操作规程、质量评定标准和安全操作规程等。编制预算定额时，根据这些文件和要求，确定完成各分项工程所应包括的工作内容、施工方法和质量标准等。

（2）现行的全国统一劳动定额、施工材料消耗定额和施工机械台班使用定额。

（3）通用的标准图集、定型设计图纸和有代表性的设计图纸或图集等。

（4）技术上已成熟并推广使用的新技术、新材料和先进的施工方法。

（5）有关可靠的科学试验、测定、统计和经验分析资料。

（6）现行的各省、直辖市、自治区的人工工资标准、材料预算价格以及机械台班预算价格等。

第二节　全国统一安装工程预算定额

现行的《全国统一安装工程预算定额》是由建设部组织修订，并于 2000 年 3 月 17 日颁发施行。该定额是依据现行有关国家的产品标准、设计规范、施工及验收规范、技术操作规范、质量评定标准和安全操作规程编制的。它是统一全国安装工程预算工程量计算规则、项目划分、计量单位的依据，也是编制概算定额、投资估算指标的基础，还可以作为制订企业定额和投标报价的基础。

一、《全国统一安装工程预算定额》的组成

《全国统一安装工程预算定额》共分十三册。包括：

第一册《机械设备安装工程》　　　　　　　　GYD—201—2000；

第二册《电气设备安装工程》　　　　　　　　GYD—202—2000；

第三册《热力设备安装工程》　　　　　　　　GYD—203—2000；

第四册《炉窑砌筑工程》　　　　　　　　　　GYD—204—2000；

第五册《静置设备与工艺金属结构制作安装工程》GYD—205—2000；

第六册《工业管道工程》　　　　　　　　　　GYD—206—2000；

第七册《消防及安全防范设备安装工程》　　　GYD—207—2000；

第八册《给排水、采暖、燃气工程》　　　　　GYD—208—2000；

第九册《通风空调工程》　　　　　　　　　　GYD—209—2000；

第十册《自动化控制仪表安装工程》　　　　　GYD—210—2000；

第十一册《刷油、防腐蚀、绝热工程》　　　　GYD—211—2000；

第十二册《通信设备及线路工程》　　　　　　GYD—212—2000（另行发布）；

第十三册《建筑智能化系统设备安装工程》　　GYD—213—2003。

在全国统一安装工程预算定额中，电气安装工程主要使用以下四册定额：

第二册《电气设备安装工程》：内容分为 14 章，依次是变压器；配电装置；母线、绝缘子；控制设备与低压电器；蓄电池；电机；滑触线装置；电缆；防雷及接地装置；10kV 以下架空线路；电气调整试验；配管、配线；照明器具；电梯电气装置。

第七册《消防及安全防范设备安装工程》：内容分为 6 章，依次是火灾自动报警系统安装；水灭火系统安装；泡沫灭火安装；消防系统调试；安全防范设备安装。

第十册《自动化控制仪表安装工程》：内容分为 9 章，依次是过程检测仪表；过程控制仪表；集中检测装置及仪表；集中监视与控制装置；工业计算机安装与调试；仪表管路敷设、伴热及脱脂；工厂通讯、供电；仪表盘、箱、柜及附件安装；仪表附件制作安装。

第十三册《建筑智能化系统设备安装工程》：内容分为 10 章，依次是综合布线系统工程；通信系统设备安装工程；计算机网络系统设备安装工程；建筑设备监控系统安装工程；有线电视系统设备安装工程；扩声、背景音乐系统设备安装工程；电源与电子设备防雷接地装置安装工程；停车场管理系统设备安装工程；楼宇安全防范系统设备安装工程；住宅小区智能化系统设备安装工程。

二、《全国统一安装工程预算定额》的内容

《全国统一安装工程预算定额》的内容由总说明、册说明、章说明、定额项目表、附录等部分组成。

（1）总说明。主要说明定额的适用范围、编制依据、施工条件，关于人工、材料、施工机械标准的确定，对定额中有关的费用按系数计取的规定及其他有关问题的说明。

（2）册说明。册说明是对本册定额共同性问题所作的说明。主要内容为：本册定额的作用和适用范围；本册定额与相邻册定额的分界线；定额的编制依据；有关人工、材料和机械台班定额的说明；本册定额系数的使用方法等。

（3）章说明。主要说明本章的工作内容、适用范围及工程量计算规则等。

（4）定额项目表。定额分项工程项目表是预算定额的主要部分。它以表格形式列出各分项工程项目的名称、计量单位、工作内容、定额编号、单位工程量的定额基价及其中的人工、材料、机械台班消耗量及单价。如表 2-1 所示。

吸 顶 灯 具 表 2-1

工作内容：测定、划线、打眼、埋螺栓、上木台、灯具安装、接线、接焊包头。 计量单位：10 套

定 额 编 号			2-1382	2-1383	2-1384	2-1385	2-1386
项 目			圆球吸顶灯		半圆球吸顶灯		
			灯罩直径（mm 以内）				
			250	300	250	300	350
名 称	单位	单价（元）	数 量				
人工 综 合 工 日	工日	23.22	2.160	2.160	2.160	2.160	2.160
材料 成套灯具	套	—	(10.100)	(10.100)	(10.100)	(10.100)	(10.100)
圆木台 150～250mm	块	9.130	10.500	—	10.500	—	—
圆木台 275～350mm	块	1.520	—	10.500	—	10.500	—
圆木台 375～425mm	块	2.100	—	—	—	—	10.500
塑料绝缘线 BV-2.5mm²	m	1.120	3.050	3.050	7.130	7.130	7.130
伞形螺栓 M(6～8)×150	套	1.480	20.400	20.400	20.400	20.400	20.400
木螺钉 φ(2～4)×(6～65)	10 个	0.130	5.200	5.200	4.160	4.160	4.160
其他材料费	元	—	3.640	4.680	3.800	4.830	5.480
基 价（元）			184.30	216.63	185.28	217.61	238.10
其中 人 工 费 （元）			50.59	50.59	50.59	50.59	50.59
材 料 费 （元）			133.71	166.04	134.69	167.02	187.51
机 械 费 （元）			—	—	—	—	—

表的上部列出分项工程子目及其定额编号，表的中部列出人工、材料和机械台班的消耗量及其单价，表的下部列出该子目的基价及其中的人工费、材料费、机械费。表中各分项工程子目所给定的人工、材料和机械台班消耗量乘以各自的单价，就是该子目的人工费、材料费和机械费。可见，分项工程项目表由"量"和"价"两部分组成，既有实物消耗量标准，也有资金消耗量标准。

（5）附录。一般编在预算定额的最后面。包括主要材料损耗表，材料预算价格取定表，装饰灯具安装工程示意图等。主要供编制预算时计算主材的损耗率、定额材料费中所用各种材料的单价及确定灯具安装子目时参考。

三、《电气设备安装工程》预算定额与其他各册定额的分界

电气设备安装及架空线路安装的电压等级为 10kV 以下，主要使用第二册定额。现行第二册《电气设备安装工程》预算定额与其他册预算定额的划分界限如下：

（一）与第一册《机械设备安装工程》预算定额的划分界限

（1）电动机、发电机安装执行第一册《机械设备安装工程》安装定额项目；电机检查接线、电动机调试执行第二册定额。

（2）各种电梯的机械设备安装部分执行第一册定额有关项目；电气设备安装部分执行第二册定额。

（3）起重运输设备的轨道、设备本体安装、各种金属加工机床的安装执行第一册定额的有关项目；与之配套安装的各种电气盘箱、开关控制设备、照明装置、管线敷设及电气调试执行第二册定额。

（二）与第三册《热力设备安装工程》预算定额的划分界限

设备本身附带的电动机安装执行第三册锅炉成套附属机械设备安装预算定额项目，由锅炉设备安装专业负责；电动机的检查接线、调试应执行第二册定额。

（三）与第七册《消防及安全防范设备安装工程》预算定额的划分界限

火灾自动报警设备安装、安全防范设备安装、消防系统调试执行第七册相应定额项目；电缆敷设、桥架安装、配管配线、接线盒安装、动力设备控制、应急照明控制设备、应急照明器具、电动机检查接线、防雷接地装置等安装，均应执行第二册定额。

（四）与第十册《自动化控制仪表安装工程》预算定额的划分界限

（1）各种仪表的安装及带电讯号的阀门、水流指示器、压力开关、驱动装置及泄漏报警开关的接线、校线等执行第十册定额；控制电缆敷设、电气配管、支架制作安装、桥架安装、接地系统等均应执行第二册定额。

（2）自动化控制装置工程中所用的电气箱、盘及其他电气设备元件安装，执行第二册定额；自动化控制装置的专用盘、箱、柜、操作台安装执行第十册定额。

四、《全国统一安装工程预算定额》的特点及使用注意事项

（1）定额人工工日不分工种和技术等级，一律以综合工日表示。综合工日单价采用北京市 1996 年安装工程人工费单价，每工日 23.22 元。

（2）材料单价采用北京市 1996 年的材料预算价格。凡定额表内未注明单价的材料均为主材，基价中不包括其价格，应根据"（ ）"内所列的用量，按各省、自治区、直辖市的材料预算价格计算。

（3）施工机械台班单价按 1998 年建设部颁发的《全国统一施工机械台班费用定额》

计算。

（4）定额编号按"册—顺序号"编码，查找不方便。

《全国统一安装工程预算定额》以人工、材料、机械台班的消耗量为主，基价及其中的人工费、材料费、机械费等资金消耗量仅作参考。因各地区的人工单价、材料预算价格差异较大，编制预算时，应根据当地的人工单价、材料预算价格计算相应费用。

实际编制预算时，可直接套用本地区单位估价表的基价及其中的人工费、材料费、机械费。地区的单位估价表是在《全国统一安装工程预算定额》的基础上，结合当地的人工单价、材料预算价格及有关文件的规定编制而成的，使用较方便。

第三节　地区安装工程单位估价表

一、各地区安装工程单位估价表的比较

地区安装工程单位估价表一般按行政区域进行编制，是在《全国统一安装工程预算定额》所规定的人工、材料、机械消耗量的基础上，以各省、自治区、直辖市驻地中心的工资标准、材料预算价格、施工机械台班单价编制而成的。地区安装工程单位估价表局限在本地区使用。

地区安装工程单位估价表的表达格式有两种：一种和《全国统一安装工程预算定额》完全一样，只是根据本地区的人工、材料、机械单价重新计算出定额表中的人工费、材料费、机械费，再汇总得到相应的基价。另一种则是根据本地区实际情况，对《全国统一安装工程预算定额》进行了较大的变动。如《广东省安装工程综合定额》，把定额编号由《全国统一安装工程预算定额》的"册— 顺序号"两段编码改为"册—章—顺序号"三段编码，便于查找；另外把间接费中的管理费按照省内不同地区分为三类，并入到定额基价中，即定额基价为人工费、材料费、机械费、管理费四者之和，便于和工程量清单计价模式并轨。

二、定额系数的应用

无论是《全国统一安装工程预算定额》还是地区安装工程单位估价表，都涉及到各种不同的定额系数，系数值及使用方法在定额中均有说明。

（一）定额系数的种类

安装工程定额规定的各种系数主要有换算系数、子目系数和综合系数三类。

1. 换算系数

换算系数一般在定额各册的章节说明或工程量计算规则中加以说明，主要指由于安装工作物的材质、几何尺寸或施工方法与定额子目规定不一致而需进行调整的系数。如电力变压器调试时如有"带负荷调压装置"，则调试定额应乘以系数1.12。

2. 子目系数

定额子目系数一般标注在各册说明中，是对特殊的施工条件、工程结构等因素的影响进行调整的系数。子目系数主要包括高层建筑增加系数、超高系数等。

3. 综合系数

综合系数一般标注在总说明或各册说明中，是针对专业工程的特殊需要、特殊施工环境等进行调整的系数。综合系数主要包括脚手架搭拆系数、系统调整系数、安装与生产同

时进行的施工增加系数、有害身体健康环境中的施工增加系数等。

（二）定额系数的使用方法

各系数的计算，一般先计算换算系数，再计算子目系数，最后计算综合系数。且前项的计算结果作为后项的计算基础。各系数的计算，要根据工程的实际情况，严格按定额的规定计取。按子目系数、综合系数计算的结果，作为措施费并入直接费。

一些主要系数的计算方法如下（系数值仅供参考，实际计算时应按所用定额中的规定进行）：

1. 高层建筑增加费

高层建筑增加费是指高度在 6 层或 20m 以上的工业与民用建筑的安装工程应增加的费用。高层建筑增加费以直接工程费中的人工费为计算基础，按表 2-2 所列系数计算（计算结果全部为人工费）：

高层建筑增加费计算系数   表 2-2

层数（以下）	9	12	15	18	21	24	27	30	33
或 m（以下）	（30）	（40）	（50）	（60）	（70）	（80）	（90）	（100）	（110）
按人工费%	1	2	4	6	8	10	13	16	19
层数（以下）	36	39	42	45	48	51	54	57	60
或 m（以下）	（120）	（130）	（140）	（150）	（160）	（170）	（180）	（190）	（200）
按人工费%	22	25	28	31	34	37	40	43	46

注：为高层建筑供电的变电所和供水等动力工程，如装在高层建筑的底层或地下室的，均不计取高层建筑增加费。
装在 6 层以上的变配电工程和动力工程则同样计取高层建筑增加费。

2. 工程超高增加费

工程超高增加费（已考虑了超高因素的定额项目除外）：操作物高度离楼地面 5m 以上、20m 以下的电气安装工程，按超高部分人工费的 33% 计算，计算结果全部作为人工费。

3. 脚手架搭拆费（10kV 以下架空线路除外）

定额中的脚手架搭拆，是综合取定的系数，除定额规定不计取脚手架费用外，不论工程实际是否搭拆脚手架，或搭拆数量多少，均按规定系数计取脚手架费用，包干使用。在计算时按人工费的 4% 计算，其中人工工资占 25%。

4. 安装与生产同时进行增加的费用

此项费用是指改建或扩建工程在生产车间或装置内施工，因生产操作或生产条件限制干扰了安装工作正常进行而降效的增加费用。不包括为了保证安全生产和施工所采取的措施费。安装与生产同时进行的增加费按人工费的 10% 计算，计算结果全部作为人工费。

5. 在有害身体健康环境中施工增加的费用

有害身体健康环境是指在改建或扩建工程中，由于车间、装置范围内有害气体或高分贝噪声超过国家标准，以致影响身体健康的环境。在有害身体健康环境中施工增加费按人工费的 10% 计算，计算结果全部作为人工费。

【例 2-1】 某 12 层综合楼的电气照明安装工程，套用当地预算定额得直接工程费 100000.00 元，其中人工费 15000.00 元（超高部分人工费 3000.00 元）。计算该照明安装工程的直接费。

【解】　1．直接工程费＝100000.00 元

2．计算措施费

（1）工程超高增加费＝3000.00×33％＝990.00 元　　　　　　（全部为人工费）

（2）高层建筑增加费＝（15000.00＋990.00）×2％＝319.80 元　　（全部为人工费）

（3）脚手架搭拆费＝（15000.00＋990.00＋319.80）×4％＝652.39 元

其中人工费＝652.39×25％＝163.10 元

合计人工费＝15000.00＋990.00＋319.80＋163.10＝16472.90 元

（4）临时设施费＝16472.90×8％＝1317.83 元

（5）文明施工费＝16472.90×3％＝494.19 元

3．直接费＝直接工程费＋措施费

＝100000.00＋990.00＋319.80＋652.39＋1317.83＋494.19

＝103774.21 元

第四节　施　工　定　额

一、施工定额的组成

施工定额是指在正常安装施工条件下，安装企业班组或个人完成单位合格安装工程产品所消耗的人工、材料和机械台班的数量标准。施工定额是建筑安装企业内部直接用于管理的一种定额。根据施工定额可以直接计算出不同工程项目的人工、材料、机械台班的需用量。

施工定额由劳动定额、材料消耗定额和机械台班使用定额三部分组成。

二、施工定额的内容

1．总说明

总说明是对施工定额的全面说明。它包括定额的编制依据、适用范围和作用、工程质量要求、有关规定和要求等。如工作班制说明、有关定额的表现形式、施工技术要求、特殊规定等。

2．按施工对象、施工部位、分项工程等划分章节

包括分章说明、工作内容、施工方法、工程量计算规则，其他有关规定及说明。

3．附表

如材料损耗表、材料换算表、材料地区价格表等。

三、施工定额的作用

施工定额是施工企业内部使用的定额，它的作用如下：

1．施工定额是编制施工预算的依据

施工预算是根据施工定额编制的，用以确定分项工程所用的人工、材料、机械和资金的数量和金额。

2．施工定额是编制施工组织设计的依据

在施工组织设计中，尤其是分项工程的作业设计中，需要确定资源需用量，拟定使用资源的最佳安排时间，编制进度计划，以便在施工中合理地利用时间和资源。这些都离不

开施工定额，都是以施工定额为依据。

3. 施工定额是编制作业计划的依据

编制施工作业计划，必须以施工定额和施工企业的实际施工水平为尺度，计算工程实物量，确定劳动力、施工机械和运输力量、材料的需用量等，以此来安排工程进度。

4. 施工定额是编制预算定额和补充单位估价表的基础

预算定额的编制是以施工定额水平为基础，不仅可以省去大量的测定工作，而且可以使预算定额符合施工生产和经营管理的现实水平，并保证施工中人力、物力消耗能够得到足够的补偿。施工定额作为补充单位估价表的基础，是指由于新设备、新材料、新工艺的采用而引起预算定额缺项时，补充预算定额和单位估价表，必须以施工定额为基础。

5. 施工定额是向班组签发施工任务书和限额领料单的依据

施工企业通过施工任务书把工程任务落实到班组。它记录班组完成任务的具体情况，并据此结算工人的工资。限额领料单是随施工任务书同时签发的班组领取材料的凭证，它是根据施工定额的材料消耗定额填写的。

6. 施工定额是实行按劳分配的依据

施工定额是衡量工人劳动成果，计算计件工资的尺度，体现了按劳分配的原则。

7. 施工定额是加强企业基层单位成本管理和经济核算的依据

施工预算成本，可看作是工程的计划成本，它体现了施工中人工、材料和机械等直接工程费的支出水平，对间接费也有较大的影响。因此，严格执行施工定额不仅可以降低成本，同时对加强班组核算起十分重要的作用。

四、施工定额中的劳动定额

劳动定额，又称人工定额，是在正常施工技术组织条件下，完成单位合格产品所消耗的劳动力数量标准，它是施工定额的重要组成部分。

建筑施工企业使用的劳动定额有建设部全国建筑安装工程统一劳动定额、地方补充劳动定额、企业补充劳动定额、一次性的临时劳动定额等。

1. 时间定额

时间定额是指某种专业等级工人或生产班组，在正常的施工组织与合理使用材料的条件下，完成单位合格产品所消耗的工作时间（工日）。

时间定额以"工日"为计量单位，每工日按 8 小时计算，包括准备与结束时间、基本工作时间、辅助工作时间、不可避免的中断时间及工人必需的休息时间。计算公式如下：

$$单位合格产品时间定额（工日）＝1/每工产量 \tag{2-1}$$

或

$$单位产品时间定额＝小组成员工日数总和/每班产量 \tag{2-2}$$

2. 产量定额

产量定额，指在某种专业等级工人或生产班组，在正常的施工组织与合理使用材料的条件下，在单位时间（工日）完成合格产品的数量标准。其计算公式如下：

$$每工产量＝1/单位产品时间定额（工日） \tag{2-3}$$

或

$$每班产量＝小组成员工日数总和/单位产品时间定额（工日） \tag{2-4}$$

产量定额的计量单位，是以单位时间的产品计量单位表示。如配线通常以"m"、"10m"、"100m"；灯具以"套"、"10 套"等为单位。

时间定额与产量定额互为倒数关系。即：

$$时间定额 \times 产量定额 = 1$$

时间定额和产量定额只是表示形式不同，但都可以用于劳动定额的计算。在实际工作中，时间定额以工日为单位，便于综合计算，一般常用它计算综合工日或各工种的工日。而产量定额是以产品数量为单位，较为形象，容易理解和记忆，便于分配和安排生产任务，但它不如时间定额计算方便。因此产量定额不能直接相加减，也不能用插入法计算综合产量定额。

例如表 2-3 是摘自《全国建筑安装工程统一劳动定额》第二十册的时间定额项目表。定额规定每 100mBVV-2×2.5 型塑料护套线，在砖墙上配线，综合需要 6.79 工日（时间定额），其中包括打眼 2.97 工日，下楔 1.98 工日，配线 1.84 工日。

$$产量定额 = 1/时间定额 = 1/6.79 = 0.1473 \text{ 百米}/工日$$

塑料护套线配线每 100m 线路时间定额　　　　　　　　表 2-3

工作内容：包括测位、打眼、下楔、打埋（砖）过墙管、装卡子、钉钉、放配线、接焊包头、瓷接头、上盒等操作过程。

项　　目	砖或轻质砖、混凝土孔板				混凝土、混凝土孔板				序　　号
	导　线　截　面（mm²)								
	二　芯		三　芯		二　芯		三　芯		
	2.5	6	2.5	6	2.5	6	2.5	6	
综合工日	6.79	7.02	7.14	7.71	8.75	9.21	9.1	9.9	一
打　眼	2.97	2.74	2.97	2.74	4.93	4.93	4.93	4.93	二
下　楔	1.98	1.98	1.98	1.98	1.98	1.98	1.98	1.98	三
配　线	1.84	2.3	2.19	2.99	1.84	2.3	2.19	2.99	四
编　号	187	188	189	190	191	192	193	194	

五、施工定额中的材料消耗定额

材料消耗定额，是指在节约与合理使用材料的条件下，生产单位合格产品所必须消耗的一定规格的材料、半成品或管件的数量标准。它包括材料的净用量和必要的施工损耗量。

材料消耗率可按下式计算，即

$$材料损耗率 = 材料损耗量/材料净用量 \times 100\%　\qquad (2-5)$$

材料的损耗率确定后，材料的损耗量通常按下式计算，即

$$材料消耗量 = 材料净用量 \times (1 + 材料损耗率)　\qquad (2-6)$$

在施工企业管理中，材料消耗定额有着重要意义。它是实行经济核算，促进材料合理使用的依据；也是确定材料需用量，编制材料利用情况的依据，同时也是编制安装工程预算定额的基础。

为了发挥材料消耗定额的积极作用，鼓励节约材料、节省资源，其定额标准必须先进合理。一方面应该在满足产品质量的前提下，尽可能降低材料的消耗，使定额水平保持先进性。另一方面定额水平的确定，又必须考虑到实现的可能性，使企业职工经过努力能够达到或降低定额规定的消耗标准。这样才能起到动员职工合理用料和节约材料的作用，从而促进企业施工技术和管理水平的提高。

六、施工定额中的机械台班使用定额

机械台班使用定额，简称机械台班定额。它是指在正常施工组织条件下，生产单位合格产品所必须消耗的机械台班数量标准。

施工机械台班使用定额按下式计算：

$$单位产品机械时间定额（台班）＝1/每台班机械产量 \qquad (2-7)$$

施工机械台班时间定额的计量单位用"台班"表示。一台施工机械工作 8 小时为一个"台班"。

施工机械产量定额按下式计算，即

$$机械台班产量定额＝1/机械时间定额（台班） \qquad (2-8)$$

与劳动定额一样，施工机械台班时间定额与施工机械台班产量定额互为倒数关系。

机械台班使用定额主要是作为编制施工机械需用计划和进行经济核算的依据，同时也是编制安装工程预算定额的基础。

本 章 小 结

（1）安装工程定额，是指安装企业在正常的施工条件下，完成某项工程任务，所消耗的人工、材料、机械台班数量的标准。主要有施工定额、预算定额、概算定额和概算指标等。

（2）《全国统一安装工程预算定额》是由建设部组织修订，并于 2000 年 3 月 17 日颁发施行。它是统一全国安装工程预算工程量计算规则、项目划分、计量单位的依据，也是编制概算定额、投资估算指标的基础，还作为制订企业定额、编制施工图预算、投标报价的依据。《全国统一安装工程预算定额》共分十三册，电气安装工程主要使用第二册《电气设备安装工程》、第七册《消防及安全防范设备安装工程》、第十册《自动化控制仪表安装工程》、第十三册《建筑智能化系统设备安装工程》。

（3）地区安装工程单位估价表是在《全国统一安装工程预算定额》所规定的人工、材料、机械消耗量的基础上，以各省、自治区、直辖市驻地中心的工资标准、材料预算价格、施工机械台班单价编制而成的。地区安装工程单位估价表局限在本地区使用。

（4）施工定额是建筑安装企业内部直接用于施工管理的一种定额。根据施工定额可以直接计算出不同工程项目的人工、材料、机械台班的需用量。施工定额是编制施工预算的主要依据。

思考题与习题

1. 什么是安装工程定额？它具有什么特点？如何分类？

2. 什么是预算定额？预算定额的作用是什么？

3. 现行《全国统一安装工程预算定额》共分多少册？电气安装工程主要使用哪几册？

4. 结合你所在地的安装工程预算定额或单位估价表，比较其与《全国统一安装工程预算定额》的异同，并简述它们各自的特点。

5. 定额系数主要有哪几种？编制预算时如何使用这些系数？

6. 什么是施工定额？施工定额的作用是什么？

第三章　电气安装工程设备及材料预算价格

工程的实体是由工程设备、材料构成的，其中设备、材料费约占工程造价的四分之三以上，因此设备、材料的价格准确与否直接影响到工程造价的准确性。地方性的工程设备、材料预算价格的编制与管理，对加强工程造价管理具有重要意义。

工程设备、材料预算价格，一般由市、县建设主管部门主持编制并颁发实施。编制预算时，应采用工程所在地近期公布的设备、材料预算价格，使预算结果准确合理。

第一节　电气设备与电气材料

一、设备与材料的划分原则

（一）设备

凡是经过加工制造、由多种材料和部件按各自用途组成独特结构，具有功能、容量及能量传递性能，并在生产中能够独立完成特定工艺过程的机器、容器和其他生产工艺单体，均为设备。设备一般包括：

（1）各种设备的本体及随设备到货的配件、备件和附属于设备本体制作的梯子、平台、栏杆和管道等。

（2）各种计量器具、控制仪表等，实验内的仪器、设备及属于本体部分的仪器、仪表等。

（3）在生产厂或施工现场按设计图纸制造的非标准设备。

（4）随设备带来的油类、化学药品等视为设备的组成部分。

（5）用于生产或生活，附属于建筑物的有机构成部分的水泵、锅炉及水处理设备、电气、通风设备等。

（二）材料

为完成建筑安装工程所需的经过工业加工的原料和在生产工艺过程中不起单元生产作用的设备本体以外的零配件、附件、成品、半成品等，均为材料。材料一般还包括：

（1）由施工企业自行加工制作或委托加工制作的平台、梯子、栏杆及其他金属构件等，以及以成品、半成品形式供货的管道、管件、阀门等。

（2）各种填充物、防腐、绝热材料。

二、常用的电气设备

在电气安装工程中，属于设备的主要有：

（1）各种电机；

（2）成套供应的高、低压配电盘、箱、柜、屏；

（3）组合型成套箱式变电站、变电所内绝缘子及穿墙套管；

（4）各种电力变压器、高压隔离开关、高压断路器、高压负荷开关、高压熔断器；

（5）互感器、熔断器、电抗器、调压器、感应移相器；

（6）电力电容器、蓄电池、整流柜、电阻器、变阻器；

（7）空气断路器、控制开关、限位开关、交流接触器、磁力启动器及其按钮、电铃；

（8）各种电梯；

（9）火灾报警控制器、火灾报警电源装置、紧急广播控制装置、火警通讯控制装置、气体灭火控制装置、探测器、模块、手动报警按钮、消火栓报警按钮、电话、消防系统接线箱、重复显示器、报警装置；

（10）入侵探测器、入侵报警控制器、报警设备、出入口控制设备、安全检查设备、电视监控设备、终端显示设备。

三、常用的电气材料

在电气安装工程中，属于材料的主要有：

（1）各种绝缘子；

（2）铜（铝）母排、封闭式插接母线、各种电缆、电线；

（3）各种配管管材及其接头零件；

（4）槽钢、角钢、圆钢、扁钢、钢管、混凝土底盘、卡盘、拉线盘、拉线棒、抱箍、螺栓、金具、电杆、横担、拉线、桥架；

（5）可挠金属套管、硬塑料管、刚性阻燃塑料管、金属软管；

（6）瓷夹、塑料夹、木槽板、塑料槽板、线槽、钢索；

（7）各种照明灯具；

（8）接线箱、接线盒、开关、插座、按钮、0.5kVA以下的照明变压器、电铃、电扇；

（9）光缆、同轴电缆、分配器、分支器、用户终端盒、扬声器、电话电缆、电话线。

第二节　材料预算价格

一、材料预算价格的组成

电气安装工程所需的各种材料，有出厂价、调拨价和批发价，这些价格不能反映材料的完整成本。建筑安装企业在施工过程中所需的材料，都要发生采购、包装、运输、保管等项费用，这是产品从生产到流通之间必须产生的环节。为了准确、合理地反映工程材料的预算成本，当地建委根据上几年实际发生的情况，经综合调查分析后制定出该地区建筑安装材料的统一预算价格，作为建设单位和施工企业编制预算时选取材料单价的依据。

材料预算价格通常由原价、材料供销部门手续费、包装费、损耗费、运输费、采购保管费等部分组成。

二、材料预算价格的计算方法

材料预算价格，是指材料由来源地（或交货地点）运到施工工地仓库（或施工现场存放地点）后所需的全部费用。

$$
\begin{aligned}
材料预算价格 =& 材料供应价格 + 市内运杂费 \\
& + 市内采购保管费 - 包装品回收价值
\end{aligned} \tag{3-1}
$$

1. 材料供应价格

材料供应价格是指材料在本地的销售价格。

$$材料供应价格＝材料原价＋供销部门手续费＋包装费$$
$$＋运输费＋采购保管费 \qquad (3-2)$$

（1）材料原价。是指材料的出厂价格、交货地点的价格、商业部门和供销部门的批发价、市场价、进口材料的调拨价格等。

（2）供销部门手续费。是指由当地物资供销部门进货时，应计取的费用的，只能计取一次。计算公式为：

$$供销部门手续费＝材料原价×供销部门手续费率 \qquad (3-3)$$

费率：金属材料 2.5%、建筑材料 3%、机电产品 1.5%、轻工产品 2%。

（3）包装费。是指材料在运输过程中所需的包装，为便于材料运输和保证材料不受损失而发生的费用。

凡材料原有包装的，可不再计取包装费。易碎或较贵重的材料可考虑包装费。

（4）运输费。外地至本地的运输费是指材料由生产地、销售地起，包括中间仓库转运，运至供销部门或车站、码头货场运输过程中发生的费用。

（5）采购保管费。是指材料供应部门在组织采购、保管、供应中所发生的各项费用。计算式为：

$$采购保管费＝(材料原价＋供销部门手续费＋包装费＋运输费)$$
$$×采购保管费率 \qquad (3-4)$$

2. 市内运杂费

市内运杂费是指从当地供货部门运至工地仓库所发生的费用，或从外地订购的材料，由车站、码头货场运至工地仓库所发生的费用，包括装卸费等。

市内运杂费应按各省市规定的各项运杂费的计算方法计算。

3. 市内采购保管费

市内采购保管费是指采购材料所发生的费用。计算公式为：

$$采购保管费＝(材料供应价格＋市内运杂费)×采购保管费率 \qquad (3-5)$$

采购保管费率按各地区主管部门的规定执行。

工程材料是构成工程实体的因素。材料费占工程费用比例很大，因此确定材料预算价格，克服价格的偏高或偏低现象，对加强工程造价管理具有重要意义。

为了克服材料预算价格计算和取定的随意性，各地区工程建设主管部门，除规定材料运杂、采购及保管费率以外，还制定和颁发《地区工程材料预算价格表》，作为本地区统一的材料预算价格使用。如表 3-1 为沈阳市 2000 年部分材料预算价格，表 3-2 为沈阳市 2002 年部分材料预算价格。

沈阳市 2000 年材料预算价格 表 3-1

材料名称	规格型号	单 位	预算价格（元）	其 中		
				供应价	运杂费	采保费
应急荧光灯	YD02 单 1×8W	套	580.94	557.28	8.39	15.27
控制模块	BRCH2330	个	370.75	360.00	1.00	9.75
扁 钢	40×4	吨	2652.82	2550.00	33.08	69.74

材料名称	规格型号	单位	预算价格(元)	其中		
				供应价	运杂费	采保费
扁　钢	40×4	吨	2425.98	2383.08		42.90
单联双控开关	K31/2/3A250-16A	个	14.81	14.55		0.26
二十五火水晶吊灯	HDD1006φ1000H2100	套	24085.52	23659.65		425.87

对于所公布的材料预算价格表中没有包含的材料，其预算价格可按如下方法进行计算：

（1）供应价可按材料供货地点的价格计算；

（2）运杂费可按下式计算：

$$市内运杂费＝缺口材料供应价×换算后的运杂费率 \quad (3-6)$$

（3）采购保管费可按下式计算：

$$市内采购保管费＝（供应价＋市内运杂费）×采购保管费费率 \quad (3-7)$$

说明：

（1）甲方将材料、设备供应到现场，市内采购保管费中的采购费归甲方，保管费归乙方；

（2）甲方将材料、设备采购入库或由外地采购并负责运至本地到货站，由乙方提货并运到现场所需地点时，运杂费及保管费归乙方；

（3）甲方指定厂家由乙方定货，提运时，市内运杂费及保管费全部归乙方。

第三节　设 备 预 算 价 格

一、电气设备预算价格的组成

电气设备预算价格是指设备由其来源地，运到施工现场仓库（或指定地点）后的出库价格。设备预算价格由原价、供销部门手续费、运输费、采购及保管费组成，如果是成套供应的设备，还应加上成套设备服务费。由于设备品种繁多、规格繁杂，各地基建主管部门在编制设备预算价格时，只编一部分厂家的常用设备的预算价格。大多数设备预算价格需要在编制设计概预算时，由概预算人员按有关规定补充。

设备预算价格包括的费用比较复杂，难以详细计算，尤其是在设计前期编制投资估算和初步设计阶段编制工程概算时，因为不清楚设备的具体供应渠道和生产厂家，就更难以详细计算。因此一般都采用简单的方法计算，即将原价以外的其他费用统称为运杂费，按一定的费率计算，这样设备预算价格的计算公式就可简写为：

$$设备预算价格＝设备原价（出厂价）＋运杂费 \quad (3-8)$$

按照上述公式计算出的设备预算价格，只起确定设备投资额的作用，不能作为建设单位的设备实际购置费。

设备预算价格是决定设计概预算价值的重要因素，正确确定设备预算价格，对正确编制概预算，提高概预算质量都有重要意义。

二、电气设备原价（出厂价）的确定

电气设备可划分为两大类：一类为标准型设备，即按国家规定生产的定型系列产品，这类设备各生产厂家均有规定价格。另一类为非标准型设备，这类厂家不成批生产，生产厂家依据设备图纸单独加工，设备原价按厂家报价计算。

（一）标准电气设备原价的确定

（1）依据国家计委及各主管部门颁发的产品出厂价格计算。

（2）依据各省、市、自治区颁发的地方产品的出厂价格计算。

（3）按当地机电设备公司的供应价格计算。

（4）各制造厂家生产的新产品按其计划价格计算。

不同的生产厂家，相同的设备出厂价有时也不同，在计算设备的原价时，应按选定的厂家出厂价计算。

（二）国外供应设备原价的确定

（1）依据各专业设备进出口公司的进口价格计算，但应换算为人民币。

（2）以国外承制厂订货报价或国外订货设备价格计算。

三、设备运杂费的确定

设备运杂费是指设备由来源地运至工地仓库或指定地点所发生的各项费用。国内设备运杂费包括运输费、包装费、装卸费、搬运费、采购及保管费等。国外进口设备的运杂费包括的内容与卖方国家和交货地点有关，其内容各不相同，计算时应根据不同情况分别对待。但进口设备的国内运杂费与国产设备相同。

国内设备运杂费按设备原价乘以运杂费率计算，计算式为：

$$\text{国内设备运杂费}＝\text{设备原价}×\text{运杂费率} \tag{3-9}$$

运杂费率由主管部门根据统计资料按实际发生的运杂费与设备原价之比以百分率确定，如无规定，一般按 3%～5% 计取。

第四节　材料价差及其调整方法

一、主要材料与辅助材料

（一）主要材料

主要材料是指能从施工图和所用标准图集直接清点和计算出来的材料。例如灯具、插座、各种管线以及接地极等，材料的规格、型号和数量，必须依据施工图纸和所用标准图集进行清点和计算，不得按照预算定额中所给出的材料规格和数量全部照抄，这是分析计算所需主要材料的一项基本原则。

凡是购置成品的部件、金属容器和结构物等，均不再计算其本身的材料用量，只计算其本身预算价值。

（二）辅助材料

辅助材料是指不能从施工图和所用标准图集直接清点和计算出来的材料。例如木板、三合板、金属软管、电焊条、螺钉、铁件、镀锌钢丝等。这类材料可借套预算定额中所给定的消耗标准，按实际情况进行分析和计算。

二、材料差价的形成

材料差价是指预算定额基价所依据的材料预算价格与电气安装工程所在地的现行材料预算价格间的差异。材料差价主要包括地区差价和时间差价。

由于预算定额基价中的材料费是按省会所在地的材料预算价格计算的，而各工程所在地的材料预算价格各不相同，因此就产生了材料预算价格的地区差价。

即使是省会所在地，随着时间的推移，材料价格也会发生变化。这样就产生了材料预算价格的时间差价。

三、材料差价的调整和处理方法

在编制电气安装工程预算时，为使工程造价准确合理，应结合当地实际情况，合理地调整材料差价。常用的调整方法有三种：

（一）单项材料差价调整

单项材料差价调整的方法又叫做抽料补差法，适用于对工程造价影响较大的主要材料进行差价调整。如电气照明工程中的灯具、电缆、电线等材料。其计算公式为：

$$材料差价＝\Sigma[单位工程某种材料用量\times(地区现行材料预算价格－原定额材料预算价格)] \tag{3-10}$$

（二）材料差价综合系数调整

综合系数调整材料差价的方法，是将各项材料统一用综合的调价系数调整材料差价。该方法适用于电气安装工程中一些数量大而价值较低的材料差价的调整，如电气照明工程中的按钮、插座等。其计算公式为：

$$材料差价＝单位工程定额材料费\times材料差价综合调整系数 \tag{3-11}$$

材料差价综合调整系数一般由地区工程造价管理部门规定。

（三）安装辅助材料差价调整

当电气工程单位估价表（或电气安装工程预算定额）执行一段时间后，由于材料预算价格发生了变化，在编制电气安装工程施工图预算时，需调整单位估价表（或预算定额）中的辅助材料、消耗材料差价。其计算式为：

$$材料差价＝单位工程定额内材料费\times调整系数 \tag{3-12}$$

对于材料差价的调整，各省的地方安装工程预算定额也有具体的规定，例如《辽宁省单位估价表》第二册电气设备安装工程中规定：

本估价表材料预算价格取定表中所列的材料按《辽宁省工程造价信息》网刊上发布的指令和指导性材料价格调整价差。如材料预算价格取定表中所列的材料，在《辽宁省工程造价信息》网刊上又没有信息价的材料可按实找差，材料预算价格取定表中未列的材料不允许找差。

本　章　小　结

（1）设备、材料费在安装工程造价中所占的比重较大，准确选取设备、材料的预算价格对保证预算的准确性有着重要的意义。

（2）设备、材料预算价格由各地工程造价管理部门编制并在工程造价信息网刊上发布，编制预算时应以当地近期的设备、材料预算价格为准。

（3）材料差价是指工程所在地的现行材料预算价格与预算定额基价所依据的材料预算价格之间存在的差异。材料差价主要包括地区差价和时间差价。价差调整可用抽料补差法、综合系数补差法等方法进行。编制预算时应按工程所在地的文件规定进行调整。

思考题与习题

1. 怎样划分电气安装材料和设备？
2. 电气材料预算价格由哪些费用组成？
3. 什么是地区材料预算价格？
4. 材料供应价格由哪些内容组成？
5. 什么是材料差价？材料差价有哪几种调整方法？
6. 电气设备预算价格由哪些费用组成？

第四章 电气安装工程量计算细则

第一节 电气安装工程量概述

电气设备安装工程是建设项目中的一个重要组成部分，随着建筑自动化程度的日益提高，建筑电气已由简单的动力、照明、防雷与接地发展到拥有供变配电系统、电气照明系统、电气动力系统、备用和不间断电源系统、建筑物自动化系统、火灾报警与消防联动控制系统、建筑物保安监控系统、建筑物通信自动化系统、建筑物办公自动化系统、建筑物管理自动化系统、广播音响系统、综合布线系统、建筑物防雷接地系统等组成的全新电气安装工程。

电气设备安装是将电气设备及用电器具依据设计与生产工艺的要求，遵照平面布置图、规程规范、设计文件、施工图集等技术文件的具体规定，按特定的线路保护和敷设方式将电能或信号合理分配输送至已安装就绪的用电设备及用电器具上，或信号设备及信号器具上。电气安装工程预算人员在编制预算确定工程造价过程中应当了解电气安装工艺流程，熟悉有关安装规范标准，熟悉有关的安装图集，掌握电气器具材料的一般性能，看懂施工图。电气安装不仅与其他安装专业有紧密联系，与土建施工联系更为紧密，如在地基基础、地坪、墙柱、顶棚内部可能有配管配线、接地连接，电气预算人员必须看懂和了解建筑施工图和建筑结构施工图。

电气设备安装工艺流程如图 4-1 所示：

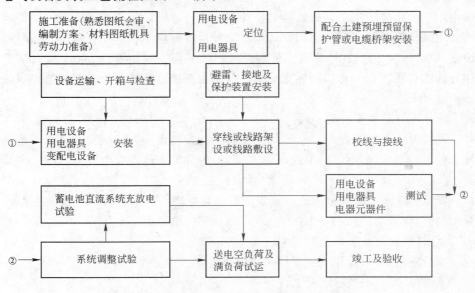

图 4-1 电气设备安装工艺流程

所谓工程量，是指以物理计量单位或自然计量单位表示的各分项工程或结构构件的实物数量。物理计量单位是指以度量表示的长度、面积、质量等计量单位；自然计量单位是指在自然状态下安装成品所表示的台、个、块等计量单位。

工程量是根据施工图纸规定的各个分项或子项工程的尺寸、数量以及设备材料表等具体数据计算出来的。计算工程量是编制电气施工图预算过程中的重要步骤，是计算工程直接费的基础，是预算编制的原始数据。工程量计算的准确与否直接影响电气施工图预算的编制质量。因此，从事电气工程预算编制时应在熟悉施工图纸和工程量计算规则的基础上，按照一定的顺序计算出各个分项或子项工程的工程数量。

电气工程量的计算顺序一般是先动力，后照明，分层、分段、分系统地进行计算，然后分门别类地进行汇总，为编制电气工程预算书做好准备。计算电气工程量，必须注意以下几点：

（1）计算范围和计算内容应与预算定额相一致。

计算工程量时，根据施工图纸列出的分项或子项工程的工作项目内容，必须与《全国统一安装工程预算定额》第二册"电气设备安装工程"以及与其他有关册定额（如第三册"送电线路"、第四册"通信设备"等）相一致。只有这样，才能准确地套用预算定额或地区单位估价表中的预算单价（基价）。例如，预算定额中的某些分项或子项工程已包括了相应项目的安装费用（如电压互感器安装分项包括了"接地"的内容），计算工程量时，就不应另列项计算；反之，如果预算定额中另外一些分项或子项工程，没有包括相应项目的安装费用（如避雷针安装分项不包括针体制作的费用），在计算这部分工程量时，就应另列项计算。因此，在计算工程量时，除必须熟悉施工图纸外，还必须熟悉预算定额中每个分项或子项工程所包括的工作内容和范围。

（2）计量单位与预算定额相互一致。

这就要求在计算工程量时，根据施工图纸列出的分项或子项工程的计量单位，必须与《全国统一安装工程预算定额》第二册"电气设备安装工程"以及与其配合使用的其他有关册定额中相应分项或子项工程的计量单位相互一致，这样，才能准确地套用预算定额或单位估价表中的预算单价（基价）。例如，电气工程预算定额中"电线管敷设"项目的定额计量单位是"100m"，因而在计算电线管敷设项目的工程量时也要以100m为一个单位来汇总该部分的工程量。这些都应该注意分清，以免由于搞错计量单位而影响工程量计算的准确性。

（3）计算方法与定额规定相一致。

计算工程量时，必须遵循与《全国统一安装工程预算定额》相配套的《全国统一安装工程预算工程量计算规则》（GYDGZ—201—2000）的规定才能符合电气工程施工图预算编制的要求。

（4）安装工程量除依据《全国统一安装工程预算定额》及《全国统一安装工程预算工程量计算规则》（GYDGZ—201—2000）的规定外，还应依据以下文件：

1）经审定的施工设计图纸及其说明。

2）经审定的施工组织设计或施工技术措施方案。

3）经审定的其他有关技术经济文件。

本章将结合《全国统一安装工程预算定额》第二册的内容详细介绍建筑电气安装工程

工程量的计算细则及计算方法。

第二节　建筑电气强电安装工程量的计算

一、变配电装置的工程量计算

变配电装置是变电装置和配电装置的简称，是用来变换电压和分配电能的装置。变配电装置中的设备大多是成套定型设备，一般包括有变压器、高低压开关柜、各类控制保护电器、测量仪表、连接母线等项目的安装。

10kV 以下变配电装置有架空和电缆等进线安装方式，变配电装置依据进线方式的不同、控制设备的不同，其工程量计算时的列项内容也不同。但是，都应从进户装置开始进行工程量的计算。变配电设备系统基本结构和装置分布见图 4-2 所示。

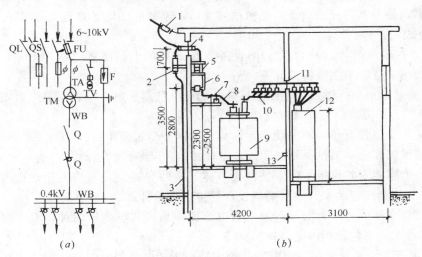

图 4-2　变配电装置进线及设备

(a)变配电装置系统图；(b)架空进线变配电装置

1—高压架空引入线拉紧装置；2—避雷器；3—避雷器接地引下线；4—高压穿通板及穿墙套管；

5—负荷开关 QL，或断路器 QF，或隔离开关 QS，均带操动机构；6—高压熔断器；

7—高压绝缘子及钢支架；8—高压母线 WB；9—电力变压器 TM；10—低压母线 WB 及电车绝缘钢支架；

11—低压穿通板；12—低压配电箱(屏)AP、AL；13—室内接地母线

（一）变压器安装工程量的计算

(1) 变压器安装，按不同容量、不同电压等级、不同类型分别以"台"为计量单位。计算时应注意以下内容：

1) 不同类型变压器执行定额时的要求：

自耦变压器、带负荷调压变压器安装执行相应油浸电力变压器安装定额。

电炉变压器安装按同容量电力变压器定额乘以系数 2.0 计算。

整流变压器按同电压、同容量变压器定额乘以系数 1.6 计算。

油浸式电抗器按同电压、同容量的变压器计算。

2) 变压器安装不包括油的耐压试验、混合化验及接线端子等内容，应按实另行计算。

3) 变压器端子箱、控制箱安装和端子板外接线，以"台"和"10头"计量。

4）变压器安装不包括调试，应另列项套"电气调试"相应定额计算。

（2）干式变压器如果有保护罩时，其定额人工和机械乘以系数2.0。

（3）变压器的器身检查：4000kVA（千伏安）以上的变压器需吊芯检查时，定额机械台班应乘以系数2.0计算。

（4）变压器通过试验，判定绝缘受潮时才需进行干燥，所以只有需要干燥的变压器才能计取此项费用（编制施工图预算时可列此项，工程结算时根据实际情况要作处理）。以"台"为计量单位。

（5）消弧线圈的干燥，按同容量电力变压器干燥定额执行，以"台"为计量单位。

（6）变压器油过滤不论过滤多少次，直到过滤合格为止。以"t"为计量单位，其具体计算方法如下：

1）变压器安装定额未包括绝缘油的过滤，需要过滤时，可按制造厂提供的油量计算。

2）油断路器及其他充油设备的绝缘油过滤，可按制造厂规定的充油量计算。

计算公式：

$$油过滤数量(t)=设备油重(t)\times(1+损耗率) \qquad (4-1)$$

（二）配电装置安装工程量的计算

（1）断路器、电流互感器、电压互感器、油浸电抗器、电力电容器及电容器柜的安装以"台（个）"为计量单位。计算时应注意：

1）1kV以下电流互感器不分规格型号均套用同一个定额项目。

2）互感器安装定额系按单相考虑的，不包括抽芯及绝缘油过滤。

3）电力电容器安装仅指本体安装，与本体连接的导线及安装均不包括在内，应按导线连接形式套用相应定额，其主材另按设计规格、数量计算。

4）电容器安装分为移相电容器及串联电容器和集合式电容器两种，电容器柜安装按成套式安装考虑，不包括柜内电容器的安装。

（2）隔离开关、负荷开关、熔断器、避雷器、干式电抗器的安装，以"组"为计量单位，每组按三相计算。计算时应注意：

1）隔离开关、负荷开关的操作机构已包括在开关安装定额内，不得另列项计算。若采用半高型、高型布置的隔离开关，均套用"安装高度超过6m以上"定额。

2）电气设备安装工程未编负荷开关定额项目。负荷开关可套用同电压等级的隔离开关安装的相应定额。

3）高压熔断器安装方式有墙上与支架上安装。墙上安装按打眼埋螺栓考虑；支架上安装按支架已埋设好考虑。

（3）交流滤波装置的安装以"台"为计量单位。每套滤波装置包括三台组架安装（电抗器组架、放电组架、连线组架）；不包括设备本身及铜母线的安装，其工程量应按本册相应定额另行计算。

（4）高压设备安装定额内均不包括绝缘台的安装，其工程量应按施工图设计执行相应定额。

（5）高压成套配电柜和箱式变电站的安装不分容量大小以"台"为计量单位。计算时应注意：

1）定额中均未包括基础槽钢、柜顶主母线及主母线与上刀闸引下线的配置安装，需另套相应定额计算。

2）定额中高压柜与基础型钢采用焊接固定，柜间用螺栓连接；柜内设备按厂家已安装好、连接母线已配置、油漆已刷好来考虑。

（6）配电设备安装的支架、抱箍及延长轴、轴套、间隔板和配电箱（板）等，现场制作时，按施工图设计的需要量以"100kg"为单位进行计量，并执行铁构件制作安装定额或成品价。

（7）绝缘油、六氟化硫气体、液压油等均按设备已附带考虑；电气设备以外的加压设备和附属管道的安装工程量应按相应定额另行计算。

（8）配电设备的端子板外部接线工程量按相应定额另行计算。

（9）设备安装用的地脚螺栓按土建预埋考虑，也不包括二次灌浆。

（10）阀式避雷器在杆、墙上安装。各相避雷器之间的连接裸铜线已包括在定额消耗材料内，不需另行计算。但引下线应另列项套用接地线的相应项目。计算时应注意：避雷器安装定额不包括放电记录和固定支架制作，应另列项套用定额第15章避雷器调试和第6章铁钩件制作安装项目计算。

二、母线及绝缘子的工程量计算

母线可以分为硬母线和软母线两种。硬母线又称汇流排，软母线包括组合母线。按材质分为铜母线（TMY）、铝母线（LMY）和钢母线（GMY）三种。按形状可以分为带形、槽形、管形和组合形软母线四种。按安装方式分，带形母线有每相一片、二片、三片、四片，组合母线有2根、3根、10根、14根、18根和26根六种。

母线安装不包括支持绝缘子安装和母线伸缩接头制作安装。

绝缘子是作为绝缘和固定母线、滑触线和导线之用。支柱绝缘子按电压等级划分为高压、低压；按结构形式分为户内、户外两种；按固定方式有一孔、二孔和四孔等。

绝缘子一般安装在高、低压开关柜上，母线桥上，支架上或墙上。低压绝缘子根据型号不同（如WX-01、WX-02型），在安装前，螺栓或螺母要用水泥或铅、锡灌在绝缘子内。

（一）绝缘子的安装

（1）悬垂绝缘子串安装，指垂直或V型安装的提挂导线、跳线、引下线、设备连接线或设备等所用的绝缘子串安装，按单、双串分别以"串"为计量单位。其金具、绝缘子、线夹按主要材料另行计算。耐张绝缘子串的安装，已包括在软母线定额内。

（2）支持绝缘子安装分别按安装在户内、户外、单孔、双孔、四孔固定，以"个"为计量单位。户内安装按安装在墙上、铁构件上综合考虑，墙上打眼采用冲击电钻施工。户外安装按安装在铁构件上考虑，均按人力搬运吊装进行施工。

（3）穿墙套管安装不分水平、垂直安装，均以"个"为计量单位。

（4）该定额不包括支架、铁构件的制作、安装，发生时执行本册相应定额。

（二）软母线的安装

（1）软母线安装，指直接由耐张绝缘子（图4-3）串悬挂部分，按软母线截面大小分别以"跨/三相"为计量单位，导线跨距按30m一跨考虑，设计跨距不同时，不得调整。软母线

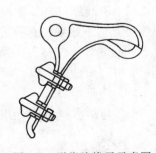

图4-3 耐张绝缘子示意图

45

安装是按地面组合，卷扬机起吊挂线方式施工考虑。导线、绝缘子、线夹、弛度调节金具等均按施工图设计用量定额规定的损耗率计算。

（2）软母线安装定额是按单串绝缘子考虑的，如设计为双串绝缘子，其定额人工乘以系数 1.08 计算。

（3）组合软母线安装，按三相为一组计算。跨距（包括水平悬挂部分和两端引下部分之和）按 45m 以内计算。计算时应注意：

1）组合软母线安装跨距（包括水平悬挂部分和两端引下部分之和）按 45m 以内考虑，如设计长度超过 45m 时，可按比例增加定额材料量，但人工和机械不得调整。

组合软母线安装设计跨距超过定额跨距的调整方法：

假设某工程组合软母线设计跨度为 50m，定额材料耗用量则应为：

$$定额材料用量 \times (50-45)/45 \times 100\% = 定额材料用量 \times 11.11\%$$

假如，此时未调整前的安装材料费合计为 30.80 元，则按比例调整后为 34.22 元（30.80＋30.80×11.11%）。

2）组合软母线安装不包括两端铁构件制作、安装和支持瓷瓶、带型母线的安装，发生时应执行本册相应定额。

3）导线、绝缘子、线夹、金具按施工图设计用量加定额规定的损耗率计算。

（4）软母线引下线，指由 T 形线夹或并沟线夹从软母线引向设备的连接线，以"组"为计量单位，每三相为一组；软母线经终端耐张线夹引下（不经 T 形线夹或并沟线夹引下）与设备连接的部分执行引下线定额，不得换算。

（5）两跨软母线间的跳引线安装，是指两跨软母线之间用跳线线夹、端子压接管或并槽线夹连接的引流线安装，以"组"为计量单位，每三相为一组。不论两端的耐张线夹是螺栓式或压接式，均执行软母线跳线定额，不得换算。

（6）设备连接线安装指两设备间的连接部分，有用软导线、带形或管形导线等连接方式。这里专指用软导线连接的，其他连接方式应另套相应的定额。不论引下线、跳线、设备连接线，均应分别按导线截面，三相为一组计算工程量。

（7）软母线安装预留长度按表 4-1 计算。

软母线安装预留长度表（m） 表 4-1

项 目	耐 张	跳 线	引下线、设备连接线
预 留 长 度	2.5	0.8	0.6

（三）硬母线（带型、槽型、共箱、重型母线）安装

（1）母线原材料长度按 6.5m 考虑，煨弯加工采用万能母线机，主母线连接采用氩弧焊焊接，引下线采用螺栓连接。

（2）带形母线安装及带形母线引下线安装包括铜排、铝排，分别按不同截面和片数以"m/单相"为计量单位。母线和固定母线的金具均按设计量加损耗率计算。

（3）钢带形母线安装，按同规格的铜母线定额执行，不得换算。

（4）带形母线伸缩节头和铜过滤板安装均按成品现场安装考虑，以"个"为计量单位。

（5）槽型母线安装采用手工平直、下料、弯头配制及安装，弯头及中间接头采用氩弧

焊焊接工艺，需要拆卸的部位按螺栓连接考虑。

（6）槽型母线与设备连接，区分为与变压器、发电机、断路器、隔离开关的连接。发电机按6个头连接考虑，与变压器、断路器、隔离开关按3个头连接考虑。

（7）槽形母线安装以"m/单相"为计量单位。槽形母线与设备连接分别以连接不同的设备以"台"或"组"为计量单位。槽形母线及固定槽形母线的金具按设计用量加损耗率计算；保护壳的大小尺寸以"m"为计量单位，长度按设计共箱母线的轴线长度计算。

（8）带形母线、槽形母线安装均不包括支持瓷瓶安装和钢构件配置安装，其工程量应分别按设计成品数量执行相应定额。

（9）共箱母线安装。共箱母线运搬采用机械运搬，吊装户外采用汽车起重机，户内采用链式起重机人工吊装，对高架式布置和悬挂式布置进行了综合考虑。子目的划分以箱体尺寸和导线截面双重指标设定。

（10）重型母线安装包括铜母线、铝母线，分别按截面大小以母线的成品重量"t"为计量单位。

（11）重型母线伸缩器分别以不同截面积按"个"为计量单位，导板制作安装分材质及阳极、阴极以"束"为计量单位。

（12）重型铝线接触面积加工指铸造件需加工接触面时，可以按其接触面大小，分别以"片/单相"为计量单位。

（13）硬母线配置安装工程量计算式：

$$母线长度＝\Sigma（母线设计单片延长米＋母线预留长度）\times（1＋2.3\%） \quad (4-2)$$

其中2.3%为硬母线材料损耗率。硬母线安装预留长度按表4-2规定计算。

硬母线安装预留长度表   表4-2

序 号	项 目	预留长度(m)	说 明
1	带形、槽形母线终端	0.3	从最后一个支持点算起
2	带形、槽形母线与分支线连接	0.5	分支线预留
3	带形母线与设备连接	0.5	从设备端子接口算起
4	多片重型母线与设备连接	1.0	从设备端子接口算起
5	槽形母线与设备连接	0.5	从设备端子接口算起

（四）低压（380V以下）封闭式插接母线槽安装

封闭式插接母线槽安装不分铜导体和铝导体，一律按其电流大小划分定额子目。每10m母线槽按含有3个直线段和1个弯头考虑。每段母线槽之间的接地跨接线已含在定额内，不应另行计算。接地线规格如设计与定额不符时可以换算。

低压（指380V以下）封闭式插接母线槽安装分别按导体的额定电流大小以"m"为计量单位，长度按设计母线的轴线长度计算，分线箱以"台"为计量单位，分别以电流大小按设计数量计算。按制造厂供应的成品考虑，定额只包含现场安装。封闭式插接母线槽在竖井内安装时，人工和机械乘以系数2.0。

三、控制、继电保护屏安装及低压配电控制设备安装工程量计算

（一）控制、继电保护屏

（1）控制、继电保护屏安装，以"台"为计量单位计算。集中控制台安装，适用于长

度在 2m 以上 4m 以下的集中控制台，2m 以内的集中控制台另套"电气设备安装工程"第六章有关定额，即低压柜、屏定额。

（2）低压柜用于变配电时，执行"电源屏"子目，用于车间或其他作动力及照明配电箱时执行第六章"动力，照明控制设备"的"动力配电箱"子目。

（3）高压柜、低压配电屏安装均不包括基础槽钢、角钢的制作安装及母线安装。

1）基础槽钢、角钢安装的计算。

基础槽钢、角钢安装以"m"为单位计算，套用第四章"基础槽钢、角钢安装"定额，槽钢、角钢本身价格另行计算。

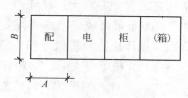

图 4-4　多台柜、屏安装示意图

如有多台同型号的柜、屏安装在同一公共型钢基础上（如图 4-4 所示），则基础型钢长度为：

$$L = n2A + 2B \qquad (4\text{-}3)$$

式中　n——表示柜、屏台数；

　　　A——表示单台柜、屏宽度；

　　　B——表示柜、屏深度。

【例 4-1】　设有高压开关柜 GFC-10A 计 20 台，预留 5 台，安装在同一型钢基础上，柜宽 800mm，深 1250mm，则基础型钢长度为：

$$L = (20 + 5) \times 2 \times 0.8 + 2 \times 1.25 = 42.50\text{m}$$

2）基础型钢制作套用第六章"铁件制作"定额以"t"为单位计算。

3）当箱、柜基座需做地脚螺栓时，其地脚螺栓灌浆和底座二次灌浆，套用定额第一册第十三章"地脚螺栓孔灌浆"及"设备底座与基础间灌浆"子目。

4）保护盘、信号盘、直流盘盘顶上安装小母线长度的计算。以"m"为单位计量。

计算方法：按同一个平面内所安装的盘宽之和乘小母线根数再加小母线根数乘预留长度，即为小母线总长。可以用计算式表示为：

$$L = N \cdot \Sigma B + N \cdot l \qquad (4\text{-}4)$$

式中　L——小母线总长（m）；

　　ΣB——盘宽之和（m）；

　　　N——小母线根数（根）；

　　　l——预留长度（m）。

【例 4-2】　设某工程施工图设计要求工程信号盘 1 块，直流盘 3 块，共计 4 块，盘宽 800mm，安装小母线，试计算小母线安装总长度。

【解】　根据图纸核对，控制回路小母线计算方法如下：

已知：盘数为 4 块，盘宽 800mm，小母线 15 根。计算：$4 \times 0.8 \times 15 + 15 \times 4 \times 0.05 = 51.0\text{m}$ 则小母线安装总长度为 51m。

套用定额时以"10m"为单位计算，相应的工程量为：$51\text{m} \div 10 = 5.1$。

计算小母线工程量时应注意：如果小母线属盘配套定货供应，只计算安装费，不计材料费；如果小母线由施工单位配制，则小母线（铜管）材料乘以损耗率后另行计价；小母线涂刷色漆应另套有关定额计算。小母线未计价材料量，按下式计算：

小母线材料重量＝计算长度×单位长度重量×（1＋损耗率 2.3%）

（4）定额子目"测量表计继电器"安装一项，适用于各种测量表计，如电度表、电压表、功率因数表、温度表、交直流电流表、继电器等的安装，以"个"为单位计量，主材费另计。

（5）定额子目"屏上其他辅助设备"安装，以"个"为单位计算。其内容系指标签框、光字牌、信号牌、附加电阻、连接片及二次回路熔断器、分流器等元件的安装。但不包括屏上开孔工作。

（6）穿通板制作安装，以"块"为单位计算。穿通板分高压和低压两种，塑料板（编号 2-396 号）和石棉水泥板（编号 2-395 号），适用于低压；电木板和环氧树脂适用于高压。穿通板固定所需角钢框架以及穿通板本身材料均已包括在穿通板制作安装定额内，不需另行计算。

（二）动力、照明控制设备

动力、照明控制设备安装是指配电盘、箱、板、柜、控制开关、控制器、启动器等安装；盘、箱、板的制作及配线等工程。

动力、照明控制设备安装均以"台"或"个"为计量单位。计算时应注意：

（1）动力、照明控制设备安装均未包括基础槽钢、角钢的制作安装，发生时可执行相应定额另行计算。

（2）动力、照明控制设备安装未包括二次喷漆及喷字，电器及设备干燥，焊、压接线端子，端子板外部（二次）接线。发生时可执行相应定额另行计算。

（3）动力、照明控制设备安装除限位开关及水位电气信号装置外，其他均未包括支架制作、安装。发生时可执行相应定额。其工程量应按相应定额规定另行计算。

1. 配电盘、箱、板、柜类安装

（1）动力箱、照明箱不分型号、规格、安装方式，以"台"为单位计算。计算时应注意：

电气配电箱安装不包括基础型钢制作安装项目，如发生时，应按前面所述计算。

设备基础地脚螺栓灌浆和底座二次灌浆如发生时按前面所述套用定额。

小型配电箱是指空箱体而言，不分木制铁制均按其半周长套用不同定额子目。半周长系指（长＋宽）的长度，如配电箱长为 700mm，宽为 400mm；其半周长为 1100mm。1100mm 在 1000mm 和 2000mm 之间，应套上限半周长 2.0m 以内定额子目。

箱内配电板制作安装以及板上的电气元件安装和配线、接线端子等均应另套有关定额。

（2）配电盘、板应分不同用途（动力、照明）和规格（半周长）分别以"块"为单位计算。盘、板安装均未包括焊、压接线端子及二次接线内容，应另套有关定额。计算时应注意：

进出配电箱的线头需焊（压）接线端子时，以"个"为计量单位计算。

焊（压）接线端子定额只适用于导线，电缆终端头制作安装定额中已包括压接线端子，不得重复计算。

2. 配电箱、板制作

（1）木配电箱制作区分不同类型和规格以"套"为单位计算。其内容包括：选料、下料、做榫、净面、拼缝、拼装、砂光、油漆。计算时应注意：

木配电箱制作定额已包括了主材，不得另行计算。

木配电箱制作是指空箱体的制作。不包括箱内配电板制作，也不包括电气装置的安装，盘上配线和元件安装，应另执行有关定额。

（2）配电板制作区分不同材质（木、塑料、胶木）按图示外形尺寸以"m²"为单位计算；木配电板包薄钢板也按图示尺寸计算。配电板制作及包薄钢板定额均包括其主材费用，不得另行计算。

（3）裸母线木夹板制作安装以"套"为单位计算。裸母线木夹板定额划分为三线式与四线式两种，每种又按母线截面积分别划分为500mm²以内与1200mm²以内两种规格。

电镀用母线木夹板制作安装以"10套"为单位计算。电镀用母线木夹板定额划分为二线式、三线式两种，每种形式又按每极片数区分规格。二线式每极片数有1-4片四个档次，三线式有1-2片两个档次。

制作安装工作包括：下料、刨光、钻孔、开槽、油处理，压板及弯钩螺栓制作、组装、找正、固定等。主材已按30mm×60mm硬方木及镀锌圆钢 X10-14、镀锌扁钢＜59mm 的规格考虑在定额内，不得另行计算。

3. 控制开关、控制器、启动器、电阻器、变阻器类安装

（1）控制开关、熔断器、限位开关，按钮、电笛安装应按不同类别均分别以"个"为单位计算。其未计价主材内容按定额规定另行计算。自动空气开关区分单极、双极、三极、四极，按其额定电流以"个"为计量单位来计算。

（2）控制器、启动器安装按不同类别以"台"为单位计算。

安装内容包括：开箱、检查、安装、触头调整，注油、接线、接地。未计价主材包括接线端子应另行计价，但接地端子已包括在定额内。控制器安装中的"主令"控制器，系指各种开关（包括控制按钮）的安装。

（3）电阻器、变阻器安装分别以"箱"为单位计算。油浸变阻器、频敏变阻器安装套用同一定额项目。

（4）水位电气信号装置安装按"机械式"及"电子式"分别以"套"计算，制动器安装以"台"计算。计算时应注意：

浮球、硬塑料管价格不包括在定额内，应另计算。水位电气信号装置及制动器安装，不包括水泵房电气控制开关设备，晶体管继电器安装及水泵房至水塔、水箱的管线敷设。

（5）刀开关、铁壳开关、漏电开关、熔断器、控制器、接触器、启动器、电磁铁、自动快速开关、电阻器、变阻器等定额内均已包括接地端子，不得重复计算。

4. 盘柜配线

（1）盘柜配线是指盘柜内组装电气元件之间的连接线。以"10m"为单位套用定额。盘、柜配线定额只适用于盘柜内组装电气元件之间的连配线，不适用于工厂的设备修、配、改工程。

配线内容包括：放线、下料、包绝缘带、排线、卡线、校线、接线等，但导线、接线端子应另外计算。成套柜如不增加回路和元件时，不得套用此定额项目。

计算工程量时，以导线的不同截面，按盘、柜、箱、板的半周长（即长＋宽）乘以所用导线的根数（回路）即等于盘、柜配线的总长度。盘、柜配线总长度的计算方法以公式表示如下：

$$L=(A+B)\times N \tag{4-5}$$

式中　　L——盘、柜配线总长度(m)；

　　　　A——盘柜一边长(m)；

　　　　B——盘柜一边宽(m)；

　　　　N——盘柜配线回路数。

(2)盘、箱、柜的外部进出线预留长度按表 4-3 计算。

盘、箱、柜外部连接线预留长度表(m/根)　　　　　表 4-3

序　号	项　　目	预留长度	说　　明
1	各种箱、柜、盘、板、盒	高+宽	盘面尺寸
2	单独安装的铁壳开关、自动开关、刀开关、启动器、箱式电阻器、变阻器	0.5	从安装对象中心算起
3	继电器号控制开关、信号灯、按钮、熔断器等小电器	0.3	从安装对象中心算起
4	分支接头	0.2	分支线预留

5. 端子板安装及外部接线端子板安装

(1)端子板安装及外部接线端子板安装，以"组"为单位计算，安装每 10 个头为一组。《全国统一安装工程预算定额》第二册"电气设备安装工程"第四章(控制、继电保护屏)和第六章(动力、照明控制设备)中的各种盘、箱安装均未包括端子板的外部接线工作内容，应根据设计图纸上端子板的规格、数量，另套"端子板外部接线"定额。

端子板外部接线按导线、截面积区分为 2.5mm² 以内与 6mm² 以内两种规格，每种规格又分为无端子、有端子两个子项，均分别以 10 个头为单位套用定额。

(2)"焊铜、压铝接线端子"是指多股单根导线与设备连接时需要加接线端子。其工程量计算按导线截面积大小的不同，分别以"10 个"为单位计算。其内容包括：削线头、套绝缘管、焊接头、包缠绝缘带。

(三)铁构件制作安装及箱、盘、盒制作

(1)铁构件制作安装按施工图设计尺寸，以成品重量"kg"为计量单位。

主结构厚度在 3mm 以内的执行"轻型铁件"子目，主结构厚度在 3mm 以上的执行"一般铁构件"子目。铁构件制作安装定额，适用于电气设备安装工程的各种支架的制作安装。

(2)网门、保护网制作安装，按网门或保护网设计图示的框外围尺寸，以"m²"为计量单位计算。

(3)箱盒制作按施工图设计规定的材质、尺寸以重量"t"为单位计算。

四、蓄电池安装的工程量计算

在《全国统一安装工程预算定额》第二册中和第四册"通讯设备"中均编有"蓄电池"安装项目，套用定额时要注意：电气工程的蓄电池执行第二册中定额项目，通讯工程的蓄电池执行第四册定额项目。蓄电池工程量计算规则及方法如下：

(一)蓄电池支架安装

支架安装区分单层、双层及单排、双排分别以长度"m"为单位计算工程量。内容包括：检查、搬运、刷耐酸漆、装玻璃垫、瓷柱和支架。

支架安装是依据国家标准图集 D211 编制的，未包括支架制作及干燥处理，应另按成品价格计算。

（二）穿通板组合安装

穿通板又称穿墙出线板，其工程量按 16 孔以下、23 孔以下分别以"块"为单位计算。安装内容包括：框架、铅垫、穿通板组合安装，装瓷套管和铜螺栓，刷耐酸漆。

如果出现组装图纸要求孔数超过定额线孔时，可按实际进行推算。固定穿通板用的型钢已包括在定额内，但穿通板、穿墙套管应另按成品计算。

（三）绝缘子、圆母线安装

绝缘子安装工程量以"个"为单位计算，绝缘子另行计价，固定绝缘子用的支架按第六章"铁构件制作安装"定额相应项目另列项计算。

蓄电池用的圆母线按材质一般有圆铜、圆钢两种，每种按直径又各分为 $\phi 10mm$、$\phi 20mm$ 以下两种规格，分别列项（水平长度、垂直长度、预留长度三者相加之和）以"10延长米"为单位计算。蓄电池之间的连接线随设备配套供应，已包括在定额内，不另计算。但母线应另列项计算其本身价值。

（四）蓄电池安装

（1）铅酸蓄电池和碱性蓄电池安装，分别按容量大小以单体蓄电池"个"为计量单位，按施工图设计的数量计算工程量。其工作内容包括：开箱、检查、清洗、组合安装、焊接、注电解液和盖玻璃板（指开口式）。计算时注意：定额内已包括了电解液的材料消耗，执行时不得调整。

（2）免维护蓄电池安装分不同电压/容量（V/(A·h)）以"组件"为计量单位。其具体计算如下：

某项工程设计一组蓄电池为 220V/500(Ah)，由 12V 的组件 18 个组成，这样就应该套用 12V/500(Ah) 的定额 18 组件。

（3）蓄电池安装定额适用于 220V 以下各种容量的碱性和酸性固定型蓄电池及其防震支架安装、蓄电池充放电，但不包括蓄电池抽头连接用电缆及电缆保护管的安装。车用蓄电池固定时可按本定额"密闭式"蓄电池相应定额套用。

（4）蓄电池定额的容器、电极板、隔板、连接铅条、焊接条、紧固螺栓、螺母、垫圈均按设备带有考虑。

（五）蓄电池充放电

蓄电池安装后，经检查合格（220V 蓄电池组绝缘不应小于 $0.2M\Omega$），应对补充合格的电解液进行充电，使充电容量达到或接近产品技术要求，进行首次放电。无论放电次数多少，不改变定额水平，均按不同容量以"组"为单位计算。其工作内容包括：直流回路检查、初放电、放电、再充电、测量、记录技术数据等。计算时注意：蓄电池充放电电量已计入定额，不得另计。

五、电机及起重设备电气装置工程量计算

（一）电机安装工程量计算

1. 电机类型的划分

本定额中的"电机"系指发电机和电动机的统称，如小型电机检查接线定额，适用于同功率的小型发电机和小型电动机的检查接线。定额中的电机功率系指电机的额定功率。

（1）电机定额的界线划分：

与机械同底座的电机和装在机械设备上的电机安装，执行第一册"机械设备安装工程"的电机安装定额；独立安装的电机执行本册的电机安装定额。

电机的检查接线和干燥执行本册相应定额子目。

（2）电机类型划分为：

小型电机——单台电机重量在 3t 以下；

中型电机——单台电机重量在 3t 以上至 30t 以下；

大型电机——单台电机重量在 30t 以上；

微型电机——驱动微型电机、控制微型电机、电源微型电机。

计算时应注意：大中型电机不分交、直流电机一律按电机重量执行相应定额。其他小型电机凡功率在 0.75kW 以下的均执行微型电机相应定额，但一般民用小型交流电风扇安装另执行本册定额第十三章的风扇安装定额。

2. 电机检查接线

按《电气装置安装工程旋转电机施工及验收规范》（GB 50170—92)规定，电动机出厂保管期间，应进行检查。安装时均应计算"电机检查接线"费用。其工作内容包括：配合解体检查，研磨和调整电刷，测量空气间隙，接地，电机干燥，绝缘测量及空载试运转。

（1）发电机、调相机、电动机、风机盘管、户用锅炉电气装置的电气检查接线，其工程量均按电动机容量（kW 以内）以"台"为单位计算，直流发电机组和多台一串的机组，按单台电机分别执行定额。

（2）电机检查接线，小型电机按电机类别和功率大小执行相应定额，大、中型电机不分类别一律按电机重量执行相应定额。

（3）电机检查接线工程量的计算，应按施工图纸要求，按需要检查接线的电机，如水泵电机、风机电机、压缩机电机、磨煤机电机等的数量计算。

计算时应注意：带有连接插头的小型电机，则不计算检查接线工程量。各类电机的检查接线定额均不包括控制装置的安装和接线。

（4）各种电机的检查接线，按规范要求均需配有相应的金属软管，如设计有规定的按设计规格和数量计算，如设计要求采用包塑金属软管、阻燃金属软管或采用铝合金软管接头等，均按设计计算。设计没有规定时，平均每台电机配相应规格的金属软管 1.25m 和与之配套的金属软管专用活接头。电机的电源线为导线时，应执行本册定额第四章的压（焊）接线端子定额。

（5）套用电机检查接线定额时，应考虑同时套用"电机调试"项目。

（6）电机的接地线材料，本册定额使用镀锌扁钢（—25×4)编制的，如采用铜接地线时，主材（导线和接头）应更换，但安装人工和机械不变。

（7）电机解体检查定额，应根据需要选用。如不需要解体时，可只执行电机检查接线定额。

3. 电机干燥

电机安装前应测试电机绝缘，如绝缘较低不合格者，必须进行干燥。

本定额的电机检查接线定额，除发电机和调相机外，均不包括电机干燥，发生时其工程量应按电机干燥定额另行计算。电机干燥定额系按一次干燥所需的工、料、机消耗量考虑的,实际执行中不论干燥的时间长短,所需的人工及电度数均不作调整。在特别潮湿的地方,电机需要进行多次干燥,应按实际干燥次数计算。在气候干燥、电机绝缘性能良好、符合技术标准而不需要干燥时,则不计算干燥费用。

实际包干的工程,可参照以下比例,由有关各方协商而定。

低压小型电机 3kW 以下按 25％的比例考虑干燥;低压小型电机 3kW 以上至 220kW 按 30％~50％考虑干燥;大中型电机按 100％考虑一次干燥。

（二）起重设备电气装置工程量计算

起重设备电气装置定额包括"普通桥式起重机电气安装"、"双小车、双钩梁起重机电气安装"、"门型、单梁起重机及电葫芦电气安装"和"滑触线安装"、"移动软电缆安装"等项目。

1. 起重机电气安装

除单梁起重机按控制方式划分为"地面控制"和"操作室控制"定额子目外,其他各种起重机均以吊装吨位区分子目,并分别以"台"为计量单位计算电气装置安装工程量。定额安装内容包括:电气设备检查、安装,小车滑触线安装,电缆管线敷设、接线,灯具安装。

计算时应注意:起重设备电气安装定额系按制造厂家试验合格的成套起重机考虑的,即是"成套设备"直接执行第二册第八章"起重设备电气装置"定额。但是有些起重设备,生产厂只供应设备和材料,如电缆、导线、管道、角钢等散件成品,并未经生产厂配套试车,即为"非成套设备"。非成套供应的或另行设计的起重机的电气设备、照明装置和电缆管线等安装不能直接执行第二册第八章整体"起重设备电气装置"定额项目,应分别执行本册定额的相应定额项目,比如配管执行配管定额,电缆执行电缆定额,穿线执行穿线定额等等。

2. 滑触线安装

滑触线包括"角钢及扁钢"和"圆钢及轻轨"两种类型。

（1）滑触线安装以"m/单相"为计量单位,滑触线本身的工程量计算应按施工图设计用量乘以定额规定消耗指标后再加预留长度总和来计算,其计算式如下:滑触线工程量＝设计用量×1.05(定额规定消耗指标)＋预留长度,其附加和预留长度按表 4-4 规定计算。

滑触线安装附加和预留长度表(m/根)　　　　　　　　表 4-4

序　号	项　目	预留长度	说　明
1	圆钢、铜母线与设备连接	0.2	从设备接线端子接口起算
2	圆钢、铜滑触线终端	0.5	从最后一个固定点起算
3	角钢滑触线终端	1.0	从最后一个支持点起算
4	扁钢滑触线终端	1.3	从最后一个固定点起算
5	扁钢母线分支	0.5	分支线预留
6	扁钢母线与设备连接	0.5	从设备接线端子接口起算
7	轻轨滑触线终端	0.8	从最后一个支持点起算
8	安全节能及其他滑触线终端	0.5	从最后一个固定点起算

（2）安全节能滑触线安装，按载流量以"m/单相"为计量单位。计算时应注意：

三相组合为一根的滑触线，按单相滑触线定额乘以系数 2.0，其固定支架执行本册定额一般铁构件制作、安装子目。定额中未包括滑触线的导轨、支架、集电器及其附件等装置性材料。

（3）圆钢、扁钢滑触线安装，其拉紧装置应另套相应项目。

（4）滑触线支架分固定方式、架式以"10 副"为计量单位，指示灯、拉紧装置、挂式滑触线支持器以"套"或"10 套"为计量单位。计算时应注意：

计算支架制作和安装时，支架制作以"t"为单位，而安装是以每"10 副"为单位计量，这种计量单位的不统一，在编制预算时，应根据标准图集规定的每"10 副"或每"副"的重量进行换算，计算出"副"或"t"的价值。支架的基础铁件及螺栓，按土建预埋考虑，如土建预埋未考虑预埋铁件，则按一般铁构件制作，安装定额另行计算。滑触线及支架安装是按 10m 以下高度考虑的，滑触线及支架的油漆，按刷一遍考虑，如需刷第二遍时，另套用第 13 册定额相应项目另行计算。角钢、扁钢、圆钢、工字钢滑触线已考虑刷相色漆。

（5）滑触线的辅助母线安装，执行车间带型母线安装定额。滑触线伸缩器和座式电车绝缘子支持器的安装，已分别包括在"滑触线安装"和"滑触线支架安装"定额内，不另行计算。

3. 移动软电缆安装

移动软电缆安装按敷设方式区分为沿钢索、沿轨道两种形式（轨道是分扁钢滑轨和 2 号钢滑轨）。沿钢索安装以"根"为单位，电缆长度按 10m、20m、30m 以内分别计算。沿轨道安装以每"100m"为单位，电缆截面积分别按 16mm²、35mm²、70mm²、120mm² 以内区分规格进行计算。工作内容包括：配钢索、装拉紧装置、吊挂、滑轮及拖架、电缆敷设、接线。

计算时应注意：软电缆、滑轮、拖架需另行计算。沿钢索安装的钢索拉紧装置的价值已包括在定额内，不得另行计算。移动软电缆敷设未包括轨道安装及滑轮制作。

六、电缆工程量的计算

（一）电缆敷设的方法

电缆敷设方法主要有以下五种：

1. 埋地敷设

将电缆直接埋设在地下的敷设方法叫做埋地敷设。埋地敷设的电缆必须使用铠装及有防腐层保护的电缆，裸钢带铠装电缆不允许埋地敷设。埋地敷设沟槽深度一般为 800mm（如设计图中另有规定者应按施工图设计要求深度敷设），经过农田和 66kV 以上的电缆埋设深度不应小于 1000mm。

埋地敷设电缆的程序是：挖电缆沟→底铺砂或软土(10cm 厚)→敷设电线→盖砂或软土(10cm 厚)→盖砖或保护板→回填土。多根电缆同敷于一沟时，10kV 以下电缆平行距离平均为 170mm，10kV 以上为 350mm。电缆埋地敷设时要留有电缆全长的 1.5～2.5% 曲折弯长度（俗称 S 弯）。

2. 电缆沿沟支架敷设

3. 电缆沿支架敷设

4. 电缆穿管敷设

5. 电缆沿钢索卡设

(二)电缆工程量计算

电缆定额的应用：电缆敷设按照电缆所适应的电压等级（kV）不同，用途不同，应分别套用不同定额。比如 10kV 以下电压电力电缆套用第二册第九章定额；35kV～220kV 电压电力电缆套用第三册"送电线路工程"第七章定额；通讯电缆套用第四册"通信设备安装工程"第四章定额。

本定额未包括以下工作内容：

(1)隔热层、保护层的制作安装；

(2)电缆冬季施工的加温工作和在其他特殊施工条件下的施工措施费和施工降效增加费；

(3)电缆终端制作安装的固定支架及防护(防雨)罩。

1. 电缆长度计算

电缆敷设，按单根以延长米计算，比如一个沟内(或架上)敷设 3 根各长 100m 的电缆则应按 300m 计算，以此类推。计算时应注意：

(1)电缆敷设定额未考虑因波形敷设增加长度、弛度增加长度、电缆绕梁(柱)增加长度以及电缆与设备连接、电缆接头等必要的预留长度。该长度是电缆敷设长度的组成部分。所以其总长度应由敷设路径的水平加上垂直敷设长度、再加上预留长度而得，见图 4-5 及表 4-5 所示。其计算公式为：

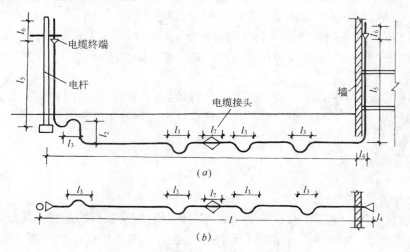

图 4-5　电缆长度组成平、剖面示意图

(a)剖面图；(b)平面图

电缆敷设增加附加长度表　　　　　　　　　　　　　　　　表 4-5

序　号	项　　　目	预留长度(附加)	说　　　明
1	电缆敷设弛度、波形弯度、交叉	2.5%	按电缆全长计算
2	电缆进入建筑物	2.0m	规范规定最小值
3	电缆进入沟内或吊架时引上(下)预留	1.5m	规范规定最小值

序　号	项　目	预留长度(附加)	说　明
4	变电所进线、出线	1.5m	规范规定最小值
5	电力电缆端头	1.5m	检修余量最小值
6	电缆中间接头盒	两端各留 2.0m	检修余量最小值
7	电缆进控制、保护屏及模拟盘等	高十宽	按盘面尺寸
8	高压开关柜及低压配电盘、箱	2.0m	盘下进出线
9	电缆至电动机	0.5m	从电机接线盒起算
10	厂用变压器	3.0m	从地坪起算
11	电缆绕过梁柱等增加长度	按实计算	按被绕物的断面情况计算增加长度
12	电梯电缆与电缆架固定点	每处 0.5m	规范最小值

$$L=(l_1+l_2+l_3+l_4+l_5+l_6+l_7)\times(1+2.5\%) \qquad (4\text{-}6)$$

式中　l_1——水平长度(m)；

l_2——垂直及斜长度(m)；

l_3——余留(弛度)长度(m)；

l_4——穿墙基及进入建筑长度(m)；

l_5——沿电杆、沿墙引上(引下)长度(m)；

l_6——电缆终端长度(m)；

l_7——电缆中间头长度(m)；

2.5%——电缆曲折弯余系数。

(2)竖直通道电缆敷设定额主要适用于高层建筑(高层框架)、火炬、高塔(电视塔)等的电缆敷设工程，定额是按电缆垂直敷设的安装条件综合考虑的，计算工程量时应按竖井内电缆的长度及穿越竖井的电缆长度之和计算。

2. 电缆直埋时，电缆沟挖填土(石)方工程量计算

(1)直埋电缆沟挖填土(石)方工程量以"m³"为单位计算。套用第三册"送电线路工程"第二章土石方工程相应子目。电缆沟挖填方定额亦适用于电气管道沟等的挖填方工作。电缆沟有设计断面图时，按图计算土石方量；电缆沟无设计断面图时，按下式计算土石方量：

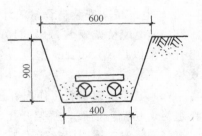

图 4-6　电缆沟挖填土石方量计算示意图

两根电缆以内土石方量计算式为(见图 4-6)：

$$V=(0.6+0.4)\times0.9/2=0.45\text{m}^3/\text{m} \qquad (4\text{-}7)$$

即每 1m 沟长时，挖土方量为 0.45m³，沟长按设计图计算。

每增加 1 根电缆时，沟底宽增加 0.17m，也即增加土石方量 0.153m³/m。

(2)挖混凝土、柏油等路面的电缆沟时，按设计的沟断面图计算挖方量，计算式为：

$$V=HBL \qquad (4\text{-}8)$$

式中　V——挖方体积(m³)；

H——电缆沟深度(m)；

B——电缆沟底宽(m)；

L——电缆沟长度(m)。

(3)电缆沟内铺砂盖砖工程量

电缆沟铺砂、盖砖及移动盖板,按照电缆"1~2根"和"每增一根"分别以沟长度"100m"为单位计算。电缆沟盖板揭、盖定额,按每揭或每盖1次分别以"延长米"计算,如又揭又盖,则按2次计算。

3. 电缆保护管敷设工程量计算

电缆保护管敷设应按管道材质(铸铁管、石棉水泥管、混凝土管及钢管)口径大小的不同,分别以"10m"为单位计算。

工作内容包括:沟底夯实、锯管、接口、敷设、刷漆、堵管口。各种管材及附件应按施工图设计另外计算。钢管敷设管径 $\Phi100$mm 以下套用《全国统一安装工程预算定额》第二册的第十章"配管、配线"相应项目单价。

电缆保护管长度,除按设计规定长度计算外,遇有下列情况,应按以下规定增加保护管长度:

横穿道路,按路基宽度两端各增加2m;垂直敷设时管口距地面增加2m;穿过建筑外墙时,按基础外缘以外增加1m;穿过排水沟,按沟壁外缘以外增加1m。

电缆保护管埋地敷设土方量,凡有施工图注明的,按施工图计算;无施工图的,一般按沟深0.9m、沟宽按最外边的保护管两侧边缘外增加0.3m工作面计算。

其计算公式为:

$$V=(D+2\times0.15)hL \tag{4-9}$$

式中 D——保护管外径(m);

　　h——沟深(m);

　　L——沟长(m);

　　0.15——工作面尺寸(m)。

4. 电缆桥架安装工程量的计算

(1)电缆桥架安装,以"10m"为计量单位,不扣除弯头、三通、四通等所占长度。组合桥架以每片长度2m作为一个基型片,已综合了宽为100mm、150mm、200mm三种规格,工程量计算以"片"为计量单位。

(2)电缆桥架安装工作内容包括:运输,组对,吊装固定,弯头或三、四通修改、制作组对,切割口防腐,桥架开孔,上管件,隔板安装,盖板安装,接地、附件安装等。

(3)桥架支撑架定额适用于立柱、托臂及其他各种支撑架的安装。本定额已综合考虑了采用螺栓、焊接和膨胀螺栓三种固定方式,实际施工中,不论采用何种固定方式,定额均不作调整。

(4)玻璃钢梯式桥架和铝合金梯式桥架定额均按不带盖考虑。如这两种桥架带盖,则分别执行玻璃钢槽式桥架定额和铝合金槽式桥架定额。

(5)不锈钢桥架按本章钢制桥架定额乘以系数1.1。

(6)钢制桥架主结构设计厚度大于3mm时,定额人工、机械乘以系数1.2。

(7)桥架、托臂、立柱、隔板、盖板为外购件成品。连接用螺栓和连接件随桥架成套购买,计算重量可按桥架总重的7%计算。

5. 电缆终端头与中间接头制作安装工程量计算

（1）户内浇注式电力电缆终端头、户内干包电力电缆终端头、电力电缆中间头制作安装区分 1kV 以下和 10kV 以下，分别按电缆截面积规格的不同，均以"个"为单位计算。

计算时注意：

一根电缆有两个终端头，中间电缆头根据设计规定确定，设计没有规定的，按实际情况计算（或按平均 250m 一个接头考虑）。

户内浇注式电力电缆终端头制作安装内容包括：定位、量尺寸、锯断、焊接地线，弯绝缘管、缠涂绝缘层、压接线端子、装外壳、配料浇注、安装固定。电缆终端盒价值另计。

干包电缆头适用于塑料绝缘电缆和橡皮绝缘电缆。

电缆中间头制作安装不包括保护盒与铝套管的价值在内，应按设计需要量另行计算。

（2）户外电力电缆终端头制作安装，区分为浇注式 0.5～10kV、干包式 1kV 以下和 10kV 以下三个分项工程定额，每个分项又按电缆截面划分为 $35mm^2$、$120mm^2$，$240mm^2$ 三个子项工程，均分别以"个"为计算单位套用单价。其工作内容包括：定位、量尺寸、锯断、焊接地线、缠涂绝缘层、压接线柱、装终端盒或手套、配料浇注、安装固定。塑料手套、塑料雨罩、电缆终端盒、抱箍、螺栓应另计价计算。

（3）控制电缆头制作安装按"终端头"和"中间头"芯数 6、14、24、37 以内分别以"个"为单位计算。保护盒及套管另行计价。37 芯以下控制电缆套用 $35mm^2$ 以内电力电缆敷设定额。

（4）电缆敷设及电缆头制作安装均按铝芯编制定额，铜芯电缆敷设按相应截面定额的人工和机械乘以系数 1.4；电缆头制作安装按相应定额乘以系数 1.2。

（5）电缆隔热层、保护层的制作安装，电缆的冬季施工加温工作不包括在定额内，应按有关定额相应项目另行计算。

6. 电缆支架及吊索工程量计算

电缆支架、吊架、槽架制作安装以"t"为单位计算，套用"铁件制作安装"定额，即《全国统一安装工程预算定额》第二册"电气设备安装工程"第六章中的有关定额。

7. 电缆在钢索上敷设的计算

电缆在钢索上敷设时，钢索的计算长度以两端固定点距离为准，不扣除拉紧装置的长度。吊电缆的钢索及拉紧装置，应按本册相应定额另行计算。

8. 电缆防火堵洞、阻燃槽盒安装及电缆防护工程量计算

（1）电缆防火堵洞每处按 $1.25mm^2$ 以内考虑。防火涂料以"10kg"为计量单位，防火隔板安装以"m^2"为计量单位。

（2）阻燃槽盒安装和电缆防腐、缠石棉绳、刷漆、缠麻层、剥皮均以"10m"为计量单位。电缆刷色相漆按一遍考虑。

七、配管配线工程量的计算

配管配线是指从配电控制设备到用电器具的配电线路和控制线路敷设，它分为明配和暗配两种形式。明配管是指沿墙壁、天棚、梁、柱、钢结构支架等的明敷设。暗配管是指在土建施工时，将管子预先埋设在墙壁内、楼板或天棚内等，称为暗配。

管内穿线：就是将导线穿入管子内。

配线的方式较多，设计中常采用的有：瓷夹板配线、塑料夹板配线、鼓形绝缘子配线、针式绝缘子配线、蝶式绝缘子配线、木槽板配线、塑料槽板配线、铝卡配线（塑料护

套线明设)等。

(一) 配管工程量计算

1. 一般规定各种配管工程应区别不同敷设方式(明、暗敷设)、敷设位置及管子材质、规格以"延长米"为单位计算,不扣除管路中间的接线箱(盒)、灯头盒、开关盒所占的长度。

电线管、钢管配管工作内容包括:测位、划线、打眼,埋螺栓,锯管、套丝、煨弯,配管,接地,刷漆。防爆钢管还包括试压。

各种配管工程均不包括管子本身的材料价值,应按施工图设计用量乘以定额规定消耗系数和工程所在地材料预算价格另行计算。

2. 配管工程量的计算要领

(1) 顺序计算方法:从起点到终点。从配电箱起按各个回路进行计算。

即从配电箱(盘、板)→用电设备+规定预留长度。

(2) 分片划块计算方法:计算工程量时,按建筑平面形状特点及系统图的组成特点分片划块计算,然后分类汇总。

(3) 分层计算方法:在一个分项工程中,如遇有多层或高层建筑物,可采用由底层至顶层分层计算的方法进行计算。

3. 计算配管工程量时的注意事项

(1) 配管工程不包括接线箱、盒、支架制作安装。钢索架设及拉紧装置制作安装。插接式母线槽支架制作、槽架制作及配管支架应另行计算后套用《全国统一安装工程预算定额》第二册"电气设备安装工程"第六章的"铁构件制作安装"工程相应定额项目。

(2) 在顶棚内配管时,应套用相应明配定额,不得按暗配定额计算。

(3) 沿空心板缝配管打孔用工、保护管敷设用工均已考虑在相应定额项目内,不得另计用工数。

(3) 电线管需要在混凝土地面刨沟敷设时,应另套定额有关相应项目。

(4) 钢管敷设、防爆钢管敷设中的接地跨接线定额综合了焊接和采用专用接地卡子两种方式。

(5) 刚性阻燃管暗配定额是按切割墙体考虑的,其余暗配管均按配合土建预留、预埋考虑,如果设计或工艺要求切割墙体时,另套墙体剔槽定额。

(6) 半硬质阻燃管埋地敷设已综合挖填土方工作,不得另计。

4. 配管工程量的计算方法

(1) 水平方向敷设的线管工程量的计算。

以施工平面布置图的线管走向和敷设部位为依据,并借用建筑物平面图所标墙、柱轴线尺寸和实际到达位置进行线管长度的计算。

以图 4-7 为例。当线管沿墙暗敷时(WC),用顺序计算法,从配电箱

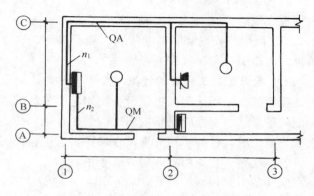

图 4-7 线管水平长度计算示意图

开始至所接设备,按相关墙轴线尺寸或直接用比例尺量取来计算该配管长度。如 n_1 回路,其水平线管工程量计算就是从配电箱开始沿 B-C,1-2-3 至所接的插座和灯具。

当线管沿墙明敷时(WE),按相关墙面净空长度尺寸计算线管长度。如 n_2 回路,沿 B-A,1-2 在 1 轴处算至墙面净空长度到所到达地点。

(2) 垂直方向敷设的管(沿墙、柱引上或引下),其工程量计算与楼层高度及与箱、柜、盘、板、开关等设备安装高度有关。无论配管是明敷或暗敷均按图 4-8 计算线管长度。

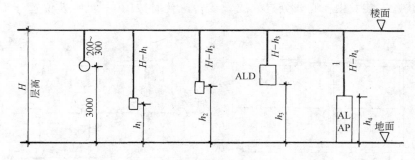

图 4-8 引下线管长度计算示意图

(3) 当埋地配管时(FC)工程量计算。

水平方向的配管按墙、柱按方法(1)及设备定位尺寸进行计算。如图 4-9,若电源架空引入,穿管进入配电箱(AP、AL),再进入设备,又连开关箱(AK),再连照明箱(AL)。则水平方向配管长度为 l_1、l_2,l_3、l_4 相加之和,并且各段均算至各中心处。

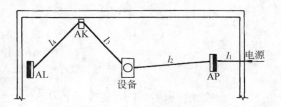

图 4-9 埋地水平管长度

穿出地面向设备或向墙上电气开关配管时,按埋地深度和引向墙、柱的高度进行计算。如图 4-10 所示,沿墙引下管长度(h)加上地面厚度,或设备基础高,或出地面 150mm~200mm 长度,即为穿出地面向设备或向墙上电气开关的配管长度。

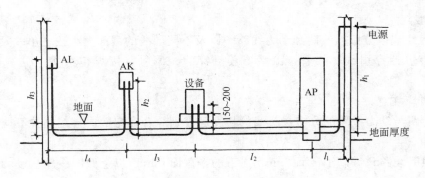

图 4-10 埋地管穿出地面

(二)配管接线箱、盒安装工程量计算

1. 接线箱安装工程量

区分明装、暗装，按接线箱半周长区别规格分别以"个"为单位计算。接线箱本身价值需另行计算。接线箱安装亦适用于π接箱、等电位箱等的安装。

2. 接线盒安装工程量

区分明装、暗装及钢索上接线盒，分别以"个"为单位计算。接线盒价值另行计算。明装接线盒包括接线盒、开关盒安装两个子项；暗装接线盒包括普通接线盒和防爆接线盒安装两个子项。接线盒安装亦适用于插座底盒的安装。计算时应注意：

（1）接线盒安装发生在管线分支处或管线转弯处时按图 4-11 所列位置计算接线盒工程量。

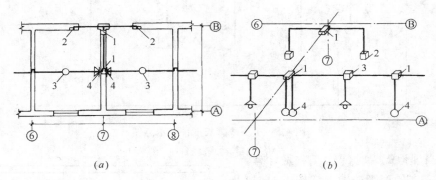

图 4-11　接线盒位置图

（a）平面位置图；（b）透视图

1—接线盒；2—开关盒；3—灯头盒；4—插座盒

（2）线管敷设超过下列长度时，中间应加接线盒：

管子长度每超过 30m 无弯时；

管子长度每超过 20m 中间有一个弯时；

管子长度每超过 15m 中间有两个弯时；

管子长度每超过 8m 中间有三个弯时。

两接线盒间对于暗配管其直角弯曲不得超过三个，明配管不得超过四个。

（三）管内穿线工程量计算

1. 一般规定

管内穿线应区分照明线路和动力线路，以及不同导线的截面大小按"单线延长米"计算。其内容包括穿引线、扫管、涂滑石粉、穿线、编号、接焊包头等。导线价值另行计算。

计算时应注意：

（1）照明与动力线路的分支接头线的长度已分别综合在定额内，编制预算时不再计算接头工程量。

（2）照明线路只编制了截面 6mm^2 以下的，截面 6mm^2 以上照明线路按动力线路定额计算。

2. 管内穿线工程量计算方法

$$管内穿线长度＝（配管长度＋导线预留长度）×同截面导线根数 \qquad (4-10)$$

计算时要注意：

（1）导线进入开关箱、柜及设备预留长度见图4-12；

（2）灯具、明开关、暗开关、插座、按钮等预留线、线路分支接头线，已分别综合在相应定额内，不得另行计算。配线进入开关箱、柜、板的预留线，按表4-6规定的预留长度，分别计入相应的工程量。

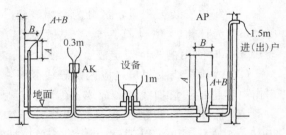

图 4-12 导线与柜、箱、设备等相连接的预留长度

配线进入箱、柜、板的预留线（每一根线）　　　　　　　　　　　表 4-6

序　号	项　　目	每一根线预留长度	说　明
1	各种开关、柜、板	宽＋高	盘面尺寸
2	单独安装（无箱、盘）的铁壳开关、闸刀开关、启动器线槽进出线盒等	0.3m	从安装对象中心起
3	由地面管子出口引至动力接线箱	1.0m	从管口计算
4	电源与管内导线连接（管内穿线与软、硬母线接点）	1.5m	从管口计算
5	出户线	1.5m	从管口计算

【例 4-3】　设某商住楼照明线路设计图纸规定采用 BV-2.5mm² 铜芯聚氯乙烯绝缘电线穿直径为 G20 镀锌钢管沿墙暗敷设，管内穿线四根，钢管敷设长度为 375m，试计算管内穿线工程量为多少？

【解】　管内穿线长度＝（375＋1.5）×4＝1506m

（四）线路敷设工程量计算

1. 线夹配线工程量

应区别线夹材质（塑料、瓷质）、线式（两线、三线）、敷设位置（木结构、砖、混凝土、砖混凝土结构粘接）以及导线规格，以线路"延长米"为计量单位。

2. 绝缘子配线工程量

应区别绝缘子形式（针式、鼓形、蝶式）、绝缘子配线位置（沿屋架、梁、柱、墙，跨屋架、梁、柱，木结构，顶棚内，砖、混凝土结构，沿钢支架及钢索）、导线截面积，以线路"单线延长米"为计量单位。导线材料价值不包括在定额内，应另行计算。支架制作及其主材应按铁构件制作定额计算。钢索架设及拉紧装置的制作安装应按相应定额另行计算。

3. 槽板配线工程量

应区别槽板材质（木质、塑料）、配线位置（木结构、砖、混凝土）、导线截面、线式（二线、三线），以"延长米"为单位计算工程量。除导线、木槽板、塑料槽板按设计用量乘以定额消耗指标另行计价外，其他工作内容（如测位、划线、打眼，下过墙管，断料、作角弯、装盒子，配线、接焊包头等）均已综合在定额内，不得重复计算。

4. 塑料护套线明敷设工程量

应区别导线截面、导线芯数（二芯、三芯）、敷设位置（木结构；砖、混凝土结构；沿钢索、砖和混凝土结构粘接），以单线路"延长米"为计量单位。

5. 线槽及槽架工程量计算方法

（1）线槽安装工程量，区分为金属线槽（MR）和塑料线槽（PR）。按照线槽不同的宽度以"m"为计量单位计算。金属线槽宽＜100mm 使用加强塑料线槽定额，母线槽宽＞100mm时使用槽式桥架定额。金属线槽安装定额亦适用于线槽在地面内暗敷设。

（2）线槽配线工程量，应区别导线截面，以单根线路"延长米"为计量单位计算。其工作内容包括：清扫线槽、放线、编号、对号、接焊包头。导线价值应另行计算。

（3）插接式母线槽工程量按"节"计算。进出线盒安装区分不同额定电流（100A，300A，600A，800A 以下）以"个"为单位计算。母线槽、进出线盒主材价另行计算。

（4）槽架安装按其宽（mm）×深（mm）区分不同规格，分别以"m"为单位计算。工作内容包括：定位、打眼、支架安装、本体固定。但槽架本身价值应根据设计用量另行计算。

6. 瓷夹、瓷瓶（包括针式瓷瓶）、塑料线夹、木槽板、塑料槽板、塑料护套线敷设定额中的分支接头、防水弯已综合在定额内，计算工程量时，按图示尺寸计算水平及绕梁、柱和上下走向的垂直长度。瓷瓶暗配，由线路支持点至天棚下缘的工程量按实计算。

（五）其他分项工程量计算

1. 钢索架设工程量

应区别圆钢、钢索直径（φ6、φ9），按图示墙（柱）内缘距离，以"延长米"为计量单位，不扣除拉紧装置所占长度。拉紧装置的制作安装及钢索应另行计算。

2. 母线拉紧装置制作

按母线截面 500mm²、1200mm² 区分规格，以"套"计算。钢索拉紧装置制作按花篮螺栓直径 12mm、16mm、20mm 区分规格，以"套"计算。它们的工作内容包括：下料、钻眼、煨弯、组装，测位、打眼、埋螺栓、连接、固定及刷漆。

3. 车间带形母线安装工程量

应区别母线材质（铝 LMY、钢 TMY）、母线截面、安装位置（沿屋架、梁、柱、墙，跨屋架、梁、柱），以"m"为计量单位计算。该项安装子目包括：电车绝缘子的安装及价值、母线支架安装和母线刷分相色漆、母线的木制夹具和夹板的制作与安装及其价值。计算时要注意：

（1）变配电带型母线安装与车间带形母线安装不同，除刷色相漆外，上述安装子目包括的内容均不包括配电高压母线。

（2）母线价值及母线伸缩器制作安装和支架制作应另行计算。

（3）铜母线安装执行钢母线安装定额。

（4）带型母线钢支架的制作，一般都按标准图制作，支架个数根据图纸和工程实际来计算，以"kg"为计量单位。

（5）带型母线伸缩器制作安装，一般都按标准图加工制作，以"个"为计量单位。用定额第二篇第三章相应子目。

4. 动力配管混凝土地面刨沟、墙体剔槽工程量

按管子直径区分规格，以"延长米"为单位计算。内容包括：测位、划线、刨沟、清理、填补等。

八、照明器具安装工程量的计算

照明灯具安装是照明工程的主要组成部分之一。归结起来照明工程一般包括配管配线工程、灯具安装工程、开关插座安装工程以及其他附件安装工程。

《全国统一安装工程预算定额》第二册"电气设备安装工程"中灯具安装共分为七大类：普通灯具安装、荧光灯具安装、工厂灯及防水防尘灯安装、工厂其他灯具安装、医院灯具安装、艺术花灯安装、路灯安装等。

（一）计算灯具安装工程量时的注意事项

（1）灯具安装定额中各型灯具的引线，支架制作安装，各种灯架元器件的配线，除注明者外，均已综合考虑在定额内，使用时不作换算。

（2）路灯、投光灯、碘钨灯、氙灯、烟囱和水塔指示灯，定额内均已考虑了一般工程的高空作业因素。其他器具安装高度如超过5m以上20m以下，则应按册说明中规定的超高系数另行计算。

（3）利用摇表测量绝缘及一般灯具的试亮工作(但不包括调试工作)已包括在定额内，计算工程量时不再重复计算。

（4）本章仅列高度在6m以内的金属灯柱安装项目，其他不同材质、不同高度的灯柱(杆)安装可执行第十章相应定额。灯柱穿线执行定额第十二章配管、配线定额相应子目。

（5）灯具安装定额只包括灯具和灯管(泡)的安装，未包括灯具的价值。灯具的主材价值计算，以各地灯具预算价或市场价为准。计算时应留意，灯具预算价格已包括灯具和灯泡(管)时，不分别计算，直接套用成套灯具的主材单价即可。若灯具预算价格中不包括灯泡(管)时，应另计算灯泡(管)的未计价材料价值，有关计算式如下：

$$灯具未计价材料价值 = 灯具套数 \times 定额消耗量$$
$$\times 灯具单价 + 灯泡(管)未计价价值 \qquad (4-11)$$
$$灯泡(管)未计价材料价值 = 灯泡(管)数 \times (1 + 定额规定损耗率)$$
$$\times 灯泡(管)单价 \qquad (4-12)$$
$$灯罩、灯伞未计价材料价值 = 灯具套数 \times (1 + 定额规定损耗率)$$
$$\times 灯罩或灯伞单价 \qquad (4-13)$$

式中灯泡(管)、灯罩、灯伞损耗率见表4-7。

灯泡(管)、灯罩、伞损耗率　　　　　　　　　　表 4-7

材 料 名 称	损耗率(%)	材 料 名 称	损耗率(%)
白 炽 灯	3.0	玻璃灯伞、罩	5.0
荧光灯、水银灯泡	1.5		

（二）灯具的工程量计算规则

1. 普通灯具安装的工程量计算

应区别灯具的种类、型号、规格、以"套"为计量单位。普通灯具安装定额适用范围见表4-8。计算时应注意：软线吊灯和链吊灯均不包括吊线盒价值，必须另计。

普通灯具安装定额适用范围　　　　　　　　　　表 4-8

定额名称	灯 具 种 类
圆球吸顶灯	材质为玻璃的螺口、卡口圆球独立吸顶灯
半圆球吸顶灯	材质为玻璃的独立的半圆球吸顶灯、扁圆罩吸顶灯、平圆形吸顶灯
方形吸顶灯	材质为玻璃的独立的、矩形罩吸顶灯、方形罩吸顶灯、大口方罩吸顶灯

定 额 名 称	灯 具 种 类
软 线 吊 灯	利用软线为垂吊材料的、独立的、材质为玻璃、塑料、搪瓷，形状如碗伞、平盘灯罩组成的各式软线吊灯
吊 链 灯	利用吊链作辅助悬吊材料的独立的，材质为玻璃、塑料罩的各式吊链灯
防 水 吊 灯	一般防水吊灯
一 般 弯 脖 灯	圆球弯脖灯、风雨壁灯
一 般 墙 壁 灯	各种材质的一般壁灯、镜前灯
软 线 吊 灯 头	一般吊灯头
声 光 控 座 灯 头	一般声控、光控座灯头
座 灯 头	一般塑胶、瓷质座灯头

2. 装饰灯具的安装

装饰灯具安装的工程量计算应使用 2000 年版《全国统一安装工程预算定额》第二篇第十三章中《装饰灯具安装工程预算定额》。为了减少因产品规格、型号不统一而发生争议，定额采用灯具彩色图片与子目对照方法编制，以便认定，给定额使用带来极大方便。施工图设计的艺术装饰吊灯的头数与定额规定不相同时，可以按照插入法进行换算。

各类装饰灯具安装的工程量计算规则如下：

（1）吊式艺术装饰灯具的工程量，应根据装饰灯具示意图集所示，区别不同装饰物以及灯体直径和灯体垂吊长度，以"套"为计量单位。灯体直径为装饰物的最大外缘直径，灯体垂吊长度为灯座底部到灯梢之间的总长度。

（2）吸顶式艺术装饰灯具安装的工程量，应根据装饰灯具示意图集所示，区别不同装饰物、吸盘的几何形状、灯体直径、灯体周长和灯体垂吊长度，以"套"为计量单位。

圆形吸顶式艺术装饰灯具的灯体直径为吸盘最大外缘直径。

矩形吸顶式艺术装饰灯具的灯体半周长为矩形吸盘的半周长。

吸顶式艺术装饰灯具的灯体垂吊长度为吸盘到灯梢之间的总长度。

（3）荧光艺术装饰灯具安装工程量，应根据装饰灯具示意图集所示，区别不同安装形式和计量单位计算工程量。

1）组合荧光灯光带安装的工程量，应根据装饰灯具示意图集所示，区别安装形式、灯管数量，以"延长米"为计量单位，灯具的设计数量与定额不符时，可以按设计用量加损耗量调整主材。

2）内藏组合式灯安装的工程量，应根据装饰灯具示意图集所示，区别灯具组合形式，以"延长米"为计量单位，灯具的设计用量与定额不符时，可根据设计用量加损耗量调整主材。

3）发光棚安装的工程量，应根据装饰灯具示意图集所示，以"m²"为计量单位，发光棚灯具按设计用量加损耗量计算。

（4）立体广告灯箱、荧光灯光沿的工程量，应根据装饰灯具示意图集所示，以"延长米"为计量单位，灯具设计用量与定额不符时，可根据设计用量加损耗调整主材。

（5）几何形状组合艺术灯具安装的工程量，应根据装饰灯具示意图集所示，区别不同安装形式及灯具的不同形式，以"套"为计量单位。

（6）标志、诱导装饰灯具安装的工程量，应根据装饰灯具示意图集所示，区别不同安装形式，以"套"为计量单位。

（7）水下艺术装饰灯具安装的工程量，应根据装饰灯具示意图集所示，区别不同安装形式，以"套"为计量单位。

（8）点光源艺术装饰灯具安装的工程量，应根据装饰灯具示意图集所示，区别不同安装形式、不同灯具直径，以"套"为计量单位。

（9）草坪灯具安装的工程量，应根据装饰灯具示意图集所示，区别不同安装形式，以"套"为计量单位。

（10）歌舞厅灯具安装的工程量，应根据装饰灯具示意图集所示，区别不同灯具形式，分别以"套"、"延长米"、"台"为计量单位。

表 4-9 为装饰灯具安装定额适用范围。

装饰灯具安装定额适用范围

表 4-9

定 额 名 称	灯具种类（形式）
吊式艺术装饰灯具	不同材质、不同灯体垂吊长度、不同灯体直径的蜡烛灯、挂片灯、串珠(穗)、串棒灯、吊杆式组合灯、玻璃罩(带装饰)灯
吸顶式艺术装饰灯具	不同材质、不同灯体垂吊长度、不同灯体几何形状的串珠(穗)、串棒灯、挂片、挂碗、挂吊蝶灯、玻璃(带装饰)灯
荧光艺术装饰灯具	不同安装形式、不同灯管数量的组合荧光灯光带，不同几何组合形式的内藏组合式灯，不同几何尺寸、不同灯具形式的发光棚，不同形式的立体广告灯箱，荧光灯光沿
几何形状组合艺术灯具	不同固定形式、不同灯具形式的繁星灯、钻石星灯、礼花灯、玻璃罩钢架组合灯、凸片灯、反射挂灯、筒形钢架灯、U 形组合灯、弧形管组合灯
标志、诱导装饰灯具	不同安装形式的标志灯、诱导灯
水下艺术装饰灯具	简易形彩灯、密封形彩灯、喷火池灯、幻光型灯
点光源艺术装饰灯具	不同安装形式、不同灯体直径的筒灯、牛眼灯、射灯、轨道射灯
草 坪 灯 具	各种立柱式、墙壁式的草坪灯
歌舞厅灯具	各种安装形式的变色转盘灯、雷达射灯、幻影转彩灯、维纳斯旋转彩灯、卫星旋转效果灯、飞蝶旋转效果灯、多头转灯、滚筒灯、频闪灯、太阳灯、雨灯、歌星灯、边界灯、射灯、泡泡发生器、迷你满天星彩灯、迷你盘彩灯、多头宇宙灯、镜面球灯、蛇光管

3. 荧光灯具安装工程量

应区别灯具的安装形式、灯具种类、灯管数量，以"套"为计量单位计算。计算时应注意：

荧光灯具安装包括组装型和成套型两类。凡采购来的灯具是分件的，安装时需要在现场组装的灯具称为组装型。凡不需要在现场组装的灯具称为成套型灯具。

组装型荧光灯每套可计算一个电容器安装及电容器的未计价材料价值。

荧光灯具安装定额适用范围见表 4-10。

荧光灯具安装定额适用范围

表 4-10

定 额 名 称	灯 具 种 类
组装型荧光灯	单管、双管、三管吊链式、吸顶式、现场组装独立荧光灯
成套型荧光灯	单管、双管、三管吊链式、吊管式、吸顶式、成套独立荧光灯

4. 工厂灯及防水防尘灯安装的工程量

工厂灯及防水防尘灯安装包括的灯具类型大致可分为两类：一类是工厂罩灯及防水防

尘灯，另一类是工厂其他常用灯具。

（1）工厂灯及防水防尘灯安装工程，应区别不同安装形式，以"套"为计量单位。表4-11为工厂灯及防水防尘灯安装定额适用范围。

防水、防尘灯安装定额适用范围   表 4-11

定额名称	灯 具 种 类	定额名称	灯 具 种 类
直杆工厂吊灯	配照（GC₁-A）、广照（GC₃-A）、深照（GC₅-A）、斜照（GC₇-A）、圆球（GC₁₇-A）、双罩（GC₁₉-A）	弯杆式工厂灯	配照（GC₁-D/E）、广照（GC₃-D/E）、深照（GC₅-D/E）、斜照（GC₇-D/E）、双罩（GC₁₉-C）、局部深罩（GG₂₆-F/H）
吊链式工厂灯	配照（GC₁-B）、深照（GC₃-B）、斜照（GC₅-C）、圆球（GC₇-B）、双罩（GC₁₉-A）、厂照（GC₁₉-B）	悬挂式工厂灯	配照（GC₂₁-2）、深照（GC₂₃-2）
吸顶式工厂灯	配照（GC₁-C）、广照（GC₃-C）、深照（GC₅-C）、斜照（GC₇-C）、双罩（GC₁₉-C）	防水防尘灯	广照（GC₉-A、B、C）广照保护网（GC₁₁-A、B、C）散照（GC₁₅-A、B、C、D、E、F、G）

（2）工厂其他灯具安装工程量，应区别不同灯具类型、安装形式、安装高度，以"套"、"个"、"延长米"为计量单位。表4-12为工厂其他灯具安装定额适用范围。

工厂其他灯具安装定额适用范围   表 4-12

定额名称	灯 具 种 类	定额名称	灯 具 种 类
防潮灯	扁形防潮灯（GC-31）、防潮灯（GC-33）	高压水银灯镇流器	外附式镇流器具 125～450W
腰形舱顶灯	腰形舱顶灯 CCD-1	安全灯	（AOB-1、2、3）、（AOC-1、2）型安全灯
碘钨灯	DW 型、220V300-1000W 内	防爆灯	GB C-200 型防爆灯
管形氙气灯	自然冷却式 220V/380V 20kW 内	高压水银防爆灯	GB C-125/250 型高压水银防爆灯
投光灯	TG 型室外投光灯	防爆荧光灯	CB C-1/2 单/双管防爆型荧光灯

5. 医院灯具安装工程量

医院灯具安装分四种类别：即病房指示灯、病房暗脚灯、紫外线杀菌灯和无影灯（吊管灯），均应区别灯具种类分别以"套"为单位计算。表4-13为医院灯具安装定额适用范围。

医院灯具安装定额适用范围   表 4-13

定 额 名 称	灯 具 种 类	定 额 名 称	灯 具 种 类
病房指示灯	病房指示灯	无 影 灯	3—12 孔管式无影灯
病房暗脚灯	病房暗脚灯	紫外线杀菌灯	紫外线杀菌灯

6. 路灯安装工程量

立金属杆，按杆高，以"根"为计量单位。

路灯安装工程量应区别不同臂长，不同灯数，以"套"为计量单位。

工厂厂区内，住宅小区内路灯安装执行《全国统一市政工程预算定额》。表4-14为路灯安装定额适用范围。

定 额 名 称	灯 具 种 类	定 额 名 称	灯 具 种 类
大马路弯灯	臂长 1200mm 以上、 臂长 1200mm 以下	庭院路灯	三灯以下、 七灯以下

(三)开关插座安装以及其他附件安装的工程量计算

1. 开关、按钮安装工程量

应区别开关、按钮安装形式，开关、按钮种类，开关极数以及单控与双控，以"套"为计量单位。

计算时应注意：

(1)开关及按钮安装，包括拉线开关、扳把开关明装、暗装，扳式暗装开关区分单联、双联、三联、四联分别计算。瓷质防水拉线开关与胶木拉线开关安装费套用同一个定额项目。

(2)开关、按钮安装工程中，开关、按钮本身价格应分别另行计价。

本项中的"一般按钮"应与前面所述的动力、照明系统内的控制设备用的"普通按钮"安装相区别。

2. 插座安装工程量

应区别电源相数、额定电流、插座安装形式、插座插孔个数，以"套"为计量单位。

计算时应注意：

(1)插座安装包括普通插座和防爆插座两类，普通插座分明装和暗装两项，每项又分单相、单相三孔、三相四孔，均以插座的电流 15A 以下、30A 以下区分规格套用定额。

(2)插座安装不包括插座盒安装，插座盒安装应执行开关盒安装定额项目。插座、插座盒的本身价值不包括在定额内，应另行计算。

(3)地面防水插座安装按暗插座相应定额人工乘以系数 1.2，其接线盒执行防爆接线盒定额。

3. 安全变压器、电铃、风扇等器具的安装工程量

(1)安全变压器安装，以容量千伏安(kVA)区分规格，以"台"为单位计算。工作内容包括：开箱清扫、检查，测位、划线、打眼，支架安装(未包括支架制作)，固定变压器，接线、接地。

(2)电铃安装，区分为两大项目六个子项，一项是按电铃直径大小(即 100mm，200mm，300mm 以内)分为三个子项；另一项是以电铃号牌箱规格(号以内)分为 10 号、20 号、30 号以内三个子项，它们均分别以"套"为单位计算工程量。电铃的价格另计。

(3)风扇安装，区分吊扇和壁扇，以"台"为单位计算安装工程量。安装内容包括：测位、划线、打眼，固定吊钩，安装调速开关，接焊包头、接地等。

吊扇安装只预留吊钩时，人工乘以系数 0.4，其余不变。风扇价值另行计算。

(4)门铃安装工程量计算，应区别门铃安装形式，以"个"为计量单位计算。

(5)盘管风机三速开关、请勿打扰灯、须刨插座、钥匙取电器、自动干手装置、卫生洁具自动感应器等的安装，均以"套"为计量单位计取工程量。

(6)红外线浴霸安装的工程量，区分光源个数以"套"为计量单位计算工程量。

九、电梯电气装置安装工程量的计算

《全国统一安装工程预算定额》第二册"电气设备安装工程"中的"电梯电气装置"

安装范围，因电梯类型的不同而不同，但一般来说，主要包括有：控制屏、继电器屏、可控硅励磁屏、选层器、楼层指示器、硒整流器、极限开关、厅外指层灯箱、召唤按钮箱、厅门联锁开关、上下限位开关、断带开关、自动选层开关、平层感应铁、轿内操纵盘、指层灯箱、电风扇、灯具、安全窗开关、端站开关、平层器、开关门行程开关、轿门联锁开关、安全钳开关、超载显示器、电阻箱、限位开关碰铁。上述各种器件一般都随同电梯机体配套供货，不需另行计价，当电梯安装说明书或样本注明不包括某种器件时，可另行计价。各种类型电梯安装内容中所指的"电气设备安装"，系指上述各种器件的安装。

电梯机件本身安装，按照《全国统一安装工程预算定额》第一册"机械设备安装工程"的相应项目执行。

1. 各种自动、半自动客、货电梯的电气装置安装工程量

应区分电梯类别、操纵方式、层数、站数，以"部"为计量单位计算。其内容包括：开箱、检查、清点，电气设备安装，管线敷设，挂电缆、接线、接地、摇测绝缘。

计算时应注意：

（1）电梯电气安装工程量计算规则适用于国产的各种客、货、病床和杂物电梯的电气装置安装，但不包括自动扶梯和观光梯安装。

（2）"电厂专用电梯电气安装"按配合锅炉容量(t/h)分别选套子目。

（3）电梯安装材料：电线管及线槽、金属软管、管子配件、紧固件、电缆、电线、接线箱（盒）、荧光灯及其他附件、备件等，均按设备带有考虑。

（4）电梯安装高度是按平均层高 4m 以内考虑的（包括上、下缓冲），如平均层高超过 4m 时，其超过部分可另按提升高度定额以"m"为计量单位计算。

（5）交、直流（自动、半自动）电梯、小型杂物电梯安装是按照每层一个厅门、一个轿厢门考虑的。增或减厅门、轿厢门时，另按增或减厅门相关定额子目计算。计算时增或减厅门分别以"个"为单位计算工程量。增或减自动轿厢门以"个"数计算。工作内容包括：配管接线，装指层灯、召唤按钮、门锁开关等。

（6）电梯电气安装工程量计算规则是以室内地坪±0.00 首层为基站，±0.00 以下为地坑（下缓冲）考虑的，如遇有"区间电梯"（基站不在首层），下缓冲地坑设在中间层时，则基站以下部分楼层的垂直搬运应另行计算。

（7）两部或两部以上并列运行或群控电梯安装，按相应的定额分别乘以系数 1.2 计算。

（8）小型杂物电梯是以载重量在 200kg 以内，轿厢内不载人为准。载重量大于 200kg 的、轿厢内有司机操作的杂物电梯，执行客货电梯的相应项目。

2. 电梯电气安装定额不包括的各项工作

电源线路及控制开关的安装；电动发电机组的安装；基础型钢和钢支架制作；接地极与接地干线敷设；电气调试；电梯的喷漆；轿厢内的空调、冷热风机、闭路电视、步话机、音响设备；群控集中监视系统以及模拟装置。应按有关定额或"电气设备安装工程"定额相应项目另列项计算。

十、防雷及接地装置工程量的计算

防雷接地装置预算定额范围包括：建筑物、构筑物的防雷接地；变配电系统接地；设备接地；避雷针的接地装置。

防雷接地装置工程量的计算规则分以下几个部分：

接地极(板)制作安装、接地母线敷设、接地跨接线安装、避雷针安装、避雷引下线敷设、避雷网安装、均压环的安装(为防止侧击雷)等。

1. 接地极(板)制作安装

接地极包括钢管、角钢、圆钢、铜板、钢板接地极。接地极制作安装项目已包含制作和安装两项内容。工作内容包括：下料、尖端加工、油漆、焊接并打入地下。定额中不包括钢管、角钢、圆钢、钢板、镀锌扁钢、紫钢板、裸铜线价值，应另行计算。

钢管、角钢、圆钢接地极以"根"为单位计算安装工程量，并区分普通土、坚土分别套用定额，其长度按设计长度计算，设计无规定时，每根长度按 2.5m 计算。若设计有管帽时，管帽另按加工件计算。

铜板、钢板接地极以"块"为单位计算工程量，区分不同材质套用定额。

2. 接地母线敷设安装

接地母线敷设工程量按施工图设计长度另加 3.90% 附加长度(指转弯、上下波动、避绕障碍物、搭接头所占长度)，以"延长米"为单位来计算工程量，并按户外、户内接地母线分别套用定额。工程量计算式为：

$$接地母线长度＝按施工图设计尺寸计算的长度 \times (1＋3.9\%)$$

计算时要注意：

(1) 工作内容包括：挖地沟，接地线平直、下料，测位、打眼、埋卡子，煨弯、敷设、焊接、回填土夯实、刷漆。

(2) 接地母线一般多采用镀锌圆钢、镀锌扁钢或铜绞线，其材料本身价值应按设计图规定另行计算。

(3) 母线地沟的挖填土方是按自然标高沟底宽 0.4m，上口宽 0.5m，深 0.75m，每 m 沟长 0.34m³ 综合在定额内的。如设计要求埋设深度与定额不同或沟内遇有石方、矿碴、积水、障碍物等情况时，应另行调整土方量。

3. 接地跨接线安装

接地跨接线是指接地母线遇有障碍(如建筑物伸缩缝、沉降缝以及行车、抓斗吊等轨道接缝)需跨越时相连接的连接线，或利用金属构件、金属管道作为接地线时需要焊接的连接线。常见的跨接线有伸缩(沉降)缝、管道法兰、风管防静电、管件防静电、吊车钢轨接地跨接线等。引下线、均压环用柱子主筋、圈梁主筋相互焊接成网时，焊接处也视为接地跨接。金属管道敷设中通过箱、盘、盒等断开点焊接的连接线已包括在管道敷设定额中，不得算为跨接线。

接地跨线工程量计算，以"处"为单位计算，每跨越一次计算一处。其工作内容包括：下料、钻孔、煨弯、挖填土、固定、刷漆。

4. 避雷针安装

除独立避雷针区分针高按"基"为单位计算外，其余部位避雷针的安装均以"根"为单位计算。避雷针安装工作内容包括：预埋铁件、螺栓或支架，安装固定、木杆刨槽、焊接、补漆等。避雷针规格划分如下：

装在烟囱上的按安装高度 25m，50m，100m，150m 以内区分规格计算；

装在建筑物上区分平屋面上针长、墙上针长 3m，7m，12m 以内计算；

装在金属容器上区分容器顶上针长、容器壁上针长 3m 以内、7m 以内计算；

构筑物上安装区分木杆上、水泥杆上、金属构架上计算。

计算时应注意：

（1）构筑物上安装还包括避雷引下线安装的内容，但不包括木杆、水泥杆组成及杆坑挖填土方工作和杆底部引下线保护角铁的制作安装工作，应按相应定额另行计算。

（2）避雷针体的制作按《全国统一安装工程预算定额》第二册"电气设备安装工程"中第六章的"铁构件制作"项目以吨（t）计算。其中一般避雷针执行"轻型构件制作"项目；独立避雷针执行"一般构件制作"项目。

（3）避雷针拉线安装，以三根为一组，以"组"为单位计算。

（4）水塔避雷针安装按"平屋顶上"安装定额计算。

（5）半导体少长针消雷装置安装以"套"为单位计算。

5. 引下线敷设工程量的计算

避雷针引下线是指从避雷针由上向下沿建筑物、构筑物和金属构件引下来的防雷线。引下线一般采用扁钢或圆钢制作，也可利用建（构）筑物本体结构件中的配筋、钢扶梯等作为引下线。

（1）在建筑物、构筑物上的避雷针引下线工程量计算，按建（构）筑物的不同高度（25，50，100，150（m）以下）区分规格，其长度按垂直规定长度另加 3.9％附加长度（指转弯、避绕障碍物、搭接头所占长度）以"延长米"为单位计算。计算公式如下：

$$引下线长度＝按施工图设计的引下线敷设的长度×（1＋3.9％）\qquad(4-14)$$

工作内容包括：平直、下料、测位、打眼、埋卡子，焊接、固定、刷漆。计算时应注意：

引下线材料费另行计算。支持卡子的制卡与埋设已包含在定额中，不得另计。断接卡子制作安装以"套"计算，按照设计规定装设的断接卡子数量计算。接地检查井内的断接卡子安装按每井一套计算。

（2）利用建（构）筑物结构主筋作引下线及均压环的安装，均用第二册第九章"防雷及接地装置"相应子目，并按下列方法计算工程量。

1）利用建筑物内主筋作接地引下线安装时，以"m"为单位计算。每一柱子内按焊接两根主筋考虑，如果焊接主筋数超过两根时，可按比例调整。

2）均压环的安装时，当用圈梁主筋作"均压环"时，均压环敷设长度按设计需要作均压接地的各层圈梁中心线长度，以延长米计算。具体焊接数量（层数）可根据图纸的说明计算，若无说明，则按有关设计规范规定的要求计算。

3）单独用扁钢、圆钢明敷作"均压环"时，仍以"延长米"计量，用第二册第九章"户内接地母线明敷"子目。

4）柱子主筋与圈梁连接按设计规定以"处"计算（按主筋与每层圈梁的焊接点的数量来计算，一般每柱两处，超过时按比例调整）。

5）钢、铝金属窗及玻璃幕墙要作接地时，按焊接接地点的数量，以"处"计量。计算方法：按设计规定接地的金属窗数进行计算，一窗接地算为一处。

6. 避雷网（带）安装的工程量计算

（1）避雷网（带）安装工程按沿混凝土块敷设、沿折板支架敷设分类，安装工程量以米（m）为单位计算。混凝土块工程按"块"为单位计算。混凝土块支座间距 1m 一个，转弯处为 0.5m 一个。避雷网（带）安装工程量计算式如下：

避雷网(带)长度＝按施工图设计的尺寸长度×(1＋3.9％)　　　　　　(4-15)

式中 3.9％为避雷网转弯、避绕障碍物、搭接头等所占长度附加值。

(2)避雷网(带)安装工程工作内容包括：平直、下料、测位、埋卡子、支架制作安装、焊接、固定、刷漆。

十一、10kV 以下架空配电线路工程量的计算

(一)电杆、导线、金具等线路器材工地运输工程量计算

工地运输是指定额内主要材料从集中材料堆放点或工地仓库运至杆位上的工地运输，分人力运输和汽车运输两种运输方式。人力运输按平均运距 200m 以内和 200m 以上划分子目，汽车运输分为装卸和运输。

运输量应根据施工图设计将各类器材分类汇总，按定额规定的运输量和包装系数计算。线路器材等运输工程量以"t/km"为计量单位。运输量计算公式如下：

工程运输量＝施工图设计用量×(1＋损耗率)　　　　　　　　　　　(4-16)

预算运输重量＝工程运输量＋包装物重量(不需要包装的可不计算包装物重量)　　(4-17)

运输重量可按表 4-15 的规定进行计算。

运 输 重 量 表　　　　　　　　　　　　　　　　表 4-15

材 料 名 称		单 位	运输重量(kg)	备 注
混凝土制品	人工浇制	m³	2600	包括钢筋
	离心浇制	m³	2860	包括钢筋
线 材	导 线	kg	$W×1.15$	有线盘
	钢绞线	kg	$W×1.07$	线 盘
木杆材料		根	500	包括木横担
金属、绝缘子		kg	$W×1.07$	
螺 栓		kg	$W×1.01$	

注：(1) W 为理论重量。

(2) 未列人者均按净重计算。

10kV 以下架空输电线路安装定额是以在平原地区施工为准，如在其他地形条件下施工时，其人工和机械按表 4-16 所列地形类别予以调整。

调 整 系 数　　　　　　　　　　　　　　　　表 4-16

地 形 类 别	丘陵(市区)	一般山地、沼泽地带
调 整 系 数	1.20	1.60

地形划分的特征：

(1)平地：地形比较平坦、地面比较干燥的地带。

(2)丘陵：地形有起伏的矮岗、土丘等地带。

(3)一般山地：指一般山岭或沟谷地带、高原台地等。

(4)泥沼地带：指经常积水的田地或泥水淤积的地带。

(二)杆基土石方工程量计算

1. 土质分类

实际工程中，全线地形分几种类型时，可按各种类型长度所占百分比求出综合系数进行计算。

（1）普通土，指种植土、黏砂土、黄土和盐碱土等，主要利用锹、铲即可挖掘的土质。

（2）坚土，指土质坚硬难挖的红土、板状黏土、重块土、高岭土，必须用铁镐、条锄挖松，再用锹、铲挖掘的土质。

（3）松砂石，指碎石、卵石和土的混合体，各种不坚实砾岩、页岩、风化岩，节理和裂缝较多的岩石等（不需用爆破方法开采的），需要镐、撬棍、大锤、楔子等工具配合才能挖掘的土质。

（4）岩石，一般指坚实的粗花岗岩、白云岩、片麻岩、石英岩、大理岩、石灰岩、石灰质胶结的密实砂岩的石质，不能用一般挖掘工具进行开挖的，必须采用打眼、爆破或打凿才能开挖的土质。

（5）泥水，指坑的周围经常积水，坑的土质松散，如淤泥和沼泽地等，挖掘时因水渗入和浸润而成泥浆，容易坍塌，需用挡土板和适量排水才能施工的土质。

（6）流砂，指坑的土质为砂质或分层砂质，挖掘过程中砂层有上涌现象，容易坍塌，挖掘时需排水和采用挡土板才能施工的土质。

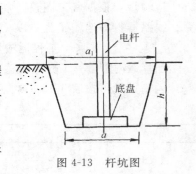

图 4-13　杆坑图

2. 杆坑土石方量

按杆基施工图尺寸以"m^3"计量。见图 4-13 所示杆坑的土石方量计算公式为：

$$V=(h/6)\times\left[a\times b+(a+a_1)\times(b+b_1)+a_1\times b_1\right]\qquad(4\text{-}18)$$

$$a、b=底拉盘底宽+2\times每边操作裕度$$

$$a_1、b_1=a(b)+2h\times放坡系数$$

式中　V——土（石）方体积（m^3）；

　　　h——坑深（m）；

　　$a、b$——坑底宽（m）；

　$a_1、b_1$——坑口宽（m）。

计算时要注意：

（1）不论是开挖电杆坑或拉线盘坑，只是区分不同土质执行同一定额。土石方工程已综合考虑了线路复测、分坑、挖方和土方的回填夯实工作。

（2）各类土质的放坡系数按表 4-17 计算。

各类土质的放坡系数　　　　　　　　　　　　　　　　表 4-17

土　　质	普通土、水坑	坚　　土	松　砂　石	泥水、流砂、岩石
放 坡 系 数	1：0.3	1：0.25	1：0.2	不 放 坡

（3）施工操作裕度按底拉盘底宽每边增加 0.1m。

（4）冻土厚度大于 300mm 时，冻土层的挖方量按坚土定额乘以系数 2.5。其他土层仍按图纸执行定额。

（5）杆坑土质按一个坑的主要土质而定，如一个坑大部分为普通土，少量为坚土，则该坑应全部按普通土计算。

（6）带卡盘的电杆坑，如原计算的尺寸不能满足卡盘安装时，因卡盘超长而增加的土

（石）方量另计。

3. 无底盘、卡盘的电杆坑土石方量

其挖方体积为：

$$v=0.8\times0.8\times h \tag{4-19}$$

式中 h——坑深(m)。

4. 电杆坑的马道上土石方量

按每坑 $0.2m^3$ 计算。

（三）杆体、横担安装工程量计算

1. 杆体安装

线路一次施工工程量按 5 基以上电杆考虑，如 5 根以内者，其全部人工、机械乘以系数 1.3。底盘、卡盘、拉线盘按设计用量以"块"为计量单位。杆塔组立，分别杆塔形式和高度按设计数量以"根"为计量单位。

混凝土杆组立人工水平按人力、半机械化、机械化综合取定。立木电杆每根考虑一个地横木，规格为协 200×1200，其材料按主要材料考虑。拉线制作安装按每种拉线方式，分不同规格的拉线分别编制，定额中不包括拉线盘的安装，拉线及拉线金具均按主要材料计算。

2. 横担安装

按施工图设计规定，分不同形式以"组"或"根"为计量单位。横担安装是单杆考虑的，若双杆横担安装，基价乘以系数 2.0。导线排列形式不同影响横担的组装形式，有三角形排列、扁三角排列、水平排列、垂直排列。

10kV 以下横担安装定额包括：定位、装横担、装支架、支撑、上抱箍、装瓷瓶等工作。其中：横担、支撑、杆顶座、绝缘子、连接体及螺栓为未计价材料。

（四）拉线制作与安装工程量计算

拉线形式有普通拉线、水平拉线、弓形拉线、V(Y)形拉线四种，均按拉线截面分规格（即 $35mm^2$、$70mm^2$、$120mm^2$ 以内），分别以"组"为单位计算，定额按单根拉线考虑，若安装 V 形、Y 形或双拼型拉线时，按 2 根计算。拉线材料另行计算。拉线长度按设计全根长度计算，若设计无规定时可按表4-18计算。

拉线长度表（单位：m/根）　　　　表 4-18

项　目		普 通 拉 线	V(Y)形拉线	弓 形 拉 线
杆	8	11.47	22.94	9.33
	9	12.61	25.22	10.10
	10	13.74	27.48	10.92
高	11	15.10	30.20	11.82
	12	16.14	32.28	12.62
(m)	13	18.69	37.38	13.42
	14	19.68	39.36	15.12
水 平 拉 线		26.47		

（五）导线架设及导线跨越架设工程量计算

导线架设区分裸铝绞线、钢芯铝绞线、绝缘铝芯线，均按导线截面区分规格，以"km/单线"为单位计算。工作内容包括：挂卸滑车、放线、连接、架线、紧线、绑扎等。导线和金具价格另行计算。

1. 导线架设长度计算

导线长度按线路总长度和预留长度之和计算。计算主材消耗量时应另增加规定的损耗率。10kV 以下、1kV 以下导线长度按下式计算：

$$导线总长 = 导线单根长度 \times 根数 \qquad (4\text{-}20)$$

$$导线单根长度 = 图纸所示线路长度 + 转角预留长度 + 分支预留长度$$
$$+ 导线弛度（线路长度的 1\%）(km) \qquad (4\text{-}21)$$

$$或：导线单根长度 = 线路长度 \times（1 + 1\%）+ \Sigma 预留长度(km) \qquad (4\text{-}22)$$

导线预留长度按表 4-19 的规定计算。

导线架设预留长度表　　　　　　　　　　　　　　表 4-19

项　目　名　称		预留长度(m)
高　压	转　角	2.5
	分支、终端	2.0
低　压	分支、终端	0.5
	交叉跳线转角	1.5
与设备连线		0.5
进　户　线		2.5

2. 导线跨越及进户线架设

（1）导线跨越按导线架设区段内跨越障碍物如电力线、通讯线、公路、铁路、河流，以"处"为单位计算。导线跨越系指一个跨越档内跨越一种障碍物。如在同一跨越档内，有两种以上跨越物时，则每一跨越物视为"一处"，分别套用定额。如果每个跨越间距等于或小于 50m 时，则按"一处"计算；大于 50m 小于 100m 时，按"两处"计算，依此类推。有多种（或多次）跨越物时，应根据跨越物种类分别执行定额。单线广播线不计算跨越物。

（2）进户线（接户线）架设。

按导线截面的不同区分规格，以单线"延长米/单根"为单位计算工程量。工作内容包括：放线、紧线、瓷瓶绑扎、压接包头，但导线、绝缘子、横担本身价值应另行计算。

进户横担安装，以"根"计量，以进线数分档。横担、绝缘子、防水弯头为未计价材料。

进户管及管中穿线，按室内配管配线计算。

（六）杆上变配电设备安装工程量计算

（1）杆上变压器及设备安装，以"台"或"组"为计量单位，包括杆子支架、台架、变压器及设备的全部安装工作，并包括设备连引线的安装，但不包括变压器的调试、吊芯、干燥等。

（2）杆上配电设备安装，跌开式保险器、阀型避雷器、隔离开关，分别以"组"为单位计算；油开关、配电箱，分别以"台"为单位计算。

（3）工作内容包括：支架、横担、撑铁安装，设备和绝缘子清扫、检查、安装，油开关注油，配线、接线、接地。但配电箱安装未包括焊（压）接线端子。

计算时注意：杆子、台架所用的铁杆、连引线材料、支持瓷瓶、线夹、金具等均作主要材料，依据设计的规格另行计算。接地装置安装和测试另套相应定额。杆上变压器及设备安装不包括检修平台或防护栏杆的制作安装，应另行计算。变压器干燥、检修平台和防护栏杆需另行计算。

十二、电气调整试验工程量的计算

电气调试系统的划分（见图4-14）以电气原理系统图为依据，包括电气设备的本体试验和主要设备的分系统调试。主要设备的分系统内所含的电气设备元件的本体试验已包括在该分系统调试定额之内。如变压器的系统调试中已包括该系统中的变压器、互感器、开关、仪表和继电器等一、二次设备的本体调试和回路试验。绝缘子和电缆等单体试验定额，只在单独试验时使用，不得重复计算。在系统调试定额中各工序的调试工作量如需单独计算时，可按表4-20所列比例计算。

电气调试各工序调试费用比率（%）　　　　　　　　　　表 4-20

项 目　　　比率（%）　工 序	发电机调相机系统	变压器系统	送配电设备系统	电动机系统
一次设备本体试验	30	30	40	30
附属高压二次设备试验	20	30	20	30
一次电流及二次回路检查	20	20	20	20
继电器及仪表试验	30	20	20	20

（一）变压器系统调试

变压器系统调试，包括三相和单相电力变压器系统调试两个分项工程，都是按变压器容量区分规格分别以"系统"为单位计算。三相及单相电力变压器系统调试工作内容包括变压器、断路器、互感器、隔离开关、风冷及油循环装置等一、二次回路的调试及空载投入试验。不包括避雷器、自动装置、特殊保护装置和接地装置的调试，可另套专项调试定额。

（1）变压器系统调试，以每个电压侧有1台断路器为准。多于1台断路器的按相应电压等级送配电设备系统调试的相应定额另行计算。干式变压器调试，执行相应容量变压器调试定额乘以系数0.8。

（2）电力变压器如有"带负荷调压装置"，调试定额乘以系数1.12。

（3）三绕组变压器、整流变压器、电炉变压器调试按同容量的电力变压器调试定额乘以系数1.2。

（二）送配电设备系统调试

送配电设备系统是指具有1台断路器（油断路器或空气断路器）的一次或二次回路线路的配电设备、继电保护、测量仪表总称，不包括送、配电线路本身的常数测定。

送配电设备系统调试适用于各种送配电设备和

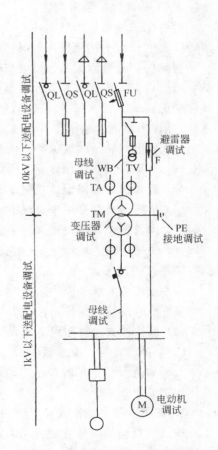

图 4-14　电气调试系统划分示意图

低压供电回路的系统调试。它区分为交流供电和直流供电两类，但都是以"系统"为单位计算。交流供电设备系统调试，按 1kV、10kV、35kV、110kV～220kV、330kV、500kV 以下区分规格套用定额；直流供电设备系统调试，按 500V、1650V 区分规格套用定额。

送配电设备系统调试，适用于各种供电回路（包括照明供电回路）的系统调试，凡供电回路中带有仪表、继电器、电磁开关等调试元件的（不包括闸刀开关、保险器），均按调试系统计算。移动式电器和以插座连接的家电类设备等已经厂家调试合格、不需要用户自调的设备均不应计算调试工程量。

送配电设备调试中的 1kV 以下定额适用于按工程标准、规范要求进行调试、试验的所有供电回路，如从低压配电装置至分配电箱的供电回路。从配电箱接至电动机的供电回路已包括在电动机的系统调试定额内。如经厂家调试合格成套供应的配电箱，不需现场调试，不应计算调试费用。送配电设备系统调试包括系统内的电缆试验、瓷瓶耐压等全套调试工作。

送配电设备系统调试定额均按一个系统一侧配一台断路器编制，若两侧配有断路器时，则按两个系统计算。

供电桥回路中的断路器、母线分段断路器皆作为独立的供电系统计算。当断路器为六氟化硫断路器或空气断路器时，定额乘以系数 1.30 计算。

（三）特殊保护装置调试

特殊保护装置是指发电机、变压器、送配电设备、电动机等元件保护中非普遍采用者，需要时作为上述元件一般保护的补充。

特殊保护装置调试系指发电机转子接地保护、振荡闭锁装置、距离保护装置、高频保护、三段以上零序保护装置、线路纵横差保护装置、失磁保护、母线差动保护、变流器断线保护的调试。特殊保护装置调试，均以构成一个保护回路为一套，其工程量计算方法如下（特殊保护装置未包括在各系统调试的定额之内，应另行计算）：

（1）发电机转子接地保护，按全厂发电机共用一套考虑。

（2）距离保护，按设计规定所保护的送电线路断路器台数计算。

（3）高频保护，按设计规定所保护的送电线路断路器台数计算。

（4）故障录波器套用失灵保护定额，以一块屏为一套系统计算。

（5）失灵保护，按设置该保护的断路器台数计算。

（6）失磁保护，按所保护的电机台数计算。电机定子接地保护、负序反时限过流保护执行失磁保护定额。

（7）变流器的断线保护，按变流器台数计算。

（8）小电流接地保护，按装设该保护的供电回路断路器台数计算。

（9）保护检查及打印机调试，按构成该系统的完整回路为一套计算。

（四）自动装置、事故照明切换及中央信号装置调试

自动装置及信号系统调试，均包括继电器、仪表等元件本身和二次回路的调整试验，具体规定如下：

1. 备用电源自动投入装置调试

按连锁机构的个数确定备用电源自动投入装置系统数。一个备用厂用变压器，作为三段厂用工作母线备用的厂用电源，计算备用电源自动投入装置调试时，应为三个系统，如

图 4-15 所示。装设自动投入装置的两条互为备用的线路或
2 台变压器,计算备用电源自动投入装置调试时,应为两
个系统。备用电动机自动投入装置亦按此计算。

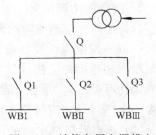

图 4-15 计算备用电源投入
装置系统数示意图

2. 线路自动重合闸调试

按采用自动重合闸装置的线路断路器的台数计算系统
数。综合重合闸调试也按此规定计算。不论电气型或机械
型均适用本定额。

3. 自动调频装置的调试

以一台发电机为一个系统。

4. 同期装置调试

区分自动、手动、半自动无励磁式,均分别按设计构成一套能完成同期并车行为的装
置为一个系统计算。

5. 中央信号装置、事故照明切换装置、不间断电源调试方法

(1) 中央信号装置调试,按每一个变电所或配电室为一个调试系统计算工程量。

(2) 蓄电池及直流监视系统调试,一组蓄电池按一个系统计算。

(3) 变送器屏,以屏的台数计算。

(4) 事故照明切换装置调试为装置本体调试,不包括供电回路调试,按设计能完成交
直流切换的一套装置为一个调试系统计算。

(5) 不间断电源装置调试,按容量以“套”为计量单位计算。

(6) 低频减负荷装置调试,凡有一个频率继电器,不论带几个回路均按一个调试系统
计算。

(五) 母线系统调试

(1) 母线系统调试:按母线电压 1kV、10kV、35kV、110～220kV、330kV、500kV
以下六个子项分别以“段”为单位计算。

(2) 母线系统调试工作内容:包括母线耐压试验,接触电阻测量,电压互感器、母线
绝缘监视装置,电测量仪表及一、二次回路的调试,接地电阻测试。但定额不包括特殊保
护装置(如母线差动等)的调试以及 35kV 以上母线、设备耐压试验。

计算时应注意:

1) 1kV 以下的母线系统适用于低压配电装置母线及电磁站母线,不适用于动力配电
箱母线,动力配电箱至电动机的母线已综合考虑在电动机调试定额内。

2) 母线系统调试,是以一段母线上有一组电压互感器为一个系统计算的。

3) 3kV～10kV 母线系统调试定额含一组电压互感器,1kV 以下母线系统调试定额不
含电压互感器,适用于低压配电装置的各种母线(包括软母线)系统调试。

(六) 避雷器、电容器、接地装置调试

1. 避雷器、电容器的调试

避雷器、耦合电容器、静电电容器及高频阻波器的调试,按每三相为一组计算;单
个装设的也按一组计算。这些设备如安装在发电机、变压器、输(配)电线路系统或回
路内,仍应按相应定额计算调试费。高频阻波器按同电压的避雷器调试定额乘以系数
1.40 计算。

2. 接地网的调试

（1）接地网接地电阻的测定。

一般的发电厂或变电所连为一体的接地母网按一个系统计算；自成接地母网不与厂区接地母网相连的独立接地网，另按一个系统计算。大型建筑群各有自己的接地网（接地电阻值设计有要求），虽然在最后也将各接地网连在一起，但应按各自的接地网计算，不能作为一个网，具体应按接地网的试验情况而定。

（2）避雷针接地电阻的测定。每一避雷针均有单独接地网（包括独立的避雷针、烟囱避雷针等）时，均按一组计算。

（3）独立的接地装置按组计算，如一台柱上变压器有一个独立的接地装置，即按一组计算。

（4）防雷接地装置调试定额，不适用于岩石地区，如发生凿岩坑等处理时按实际计算。

（七）电动机调试

电动机调试定额的每一系统是按1台电动机考虑的。如一个控制回路有2台以上电动机时，每增加1台电机调试定额乘以系数1.2。

1. 电动机调试

按同步电动机、异步电动机、直流电动机分为三类，每一类分别按其启动方式、功率、电压等级，以"台"为单位计算。

其调试内容：除包括电动机、励磁机、隔离开关、启动设备和控制回路的调试外，还包括了动力配电箱至电机的线路（含母线）部分的调试。单相电动机如轴流通风机、排风扇、吊风扇等不计调试费，但伺服电动机等特殊电机应计算调试费。

2. 可控硅调速直流电动机调试

以"系统"为计量单位。其调试内容包括可控硅整流装置系统和直流电动机控制回路系统两个部分的调试。

（1）可逆电机调速系统定额乘以系数1.3，不包括计算机系统的调试。

（2）可调试控制的电机（带一般调速的电机，可逆式控制、带能耗制动的电机、多速机、降压启动机等）按相应定额乘以系数1.3。

（3）交流变频调速电动机调试。以"系统"为计量单位。其调试内容包括变频装置系统和交流电动机控制回路系统两个部分的调试。微机控制的交流变频调速装置调试定额乘以系数1.25，微机本身调试另计。

（4）微型电机调试。微型电机系指功率在0.75kW以下的电机，以"台"为计量单位。电机功率在0.75kW以上的电机调试应按电机类别和功率分别执行相应的调试定额。微型电机调试定额适用于各种类型的交、直流微型电机的调试。

（5）电动机组及连锁装置调试。以"组"为计量单位，不包括电机及其启动控制设备的调试。

（八）电除尘器、硅整流设备调试

高压电气除尘系统调试，按1台升压变压器、1台机械整流器及附属设备为一个系统计算，分别按除尘器范围执行定额。

硅整流装置调试，硅整流装置按一般硅整流、电镀用硅整流、电解电化用硅整流区分项目，以电压（一般硅整流）和电流（电镀、电解电化用硅整流）区分规格，以一套硅整流为"一个系统"计算。可控硅整流设备的调试按相应硅整流设备定额乘以 1.40 系数计算。

（九）起重机、电梯电气调试

1. 起重机调试

普通桥式起重机电气调试的工程量应区别起重机的不同种类，按起重吨位以"台"为计量单位计算。其工作内容包括电动机、控制器、控制盘、电阻、控制回路的调试。

普通桥式起重机电气调试定额不包括电源滑触线、连锁开关、电源开关的调试，应另套 1kV 以下供电系统调试定额。

普通桥式起重机分为五个类型，一是交流桥式起重机，分 10t、30t、75t、200t、350t 以下五种档次分别计算；二是抓斗式，起重量为 15t 以下；三是电磁式，起重量为 15t 以下；四是交流门式，起重量为 15t 以下；五是单轨式，起重量为 15t 以下。各种起重机均分别计算工程量，分别套用定额。

2. 电梯电气调试

各种自动、半自动客、货电梯的电气调试工程量应区别电梯类别、层数、站数，以"部"为计量单位计算。调试内容为：开关、选层器、整流器、控制屏、电机及一、二次回路的调试。

半自动电梯调试定额也适用于手动操作电梯的调试。两部或两部以上并列运动或群控电梯，按相应的定额乘以 1.5 系数计算。

自动扶梯、步行道电气调试的工程量，分别以"部"、"段"为计量单位计算。

所有电梯电气调试定额均不包括电源开关系统的调试，应另套 1kV 以下送配电设备系统的调试定额。

（十）民用电气工程的供电调试

一般的住宅、学校、办公楼、旅馆、商店等民用电气工程的供电调试应按下列规定：

（1）配电室内带有调试元件的盘、箱、柜和带有调试元件的照明主配电箱，应按供电方式执行相应的"配电设备系统调试"定额。

（2）每个用户房间的配电箱（板）上虽装有电磁开关等调试元件，但如果生产厂家已按固定的常规参数调整好，不需要安装单位进行调试就可以直接使用，不应计算调试工程量。

（3）民用电能表的调整校验属于供电部门的专业管理，一般皆由用户向供电局订购调试完毕的电能表，不应另外计算调试工程量。

高标准的高层建筑、高级宾馆、大会堂、体育馆等具有较高控制技术的电气工程（包括照明工程中由程控调光控制的装饰灯具），应按控制方式执行相应的电气调试定额。

例如：音乐厅的电脑控制音响系统；舞厅的电脑控制彩灯系统；体育馆的程控灯具系统；按系统控制箱数量计算调试费用。比如一套舞池灯均用一个电脑控制箱控制，则计一个系统调试。

（十一）电气调试工程量计算的几点注意

（1）本定额只限电气设备自身系统的调整试验，未包括电气设备带动机械设备的试运工作，发生时应按专业定额另行计算，也不包括试验设备、仪器仪表的场外转移运输内容。

（2）定额不包括设备的烘干处理和设备本身缺陷造成的元件更换修理和修改，亦未考虑因设备元件质量低劣对调试工作造成的影响。定额是按新的合格设备考虑的，如遇以上情况时，应另行计算。经修改或拆迁的旧设备调试，定额乘以系数1.1。

（3）本定额是按现行施工技术验收规范编制，已包括熟悉资料、核对设备、填写试验记录、保护整定值的整定和调试报告的整理工作。凡现行规范（指定额编制时的规范）未包括的新调试项目和调试内容均应另行计算。

（4）电气调试所需的电力消耗已包括在定额内，一般不另计算。但10kW以上电机及发电机的启动调试用的蒸汽、电力和其他动力能源消耗及变压器空载试运转的电力消耗，另行计算。

第三节　建筑电气弱电安装工程量的计算

一、通信设备及线路安装工程量计算规则

1. 安装电话机等设备

调度电话主机、电话集中机、调度分机、接入电话集中机、叫班电话总机的安装工程量，分别以"套"为单位计算。

电话单机、更换用户话机的安装工程量，均以"部"为单位计算。

加装话机转盘、话机插座、话机保安器的安装工程量，分别以"个"为单位计算。

穿放暗管电话线和布放户内电话线的工程量，应按电话线的不同规格、型号，分别以"m"为单位计算。

2. 安装区段通信设备

音频调度电话总机、区间电话机、音频调度电话分配器、音频增音机等的安装工程量，分别以"套"为单位计算。

绝缘变压器、车站集中防护综合柜等的安装工程量，分别以"个"为单位计算。

音频调度汇接分配器、车站电缆引入架的安装工程量，分别以"架"为单位计算。

3. 安装警报信号及子母钟设备

警报信号设备的工程量，应按其不同门数，分别以"套"为单位计算。

电母钟和电子钟安装与调测工程量，以"部（只）"为单位计算。

4. 安装有线广播设备

有线广播设备安装的工程量，应按其不同容量（W），分别以"套"为单位计算。扩音转接机安装的工程量以"部"为单位计算。号筒式扬声器、纸盒式扬声器、扩音柱安装的工程量，分别以"个"为单位计算。

5. 安装电视共用天线系统

（1）CATV天线架设工程量按频道分档位（1-5，6-7，8-12）以"套"为计量单位计算。天线架设用安装定额第十二章《通信设备及线路安装工程》相应子目。

CATV天线架设工作内容：开箱检查、清洁、搬运、安装固定、调试试通。

未计价材料包括：天线、天线底座、天线支撑杆、拉线、避雷装置。

（2）卫星直播接收抛物面天线安装按天线直径分档，以安装高度和安装位置（楼房上

和铁塔上、水泥基础上)不同，分别以"副"计量。抛物面天线安装，可套用安装定额第十二章相应子目。

安装工作内容：天线和天线架设场内搬运、安装及吊装、安装就位、调正方位和俯仰角、补漆、吊装设备的安装与拆除。

未计价材料包括：天线架底座 1 套；底座与天线自带架加固件 1 套；底座与地面槽钢加固体 1 套。

(3) 抛物面天线调试，按"副"计量。

(4) 各种共同天线配套盒(天线放大盒、滤波器、混合器、电源盒等)安装的工程量，应按其不同名称和型号，分别以"个"为单位计算。均套用安装定额第十二章《通信设备及线路安装工程》相应子目。

(5) CATV 系统调试的工程量，以用户终端为准，按"户"为计量单位计算。

二、消防及安全防范设备安装工程量计算规则

1. 火灾自动报警系统

(1) 点型探测器按线制的不同分为多线制与总线制两种，计算时不分规格、型号、安装方式与位置，以"只"为计量单位。探测器安装已包括了探头和底座的安装及本体调试。

(2) 红外线探测器以"只"为计量单位。红外线探测器是成对使用的，在计算时一对为两只。定额中包括了探头支架安装和探测器的调整、对中。

(3) 火焰探测器、可燃气体探测器按线制的不同分为多线制与总线制两种，计算时不分规格、型号、安装方式与位置，以"只"为计量单位。探测器安装包括了探头和底座的安装以及本体调试。

(4) 线型探测器其安装方式为环绕、正弦及直线综合考虑，不分线制及其保护形式，以"m"为计量单位。定额中未包括探测器连接的一只模块和终端，其工程量应按相应定额另行计算。

(5) 按钮包括消火栓按钮、手动报警按钮、气体灭火起/停按钮，以"只"为计量单位，其安装方式按照在轻质墙体和硬质墙体上两种方式综合考虑，执行时不得因安装方式不同而调整。

(6) 控制模块(接口)是指仅能起控制作用的模块(接口)，亦称为中继器。依据其给出控制信号的数量，分为单输出和多输出两种形式。执行时不分安装方式，按照输出数量以"只"为计量单位。

(7) 报警模块(接口)不起控制作用，只能监视，使用时不分安装方式，均以"只"为计量单位。

(8) 报警控制器按线制的不同分为多线制与总线制两种，其中不同线制之中按其安装方式不同又分为壁挂式和落地式。在不同线制、不同安装方式中按照"点"数的不同，划分定额项目，以"台"为计量单位。

多线制"点"的意义：指报警控制器所带报警器件(探测器、报警按钮等)的数量。

总线制"点"的意义：指报警控制器所带报警器件(探测器、报警按钮模块等)的数量。但是，如果一个模块带数个探测器，则只能计为一点。

(9) 联动控制器按线制的不同分为多线制与总线制两种，其中不同线制按其安装方式不同又分为壁挂式和落地式。在不同线制、不同安装方式中，按照"点"数的不同划分定额项目，以"台"为计量单位。

多线制"点"的意义：指联动控制器所带联动设备的状态控制和状态显示的数量。

总线制"点"的意义：指联动控制器所带具有控制模块(接口)的数量。

(10) 报警联动一体机，按线制的不同分为多线制与总线制两种，其中不同线制之中按其安装方式不同又分为壁挂式和落地式。在不同线制、不同安装方式中，按照"点"数的不同划分定额项目，以"台"为计量单位。

多线制"点"的意义：指报警联动一体机所带报警器件与联动设备的状态控制和状态显示的数量。

总线制"点"的意义：指报警联动一体机所带具有地址编码的报警器件与控制模块(接口)的数量。

(11) 重复显示器(楼层显示器)不分规格、型号、安装方式，按总线制与多线制划分，以"台"为计量单位。

(12) 警报装置分为声光报警和警铃两种形式，均以"台"为计量单位。

(13) 远程控制器按其控制回路数以"台"为计量单位。

(14) 火灾事故广播中的功放机、录音机的安装为柜内及台上两种方式综合考虑，分别以"台"为计量单位。

(15) 消防广播控制柜是指安装成套消防广播设备的成品机柜。不分规格、型号以"台"为计量单位。

(16) 火灾事故广播中的扬声器不分规格、型号，按照吸顶式与壁挂式以"只"为计量单位。

(17) 广播分配器是指单独安装的消防广播用分配器(操作盘)，以"台"为计量单位。

(18) 消防通讯系统中的电话交换机，按"门"数不同以"台"为计量单位；通信分机、插孔是指消防专用电话分机与电话插孔。不分安装方式，分别以"部"、"个"为计量单位。

(19) 报警备用电源已综合考虑了其规格、型号的区别，以"台"为计量单位。

2. 消防系统调试

(1) 消防系统调试包括：自动报警系统、水灭火系统、火灾事故广播、消防通讯系统、消防电梯系统、电动防火门、防火卷帘门、正压送风阀、排烟阀、防火阀控制装置、气体灭火系统装置。

(2) 自动报警系统包括各种探测器、报警按钮、报警控制器组成的报警系统。分别不同点数以"系统"为计量单位，其点数按多线制与总线制报警器的点数计算。

(3) 水灭火系统控制装置按照不同点数以"系统"为计量单位。其点数按多线制与总线制联动控制器的点数计算。

(4) 火灾事故广播、消防通信系统中的广播、通信子目系指消防广播喇叭、音响和消防通信的电话分机、电话插孔，按其数量以"个"为计量单位。

(5) 消防用电梯与控制中心间的控制调试。按电梯以"部"为计量单位。

(6) 电动防火门、防火卷帘门指可由消防控制中心显示与控制的电动防火门、防火卷帘门，以"处"为计量单位。每樘为一处。

(7) 正压送风阀、排烟阀、防火阀以"处"为计量单位。一个阀为一处。

(8) 气体灭火系统装置调试包括模拟喷气试验，备用灭火器贮存器切换操作试验。按试验容器的规格(L)，分别以"个"为计量单位。试验容器的数量包括系统调试、检测和验收所消耗的试验容器的总数。试验介质不同时可以换算。

3. 安全防范设备安装

(1) 安全防范设备安装定额包括入侵探测设备、出入口控制设备、安全检查设备、电视监控设备、终端显示设备安装及安全防范系统调试等项目。

工作内容：包括设备开箱、清点、搬运、设备组装、检查基础、划线、定位、安装设备；施工及验收规范内规定的调整和试运行、性能试验、功能试验；各种机具及附件的领用、搬运、搭设、拆除、退库等工作内容。

(2) 设备、部件按设计成品以"台"或"套"为计量单位。

(3) 模拟盘以"m²"为计量单位。

(4) 入侵报警系统调试以"系统"为计量单位，其点数按实际调试点计算。

(5) 电视监控系统调试以"系统"为计量单位，其头尾数包括摄像机、监视器数量之和。

计算时应注意：在执行电视监控设备安装定额时，其综合工日应根据系统中摄像机台数和距离(摄像机与控制器之间电缆实际长度)远近分别乘以表 4-21、表 4-22 中的系数。

黑白摄像机折算系数 　　　　　　　　　　表 4-21

台数 距离(m)	1～8	9～16	17～32	33～64	65～128
71～200	1.3	1.6	1.8	2.0	2.2
200～400	1.6	1.9	2.1	2.3	2.5

彩色摄像机折算系数 　　　　　　　　　　表 4-22

台数 距离(m)	1～8	9～16	17～32	33～64	65～128
71～200	1.6	1.9	2.1	2.3	2.5
200～400	1.9	2.1	2.3	2.5	2.7

(6) 其他联动设备的调试已考虑在单机调试中，不得另行计算。

安防检测部门的检测费由建设单位负担。系统调试是指入侵报警系统和电视监控系统安装完毕并且联通，按国家有关规范所进行的全系统的检测、调整和试验。系统调试中的系统装置包括前端各类入侵报警探测器、信号传输和终端控制设备、监视器及录像、灯光、警铃等所必需的联动设备。

4. 消防及安全防范设备安装工程定额应用

消防及安全防范设备安装工程定额适用范围：适用于工业与民用建筑中的新建、扩建和整体更新改造工程中的消防及安全防范设备安装工程。

(1) 电缆敷设、桥架安装、配管配线、接线盒、动力、应急照明控制设备、应急照明器具、电动机检查接线、防雷接地装置等的安装，均执行《电气设备安装工程》相应定额。

（2）阀门、法兰的安装、各种套管的制作安装、不锈钢管和管件、铜管及管件，泵房间管道的安装，管道系统强度试验、严密性试验和冲洗，执行《工业管道工程》相应定额。

（3）消火栓管道、室外给水管道安装及水箱制作安装，执行《给排水、采暖、燃气工程》相应定额。

（4）各种消防泵、稳压泵等机械设备的安装及二次灌浆，执行《机械设备安装工程》相应定额。

（5）各种仪表的安装、带电信号的阀门、水流指示器、压力开关、电磁驱动装置与泄漏报警开关的接线、校线等，执行《自动化控制装置及仪表安装工程》相应定额。

（6）泡沫液储罐、各种设备支架的制作安装等，执行《静置设备与工艺金属结构制作安装工程》相应定额。

（7）管道、设备、支架、法兰焊口除锈、刷油及绝热工程，执行《刷油漆防腐蚀、绝热工程》相应定额。

本 章 小 结

（1）工程量计算是确定工程造价的关键环节，工程量计算的准确程度，直接影响到工程预算造价的准确性。电气安装工程预算人员在编制预算确定工程造价过程中，应当了解电气安装工艺流程，熟悉有关安装规范标准，熟悉有关的安装图集，掌握电气器具材料的一般性能，看懂施工图，了解电气施工与建筑施工的配合等。

（2）电气安装工程量计算，必须按照《全国统一安装工程预算定额》划分项目，遵循与之配套的《全国统一安装工程预算工程量计算规则》（GYDGZ—201—2000）的规定，依据经过审定的施工设计图纸及其说明、经审定的施工组织设计或施工技术措施方案及其他有关技术经济文件，准确地进行计算。计算工作要做到科学合理、不漏不重。

思考题与习题

1. 简述电气设备安装工艺流程。
2. 什么叫工程量？计算电气工程量时应注意什么？
3. 如何计算变压器安装工程量？计算时应注意什么？
4. 如何计算母线安装工程量？硬母线安装预留长度是如何规定的？
5. 如何计算动力、照明控制设备安装工程量？计算时应注意什么？
6. 怎样计算电缆长度？
7. 怎样计算配管工程量？计算配管工程量时要注意什么？
8. 如何计算管内穿线工程量？计算时要注意什么？
9. 计算灯具安装工程量时包含哪些方面？计算时应注意哪些事项？
10. 如何计算开关插座安装工程量？计算时要注意什么？
11. 如何计算防雷及接地装置工程量？计算时要注意什么？
12. 电气调试系统是如何划分的？计算电气调试系统工程量时要注意什么？
13. 如何计算有线广播设备安装的工程量？

14. 如何计算 CATV 系统安装的工程量？

15. 火灾自动报警系统工程量计算包含哪些方面？如何计算？

16. 如何计算消防系统调试的工程量？

17. 如何计算安全防范设备安装的工程量？计算时要注意什么？

第五章　施工图预算的编制

第一节　施工图预算书

施工图预算，是在施工图设计完成后，以施工图为依据，根据现行预算定额、工程所在地区的人工、材料、机械台班的预算价格以及当地的取费标准，计算工程总造价的过程。编制施工图预算的最终结果，是通过施工图预算书表达出来的，因此，施工图预算书是具体确定建筑安装工程预算造价的文件，是工程预算的最终表现形式。施工图预算书必须按照规定的格式及编写要求进行编制。

建筑电气安装工程是建筑安装工程中的一部分，其预算书的组成及格式与安装工程预算书是一致的。安装工程预算书的格式较多，各地方习惯采用的格式有所不同，下面以广东省 2002 年 4 月颁发的《广东省安装工程计价办法》中规定的定额计价预算书为例，采用这种格式有利于与工程量清单计价模式进行比较。该预算书主要包括：封面、编制说明、安装工程总价表、分部工程费汇总表、分项工程费汇总表、技术措施项目费汇总表、其他措施项目费汇总表、安装工程设备价格明细表、主要材料价格明细表、补充子目单位估价表、措施项目费合价分析表等。

一、封面

封面是预算书的首页，在封面上概要写出工程编号、工程名称、建设单位、施工单位、编制人、编制日期、工程预算造价等，便于管理和查阅。对于专业的工程造价编制单位，还可在封面上设计具有特色的图案及标志，使其具有象征性。如图 5-1 所示是预算书封面的一种样例。

安装工程预(结)算书

工程编号：______________

工程名称：______________

建设单位：______________

施工单位：______________

编 制 人：______________

编制日期：______________

工程造价：______________

大　　写：______________

图 5-1　预算书封面

二、编制说明

在编制说明中，列条说明工程名称、工程所在地等工程概况，说明预算编制的依据（包括工程图纸、所用定额、费用计算依据等）以及其他应说明的内容。格式如下：

（1）工程概况：建设单位、工程名称、工程范围、工程地点、经济指标、结构形式、基础形式等。

（2）编制依据：采用的计价办法、工程图纸、施工技术规范、定额名称、材料预算价格的依据等。

（3）特殊材料、设备情况说明。

（4）其他需特殊说明的问题。

三、安装工程总价表

安装工程总价表又叫费用表、取费程序表等，通过该表，反映出该工程预算造价所包含的费用项目及各费用项目的计算方法、计算结果等，同时也反映出该工程预算编制时各种费用计算的顺序。如表 5-1 所示。

安装工程总价表 表 5-1

工程名称 第 页 共 页

代　码	费 用 名 称	计 算 公 式	费率(%)	金额(元)
A	实体项目费			
	人工费	RGF	100.00	
	材料费	CLF	100.00	
	机械费	JXF	100.00	
	管理费	GLF	100.00	
	设备、主材费	CSF	100.00	
B	价差			
	人工价差	JCFR	100.00	
	材料价差	JCFC	100.00	
	机械价差	JCFJ	100.00	
C	利润	RGF＋JCFR	35.00	
D	措施项目费			
	技术措施项目费	JSF	100.00	
	其他措施项目费	QSF	100.00	
E	其他项目费	DLF	100.00	
F	行政事业性收费			
	社会保险金	RGF	27.81	
	住房公积金	RGF	8.00	
	工程定额测定费	A＋B＋C＋D＋E	0.10	

工程名称

代　码	费用名称	计算公式	费率(%)	金额(元)
	建筑企业管理费	A+B+C+D+E	0.20	
	工程排污费	A+B+C+D+E	0.40	
	施工噪声排污费	A+B+C+D+E		
	防洪工程维护费	A+B+C+D+E	0.18	
G	不含税工程造价	A+B+C+D+E+F	100.00	
H	税金	G	3.41	
	含税工程造价	G+H	100.00	

编制人：　　　　　　编制证：　　　　　　编制日期：　年　月　日

　　表中费率按照广州地区一类工程计取，金额栏中的数据等于计算公式栏乘以费率栏中对应数据。需要注意的是，不同省市、地区的费用表，其费用名称栏中的费用项目及计算公式、对应的费率等都有所不同，实际使用时，应按照工程所在地的建委或建设工程造价管理机构的有关规定进行计算。

　　四、分部工程费汇总表

　　分部工程是在一个单位工程内按照工程部位、设备种类及型号、使用材料的不同进行划分的。建筑电气工程可划分为变配电工程、动力工程、照明工程、弱电工程等分部。在分部工程费汇总表中按顺序列出各分部工程的名称和说明、合价等内容，其中合价是指分部工程中各实体项目的安装直接费，亦即分项工程费汇总表中的实体项目费合计。分部工程费汇总表的格式如表5-2所示。

分部工程费汇总表（　　）　　　　　　　　表 5-2

工程名称　　　　　　　　　　　　　　　　　　第 页 共 页

序　号	名　称　及　说　明	合价(元)	备　注

编制人：　　　　　　编制证：　　　　　　编制日期：　年　月　日

　　五、分项工程费汇总表

　　分项工程费汇总表又名工程预算表，在表中详细列出分项工程各项目的工程名称、主材的型号规格、对应的定额编号、工程量的单位、数量、主材单价、安装基价以及主材合价、安装合价等内容。分项工程费汇总表反映出安装工程项目套用预算定额后计算得到的直接工程费，这些费用直接用于完成工程实体项目的安装，故又叫实体项目费。表格的格式如表5-3所示。

表 5-3

分项工程费汇总表

工程名称：

定额号	工程名称	单位	数量	单 位 价 值						材料费	总 价 值					合 计
				主材/设备		人工费	材料费	其 中			人工费	材料费	其 中			
				单 价	损 耗			机械费	管理费				材料费	机械费	管理费	
乙供主材合计																
实体项目合计																

编制人：　　　　　　　　　　编制证：　　　　　　　　　　编制日期：　　年　月　日

91

六、技术措施项目费汇总表

技术措施项目费汇总表中除列出实体项目以外，还应列出为保证工程顺利进行，按照国家现行安装工程规范、规程要求必须配套完成的工作内容所需的技术性措施费用，如：超高增加费、高层建筑增加费、脚手架搭拆费、系统调试费、安装与生产同时进行增加费、在有害环境施工增加费等。如表5-4所示。

技术措施项目费汇总表（　　）　　　　　　　　　　　表5-4

工程名称　　　　　　　　　　　　　　　　　　　　　　　　　　　第　页　共　页

序　号	名称及说明	单　位	合价(元)	备　注
1	超高增加费	宗		
2	高层建筑增加费	宗		
3	脚手架搭拆费	宗		
4	系统调试费	宗		
5	安装与生产同时进行增加费	宗		
6	在有害环境施工增加费	宗		
	合计			

编制人：　　　　　　　　编制证：　　　　　　　　编制日期：　年　月　日

七、其他措施项目费汇总表

其他措施项目费汇总表中除列出工程中技术措施项目以外，还应列出可能发生的其他措施项目所需的费用，如：临时设施费、文明施工费、工程保险费、工程保修费、赶工施工费、总包服务费、预算包干费、特殊安全施工措施费、特殊工种培训费等。编制预算时，根据工程实际情况计取。如表5-5所示。

其他措施项目费汇总表（　　）　　　　　　　　　　　表5-5

工程名称　　　　　　　　　　　　　　　　　　　　　　　　　　　第　页　共　页

序　号	名称及说明	单　位	合价(元)	备　注
1	临时设施费	宗		
2	文明施工费	宗		
3	工程保险费	宗		
4	工程保修费	宗		
5	赶工施工费	宗		
6	总包服务费	宗		
7	预算包干费	宗		
8	其他费用	宗		
	合　计			

编制人：　　　　　　　　编制证：　　　　　　　　编制日期：　年　月　日

八、安装工程设备价格明细表

安装工程设备价格明细表中详细列出工程所涉及的设备名称、规格、型号、以及设备的单位、预算编制价、产地、厂家等内容，供审核时参考。如表5-6所示。

工程名称   第 页 共 页

序 号	设备编码	名称、规格、型号	单 位	编制价(元)	产 地	厂 家	备 注

编制人: 编制证: 编制日期: 年 月 日

九、主要材料价格明细表

主要材料价格明细表中详细列出工程所涉及的主要材料的名称、规格、型号以及主要材料的单位、预算编制价、产地、厂家等内容,供审核时参考。如表 5-7 所示。

主要材料价格明细表   表 5-7

工程名称   第 页 共 页

序 号	材料编码	名称、规格、型号	单 位	编制价(元)	产 地	厂 家	备 注

编制人: 编制证: 编制日期: 年 月 日

十、补充子目单位估价表

补充子目单位估价表是当现行定额中没有而工程中实际存在的特殊项目时,根据定额编制的要求,对该项目的人工、材料、机械、管理费等的消耗量以及单位基价进行计算而得到的。补充子目单位估价表相当于补充定额,一般工程预算中不需要此表。

十一、措施项目费合价分析表

措施项目费合价分析表是对工程中所发生的各种措施项目(包括技术措施项目、其他措施项目),按照当地文件规定的计算方法进行分析计算的表格。其格式如表 5-8 所示。

措施项目费合价分析表（　　）　　　　　　　　　　　　　　　表 5-8

工程名称　　　　　　　　　　　　　　　　　　　　　　　　　　第　页　共　页

序　号	措施项目费名称	单　位	数　量	单价(元)	合价(元)	备　注

编制人：　　　　　　　编制证：　　　　　　　　　　　　编制日期：　年　月　日

十二、工程量计算表

工程量计算表可作为预算书的附表，供审核时核查工程量计算的完整性及准确性。表格格式如表 5-9 所示。

工 程 量 计 算 表　　　　　　　　　　　　　　　　　表 5-9

工程名称　　　　　　　　　　　　　　　　　　　　　　　　　　第　页　共　页

序　号	定额编号	工程项目名称	单　位	数　量	计 算 式	备　注

编制人：　　　　　　　　编制证：　　　　　　　　　　　编制日期：　年　月　日

编制预算时，按照要求把上述各表编制、填写完后，按顺序装订成册，即得到完整的预算书。

第二节　施工图预算的编制方法

安装工程施工图预算，是指工程开工之前，根据设计好的施工图、预算定额、施工现场的条件以及工程计费的有关规定所编制的确定工程造价的技术经济文件。由于施工图预算涉及到建设单位和施工企业双方的利益，因此，施工图预算的编制是一项政策性和技术性很强的技术经济工作，要求编制者严格遵守国家现行的工程建设政策法规，熟悉设计图纸，掌握施工工艺流程，深入施工现场，了解计算依据，确保预算达到"及时、准确、合理"的要求。

一、编制施工图预算的依据

1. 施工图纸和设计说明书

由建设单位、设计单位、监理单位以及施工单位共同会审过的施工图纸以及相应的设计说明书，是计算分部分项工程量、编制施工图预算的重要依据。完整的施工图纸一般包括平面布置图、系统图、施工大样图以及详细的设计说明，编制预算时，应将其结合起来考虑。

2. 现行安装工程预算定额

国家颁发的现行《全国统一安装工程预算定额》或者各省市在此基础上编制的当地安装工程综合定额、安装工程单位估价表等。编制预算时应选定其中的一种定额，以及和定额配套使用的工程量计算规则。建筑电气工程预算主要使用其中第二册和第七册。

3. 工程所在地的材料、设备预算价格

材料和设备在安装工程造价中占有较大的比重，准确确定材料、设备的预算价格，可提高预算造价的准确程度。各地工程造价管理部门都会定期发布各种材料、设备的预算价格，编制者应注意收集，供编制预算时参考。

4. 工程所在地的费用计算标准及计费程序

费用定额是计算工程间接费、利润、税金等各项费用的依据。各地工程造价管理部门会根据政策及市场变化情况，及时颁发与工程造价计算有关的文件和规定，这些文件和规定是计算价差和其他费用的依据，编制预算时，应查阅当地近期的相关文件和规定，按规定的计费程序计算工程预算造价。如表 5-1 所示是广州地区的安装工程计费程序表。

5. 施工组织设计或施工方案

经过批准的施工组织设计，包含了各分部分项工程的施工方法、施工进度计划、技术措施、施工机械及设备材料的进场计划等内容，是计算工程量、计算措施项目费不可缺少的依据。因此，编制施工图预算时要熟悉施工组织设计的内容，保证预算的合理。

6. 电气工程施工技术、标准图

7. 工程施工合同或协议

二、编制施工图预算的方法和步骤

一般情况下，编制施工图预算可按如下步骤进行：

（一）准备编制预算的依据资料、熟悉图纸

（1）编制预算前，要准备好整套施工图纸，通过阅读设计说明书，熟悉图例符号，阅读系统图、平面图、大样图，熟悉图纸所涉及的电气安装工艺流程，全面了解施工设计的意图和工程全貌。

（2）如果该工程已经签订了施工合同，则在编制预算时，必须依据施工合同条款中有关承包、发包的工程范围、内容、施工期限、材料设备的采购供应办法、工程价款结算办法等合同内容，按照定额及有关的规定进行编制。

（3）如果该工程已经编制了施工组织设计或施工方案，则应依据施工组织设计或施工方案中所确定的施工方法、施工进度计划、施工现场平面、工种工序的穿插配合、采用的技术措施等内容，合理地进行工程量计算、选用定额、计算工程费用。

如果没有(2)、(3)所述的资料，则按照《建筑电气工程施工质量验收规范》(GB 50303—2002)中的规定以及正常情况下的施工工艺流程进行编制。

(4) 准备好与工程内容相符的预算定额，工程所在地的有关部门公布的材料设备预算价格以及计费程序、计费办法等资料，熟悉以上资料的内容。

(二) 计算工程量

工程量是编制施工图预算的主要数据，工程量计算是一项细致、繁琐、量大的工作，工程量计算的准确与否，直接关系到预算结果的准确性。因此，计算时要力求做到：依据充分、计算准确、不漏不重。计算工程量的要求和步骤如下：

(1) 严格遵守定额规定的工程项目划分及工程量计算规则(详见本书第四章)，依据施工图纸列出的分部分项工程项目、工程量的单位应与定额一致。列项时应分清该项定额所包含的工作内容，对于定额中已经包含了的内容，不得另列项目重复计算。

(2) 计算电气工程的设备工程量时，一般按照先系统图、后平面图，先底层、后顶层的顺序进行。在系统图中，从电源进线开始，计算配电箱的数量，计算箱内计量仪表及其他电器的数量。在平面图中，从底层到顶层，分别计算各层所包含的灯具、风扇、开关、插座及其他电器装置的数量，再与图纸所列的设备材料表核对规格、型号和数量。核对无误后，编制设备工程量汇总表。

(3) 配管、配线工程量的计算比较繁杂，计算时，可根据系统图和平面图按照进户线、总配电箱、各分配电箱直至用电设备或照明灯具的顺序，逐项进行电气管线工程量的计算。各分配电箱及其配电回路可按编号顺序进行计算，每计算完一分配电箱或一条配电回路后，做一个明显的标记，以防重复计算或漏算。

工程量计算的过程，要填写在工程量计算表中，以便整理和汇总。

(三) 整理和汇总工程量

工程量计算完成后，要进行整理和汇总，以便套用定额计算工、料、机费。整理、汇总的工作一般按以下方法进行：

(1) 把套用相同定额子目的分项工程量合并。例如，电气安装工程中的管内穿线，应把导线规格相同的工程量合并；电线管敷设中，应把规格相同的工程量合并。

(2) 尽量按照定额顺序进行整理。先按照定额分部(章)进行整理，例如：电气安装工程可按变压器、配电装置、母线及控制继电保护屏、蓄电池、动力与照明控制设备、配管配线、防雷与接地保护装置等部分进行分部，各部分中的工程项目，尽量按照定额的顺序进行整理，以利于套用定额。

在整理、汇总工程量的过程中，若发现漏算、重复及计算错误等，应及时进行调整，以保证工程量计算的准确性。最后把整理结果填入工程预算表中。

(四) 套定额，计算工程实体项目费

(1) 根据整理好的工程项目，在定额中查找与其对应的子目，把该定额子目的定额编号、基价、其中的人工费、材料费、机械费等数据填入预算表中相应栏目。套定额时要依据定额说明、各子目的工作内容准确套用，避免高套、乱套。

(2) 对于定额中没有的工程项目，应按照定额管理制度及有关规定进行补充。实际工作内容与定额不符的工程项目，应在定额相应项目基础上进行换算。补充或换算后的子目，应填写补充子目单位估价表，经有关部门审查确认后方有效。

（3）定额套完后，把各工程项目的工程量乘以单位价值各栏数据，得到该项目的合计价值，填在预算表的相应栏目。最后进行汇总，得到该工程的实体项目费。

（五）计算其他费用，汇总得工程预算造价

（1）按照工程所在地的有关规定，进行人工费、材料费、机械费的价差调整。调整方法和计算公式必须按当地的有关规定进行。

（2）根据工程实际发生情况及工程所在地的有关规定，计算超高增加费、高层建筑增加费、脚手架搭拆费、系统调试费等技术措施费用；计算临时设施费、文明施工费、预算包干费等其他措施费用。计算过程及结果填入相应表格中。

（3）按照安装工程总价表的费用项目及计算顺序，分别计算利润、其他项目费（独立费）、行政事业性收费、税金等费用。最后合计得到工程预算总造价。

（六）撰写编制说明，填写封面

按照编制说明及封面的要求，分别填写相应内容。最后按顺序装订，把所有资料送有关部门审查定案。

需要说明的是，由于编制预算涉及大量的数据运算，为确保计算结果准确无误，多数地区都规定送审的预算书必须用计算机计算并按照规定的格式打印。使用经各级工程造价管理部门认证的预算软件编制预算书，可省却大量而繁琐的数据计算，同时又能保证计算结果的准确性，使预算编制规范化。本书第十章介绍了一些常用的工程计价软件，供学习时参考。

第三节 动力、照明工程预算编制实例

某工厂小型机修与装配车间，位于广州市白云区均和街石马村，根据其电气施工图编制工程预算。图纸包括：电气供配电系统图、首层照明平面图、二层照明平面图、首层动力平面图、二层动力平面图。

一、工程设计图纸

（一）设计说明

（1）该车间为两层砖混结构，每层层高 4m，共两层。

（2）照明进户线为 BV-5×16，动力进户线为 YJV_{22}-3×185+2×95、YJV_{22}-3×150+2×95 均由厂区电网直接引入。照明配电箱距地 1.8m 安装，动力配电箱距地 1.6m 安装。

（3）灯具吸顶安装，灯具开关距地 1.4m 安装，插座距地 0.3m 安装。

（4）照明线路穿钢管（SC）敷设，动力干线电缆用线槽敷设，动力支线穿钢管（SC）敷设。

（5）施工时遵守《建筑电气工程施工质量验收规范》（GB 50303—2002）。

（二）照明配电系统

照明配电系统图如图 5-2 所示，照明平面图如图 5-3、图 5-4 所示。图中 ALD0、ALD1、ALD2 为定型配电箱，箱体尺寸为 400mm×500mm。

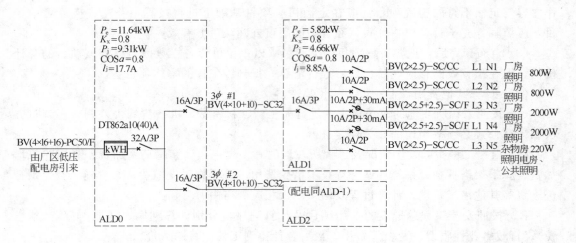

图 5-2　照明系统图

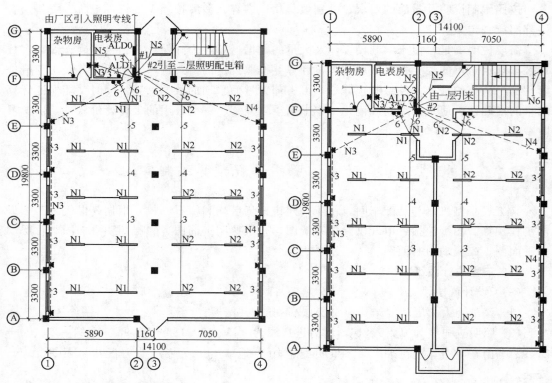

图 5-3　首层照明平面图(1：150)　　　　图 5-4　二层照明平面图(1：150)

　　照明进户线为 5 根 16mm² 的绝缘铜线,穿管径 40mm 的塑料管(PC),沿地暗敷。进户线直接进入首层的照明配电盘 ALD0。从 ALD0 引出两路♯1、♯2,每路均为 5 根 10mm² 的绝缘铜线,分别引到配电盘 ALD1、ALD2。从 ALD1 照明盘上分出五路 N1～N5 到照明灯具及插座,每路有过载和短路保护。ALD0 用 BV-4×10+10 导线穿 32mm 钢管,进入二层 ALD2 配电箱。ALD2 配电同 ALD1。

　　照明回路采用 2.5mm² 的铜芯绝缘导线穿钢管(SC)敷设,根数已在平面图中标出。

当 3 根导线穿同一根钢管时，钢管直径为 15mm；当 4～5 根导线穿同一根钢管时，钢管直径为 20mm；当 6～7 根导线穿一根钢管时，钢管直径为 25mm。

首层和二层照明平面中的灯具以 40W 的荧光灯为主，均采用吸顶安装，灯具均采用单联单控方式，开关距地 1.4m 暗装。插座为单相二、三孔插座暗装，安装高度距地 0.3m。插座支路均采用 BV-3×2.5-SC，管线的敷设方式为 F，即沿地面暗敷。

（三）动力配电系统

动力配电系统图如图 5-5 所示，动力配电平面图如图 5-6、图 5-7 所示。图中 AP1、AP2 为定型配电箱，箱体尺寸为 400mm×500mm。

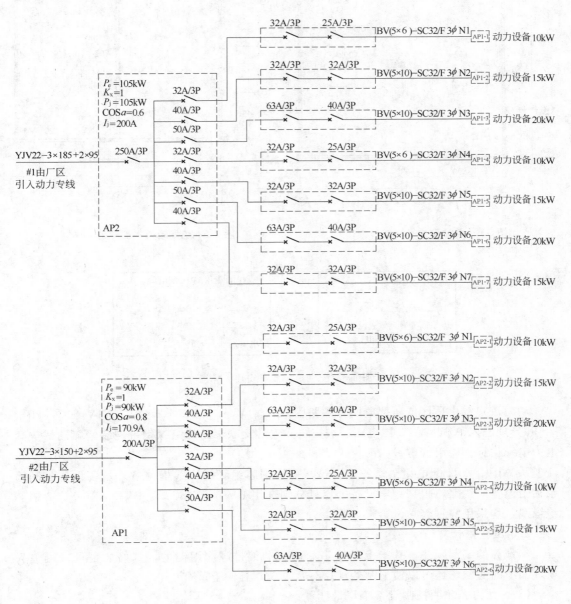

图 5-5　动力系统图

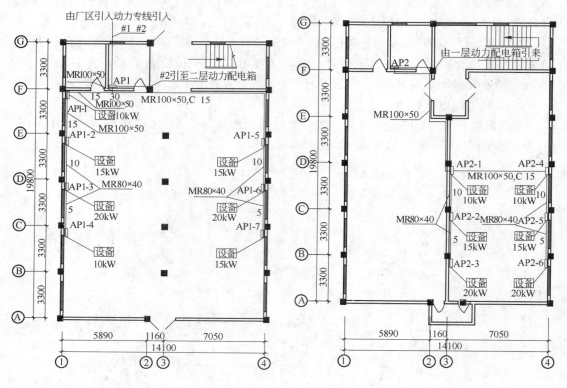

图 5-6 首层动力平面图(1:150)   图 5-7 二层动力平面图(1:150)

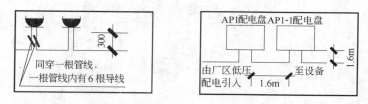

图 5-8 配电箱、插座安装大样图

　　动力进户线由厂区低压配电网分两路引入，YJV$_{22}$-3×185＋2×95、YJV$_{22}$-3×150＋2×95分别进入 AP1、AP2 配电箱。进户线为铜芯交联聚乙烯绝缘钢带铠装聚氯乙烯护套电力电缆，穿钢管沿墙敷设。

　　从 AP1、AP2 配电箱至设备控制箱，采用铜芯绝缘线穿线槽明敷。从各设备控制箱至动力设备的线路，根据用电设备的容量分别选用 BV-5×6-SC32、BV-5×10-SC32 铜芯绝缘线，均采用穿钢管敷设。

二、工程量计算

　　本预算的编制顺序，基本上是按定额内容的编排顺序编制的，其好处是可以避免丢项、漏项的问题，还可以使编制的预算有章可循，且便于审查。

　　(一)动力、照明控制设备工程量计算

从图 5-3 首层照明平面图中可以看出，控制设备有两个照明配电箱，编号分别为 ALD0、ALD1，嵌入式安装。

从图 5-4 二层照明平面图中可以看出，控制设备有一个照明配电箱 ALD2，嵌入式安装。

从图 5-6 首层动力平面图和图 5-7 二层动力平面图中可以看出，控制设备有动力配电箱 2 台，编号为 AP1、AP2；设备控制箱，数量为 13 个。

配电箱定型尺寸为 400mm×500mm，由工厂制作完成，干线计算时应加上 0.4m＋0.5m。

1. 设备数量计算

设备数量列表计算，见表 5-10。

动力、照明控制设备   表 5-10

序 号	设备名称	型 号	单 位	数 量	安装方式
1	动力配电箱	AP1、AP2	台	2	嵌入式
2	照明配电箱	ALD0、ALD1、ALD2	台	3	嵌入式
3	设备控制箱	AP1-1~AP1-7、AP2-1~AP2-6	台	13	墙上安装
4	焊压铜接线端子	10mm²	个	100	
5		16mm²	个	5	

2. 焊压铜接线端子计算

AP1 动力配电箱，进线为 $YJV_{22}-3\times185+2\times95$，电缆不需要计算焊压铜接线端子，应计算电缆终端头(终端头数量在电缆工程量计算)。由 AP1 至 AP1-2、AP1-3、AP1-5、AP1-6、AP1-7 设备控制箱，导线为 BV-5×10，由设备控制箱至用电设备导线也是 BV-5×10，则焊压铜接线端子分别为：

10mm²   5×2×5＝50(个)

AP2 动力配电箱，进线为 $YJV_{22}-3\times150+2\times95$。由 AP2 至 AP2-2、AP2-3、AP2-5、AP2-6 等设备控制箱，导线为 BV-5×10，由设备控制箱至用电设备导线也是 BV-5×10，则焊压铜接线端子分别为：

10mm²   5×2×4＝40(个)

照明配电箱 ALD0 进线 BV(5×16)，由 ALD0 至 ALD1、ALD2 出线为 BV(5×10)，则焊压铜线接线端子分别为：

10mm²   5×2＝10(个)

16mm²   5 个

导线截面在 10mm² 以下，因导线为单股，故不需要计算焊压铜接线端子。

计算结果见表 5-10。

(二)配管配线工程量计算

配管配线工程量计算按照先底层、后顶层，先干线、后支线的顺序进行。计算结果见表 5-11、表 5-12。

表 5-11

干线配管配线工程量计算表

序号	工程项目名称	单位	数量	计算式	备注
照明系统					
1	照明配电箱 ALD0 进线				BV(5×16)—PC50/F
	电表	个	1	1	DT862a10(40)A
	空气断路器 32A/3P	个	1	1	32A/3P
	硬质聚氯乙烯管 PC50	m	5.8	2.5+1.8+1.5(出户线)=5.8	水平长度加上配电箱安装高度
	塑料铜线 BV-16	m	33.5	[5.8+(配电箱)(0.4+0.5)]×5=33.5	管长度加上配电箱塑料铜线的预留长度的和乘以导线根数
2	配电箱 ALD0 至配电箱 ALD1				BV(4×10+10)—SC32
	空气断路器 16A/3P	个	2	2	16A/3P
	钢管 SC32	m	4.45	1.8+0.85+1.8=4.45	配电箱安装高度加上水平长度
	塑料铜线 BV-10	m	26.8	[4.45+(配电箱)(0.4+0.5)]×5=26.75	管线长度加上配电箱塑料铜线的预留长度的和乘以导线根数
3	配电箱 ALD0 至配电箱 ALD2				BV(4×10+10)—SC32
	空气断路器 16A/3P	个	2	2	16A/3P
	钢管 SC32	m	8.45	1.8+0.85+1.8+4=8.45	配电箱安装高度加上水平长度
	塑料铜线 BV-10	m	46.8	[8.45+(配电箱)(0.4+0.5)]×5=46.75	管线长度加上配电箱塑料铜线的预留长度的和乘以导线根数
动力系统					
4	动力配电箱 AP1 进线				YJV22-3×185+2×95
	空气断路器 250A/3P	个	1	1	250A/3P
	焊接钢管 SC100	m	5.1	3.5+1.6=5.1	电缆为直埋引入。电缆进入建筑物预留长度 3.5m，电缆进、出低压配电盘、箱预留长度按盘面尺寸半周长计算。进、出则需要整个周长
	YJV22-3×185+2×95	m	6.9	5.1+(配电箱)(0.4+0.5)×2=6.9	

102

序号	工程项目名称	单位	数量	计算式	备注
5	动力配电箱 AP2 进线				
	空气断路器 200A/3P	个	1	1	200A/3P
	焊接钢管 SC100	m	11.5	3.5+1.6+4+2.4=11.5	电缆为直埋引入。电缆进入建筑物预留长度3.5m，进、出则需要整个周长；电缆沿端穿管敷设4m至二层，引上线至二层的长度
	YJV22-3×150+2×95	m	13.3	11.5+(配电箱)(0.4+0.5)×2=13.3	YJV22-3×150+2×95
6	由 AP1 至 AP1-1 设备控制箱				
	空气断路器 32A/3P	个	1	1	32A/3P
	线槽 MR100×50	m	4.9	3.3+1.6=4.9	MR100×50
	焊接钢管 SC32	m	6.4	1.6×3+1.6=6.4	配电箱安装高度为1.6m
	穿线槽铜线 BV-6	m	29	[4.9+(配电箱)(0.4+0.5)]×5=29	地面配电箱至配电箱 AP1-1 段穿32mm钢管
	穿钢管铜线 BV-6	m	32	(1.6×3+1.6)×5=32	
7	由 AP1 至 AP1-2 设备控制箱				
	空气断路器 40A/3P	个	1	1	40A/3P
	线槽 MR100×50	m	2.7	2.7	从 AP1-1 至 AP1-2 间线槽的长度
	焊接钢管 SC32	m	6.4	1.6×3+1.6=6.4	至 AP1-2 配电盘
	穿线槽铜线 BV-10	m	42.5	[4.9+2.7+(配电箱)(0.4+0.5)]×5=42.5	
	穿钢管铜线 BV-10	m	32	(1.6×3+1.6)×5=32	
8	由 AP1 至 AP1-3 设备控制箱				
	空气断路器 50A/3P	个	1	1	50A/3P
	线槽 MR80×40	m	2.7	2.7	MR80×40
	焊接钢管 SC32	m	6.4	1.6×3+1.6=6.4	
	穿线槽铜线 BV-10	m	56	[4.9+2.7+2.7+(配电箱)(0.4+0.5)]×5=56	
	穿钢管铜线 BV-10	m	32	(1.6×3+1.6)×5=32	

序号	工程项目名称	单位	数量	计算式	备注
9	由AP1至AP1-4设备控制箱				
	空气断路器 32A/3P	个	1	1	MR80×40
	线槽 MR80×40	m	2.7	2.7	32A/3P
	焊接钢管 SC32	m	6.4	1.6×3+1.6=6.4	
	穿线槽铜线 BV-6	m	69.5	[4.9+2.7×3+(配电箱)(0.4+0.5)]×5=69.5	
	穿钢管铜线 BV-6	m	32	(1.6×3+1.6)×5=32	
10	由AP1至AP1-5设备控制箱				
	空气断路器 40A/3P	个	1	1	MR100×50
	线槽 MR100×50	m	18.7	(4-1.6)+(10.6+3.3)+(4-1.6)=18.7	40A/3P
	焊接钢管 SC32	m	6.4	1.6×3+1.6=6.4	沿顶棚明敷
	穿线槽铜线 BV-6	m	98	[2.4+13.9+2.4+(配电箱)(0.4+0.5)]×5=98	
	穿塑料铜线 BV-6	m	32	(1.6×3+1.6)×5=32	
11	由AP1至AP1-6设备控制箱				
	空气断路器 50A/3P	个	1	1	MR80×40
	线槽 MR80×40	m	2.7	2.7	50A/3P
	焊接钢管 SC32	m	6.4	1.6×3+1.6=6.4	
	穿线槽铜线 BV-10	m	119.5	[2.4+13.9+2.4+2.7+1.6+(配电箱)(0.4+0.5)]×5=119.5	
	塑料槽铜线 BV-10	m	32	(1.6×3+1.6)×5=32	

续表

序号	工程项目名称	单位	数量	计算式	备注
12	由 AP1 至 AP1-7 设备控制箱				
	空气断路器 40A/3P	个	1	1	40A/3P
	线槽 MR80×40	m	2.7	2.7	MR80×40
	焊接钢管 SC32	m	6.4	$1.6×3+1.6=6.4$	
	穿线槽铜线 BV-10	m	125	$[2.4+13.9+2.4+2.7×2+(配电箱)(0.4+0.5)]×5=125$	
	塑料铜线 BV-10	m	32	$(1.6×3+1.6)×5=32$	
13	由 AP2 至 AP2-1 设备控制箱				
	空气断路器 32A/3P	个	1	1	32A/3P
	线槽 MR100×50	m	14.2	$11+1.6×2=14.2$	MR100×50
	焊接钢管 SC32	m	6.4	$1.6×3+1.6=6.4$	
	穿线槽铜线 BV-6	m	75.5	$[14.2+(配电箱)(0.4+0.5)]×5=75.5$	
	塑料铜线 BV-6	m	32	$(1.6×3+1.6)×5=32$	
14	由 AP2 至 AP2-2 设备控制箱				
	空气断路器 40A/3P	个	1	1	40A/3P
	线槽 MR80×40	m	2.7	2.7	MR80×40
	焊接钢管 SC32	m	6.4	$1.6×3+1.6=6.4$	
	穿线槽铜线 BV-10	m	89	$[14.2+2.7+(配电箱)(0.4+0.5)]×5=89$	
	塑料铜线 BV-10	m	32	$(1.6×3+1.6)×5=32$	

序号	工程项目名称	单位	数量	计算式	备注
15	由 AP2 至 AP2-3 设备控制箱				MR80×40
	空气断路器 50A/3P	个	1	1	50A/3P
	线槽 MR80×40	m	2.7	2.7	
	焊接钢管 SC32	m	6.4	1.6×3+1.6=6.4	
	穿线槽铜线 BV-10	m	102.5	[14.2+2.7×2+(配电箱)(0.4+0.5)]×5=102.5	
	塑料铜线 BV-10	m	32	(1.6×3+1.6)×5=32	
16	由 AP2 至 AP2-4 设备控制箱				MR100×50
	空气断路器 50A/3P	个	1	1	50A/3P
	线槽 MR100×50	m	12.8	4+6.4+(4-1.6)=12.8	
	焊接钢管 SC32	m	6.4	1.6×3+1.6=6.4	
	穿线槽铜线 BV-6	m	139.5	[14.2+12.8+(配电箱)(0.4+0.5)]×5=139.5	
	塑料铜线 BV-6	m	32	(1.6×3+1.6)×5=32	
17	由 AP2 至 AP2-5 设备控制箱				MR100×50
	空气断路器 40A/3P	个	1	1	40A/3P
	线槽 MR80×40	m	2.7	2.7	
	焊接钢管 SC32	m	6.4	1.6×3+1.6=6.4	
	穿线槽铜线 BV-10	m	153	[14.2+12.8+2.7+(配电箱)(0.4+0.5)]×5=153	
	塑料铜线 BV-10	m	32	(1.6×3+1.6)×5=32	
18	由 AP2 至 AP2-6 设备控制箱				MR100×50
	空气断路器 50A/3P	个	1	1	50A/3P
	线槽 MR80×40	m	2.7	2.7	
	焊接钢管 SC32	m	6.4	1.6×3+1.6=6.4	
	塑料铜线 BV-10	m	-166.5	[14.2+12.8+2.7×2+(配电箱)(0.4+0.5)]×5=166.5	
	塑料铜线 BV-10	m	32	(1.6×3+1.6)×5=32	

序号	工程项目名称	单位	数量	计 算 式	备 注
照明系统					
1	一层 N1 回路				BV(2×2.5)−SC/CC
1)	空气断路器 10A/2P	个	1	1	10A/2P
2)	管线 BV-6×2.5				
	SC25	m	4.1	4−1.8+1.9＝4.1	
	BV-2.5	m	24.6	4.1×6＝24.6	
3)	管线 BV-5×2.5				
	SC20	m	3.2	3.2	
	BV-2.5	m	16	3.2×5＝16	
4)	管线 BV-4×2.5				
	SC20	m	3.2	3.2	
	BV-2.5	m	12.8	3.2×4＝12.8	
5)	管线 BV-3×2.5				
	SC15	m	3.2	3.2	
	BV-2.5	m	9.6	3.2×3＝9.6	
6)	管线 BV-2×2.5				
	SC15	m	14.7	3.2+2.3×5＝14.7	
	BV-2.5	m	29.4	(3.2+2.3×5)×2＝29.4	
7)	开关部分的管线 BV-6×2.5				开关距地 1.4m 安装
	SC25	m	4.1	1.5+4−1.4＝4.1	
	BV-2.5	m	24.6	4.1×6＝24.6	
	接线盒	个	10	10	
	开关盒	个	2	2	
8)	N1 回路管线汇总				
	空气断路器 10A/2P	个	1	1	10A/2P
	SC25	m	8.2	4.1+4.1＝8.2	
	SC20	m	6.4	3.2+3.2＝6.4	
	SC15	m	17.9	3.2+14.7＝17.9	
	BV-2.5	m	117	24.6+16+12.8+9.6+29.4 +24.6＝117	
	接线盒	个	10	10	
	开关盒	个	2	2	
2	一层 N2 回路				BV(2×2.5)-SC/CC
1)	空气断路器 10A/2P	个	1	1	10A/2P
2)	管线 BV-6×2.5				
	SC25	m	5.8	4−1.8+3.6＝5.8	
	BV-2.5	m	34.8	5.8×6＝34.8	
3)	N2 回路管线汇总				N2 回路除照明管线 BV-6×2.5 外, 其余与 N1 相同

序号	工程项目名称	单位	数量	计 算 式	备 注
	SC25	m	9.9	5.8+4.1=9.9	
	SC20	m	6.4	3.2+3.2=6.4	
	SC15	m	17.9	3.2+14.7=17.9	
	BV-2.5	m	127.2	34.8+16+12.8+9.6+29.4+24.6 =127.2	
4)	N2 回路管线汇总				
	空气断路器 10A/2P	个	1	1	10A/2P
	SC25	m	15.7	5.8+9.9=15.7	
	SC20	m	6.4	6.4	
	SC15	m	17.9	17.9	
	BV-2.5	m	162	34.8+127.2=162	
	接线盒	个	10	10	
	开关盒	个	2	2	
2	一层 N3 回路				BV(2×2.5+2.5)-SC/F
	断路器加漏电保护 10A/2P+30mA	个	1	1	10A/2P+30mA
	SC15	m	26.1	1.8+2.5+0.3+0.3×2+6.2+3.3 ×4+0.3×5=26.1	插座回路示意图见图纸
	BV-2.5	m	82.8	(1.8+2.5+0.3+0.3×3+6.2+ 3.3×4+0.3×9)×3=82.8	
	接线盒	个	7	7	
3	一层 N4 回路				
	断路器加漏电保护 10A/2P+30mA	个	1	1	10A/2P+30mA
	SC15	m	25	1.8+8.5+3.3×4+0.3×5=25	
	BV-2.5	m	78.6	(1.8+8.5+3.3×4+0.3×9)×3 =78.6	
	接线盒	个	5	5	
4	一层 N5 回路				BV(2×2.5)-SC/CC
1)	空气断路器 10A/2P	个	1	1	10A/2P
2)	管线 BV-3×2.5				
	SC15	m	3.3	4-1.8+1.1=3.3	
	BV-2.5	m	9.9	3.3×3=9.9	
3)	管线 BV-2×2.5				
	SC15	m	5.5	4-1.8+1.6+1.7=5.5	
	BV-2.5	m	16.5	5.5×3=16.5	
4)	开关部分的管线				开关距地 1.4m 安装

序号	工程项目名称	单位	数量	计 算 式	备 注
	BV-2×2.5				
	SC15	m	12.2	$(4-1.4)\times3+1.4+1.4+1.6=12.2$	
	BV-2.5	m	24.4	$12.2\times2=24.4$	
	接线盒	个	3	3	
	开关盒	个	3	3	
5)	N5 回路管线汇总				
	空气断路器 10A/2P	个	1	1	10A/2P
	SC15	m	21	$3.3+5.5+12.2=21$	
	BV-2.5	m	50.8	$9.9+16.5+24.4=50.8$	
	接线盒	个	3	3	
	开关盒	个	3	3	
5	二层 N1 回路				BV(2×2.5)-SC/CC
	N1 回路管线汇总				
	空气断路器 10A/2P	个	1	1	10A/2P
	SC25	m	8.2	$4.1+4.1=8.2$	
	SC20	m	6.4	$3.2+3.2=6.4$	二层 N1 回路与一层 N1 相同
	SC15	m	17.9	$3.2+14.7=17.9$	
	BV-2.5	m	117	$24.6+16+12.8+9.6+29.4+24.6=117$	
	接线盒	个	10	10	
	开关盒	个	2	2	
6	二层 N2 回路				BV(2×2.5)-SC/CC
	N2 回路管线汇总				
	空气断路器 10A/2P	个	1	1	10A/2P
	SC25	m	15.7	$5.8+9.9=15.7$	
	SC20	m	6.4	6.4	二层 N2 回路与一层 N2 相同
	SC15	m	17.9	17.9	
	BV-2.5	m	162	$34.8+127.2=162$	
	接线盒	个	10	10	
	开关盒	个	2	2	
7	二层 N3 回路				BV(2×2.5+2.5)-SC/F
	N3 回路管线汇总				
	断路器加漏电保护 10A/2P+30mA	个	1	1	10A/2P+30mA
	SC15	m	26.1	$1.8+2.5+0.3+0.3\times2+6.2+3.3\times4+0.3\times5=26.1$	二层 N3 回路与一层 N3 相同
	BV-2.5	m	82.8	$(1.8+2.5+0.3+0.3\times3+6.2+3.3\times4+0.3\times9)\times3=82.8$	
	接线盒	个	7	7	

序号	工程项目名称	单位	数量	计　算　式	备　注
8	二层 N4 回路				BV(2×2.5+2.5)-SC/F
	N4 回路管线汇总				
	断路器加漏电保护 10A/2P+30mA	个	1	1	10A/2P+30mA
	SC15	m	25	1.8+8.5+3.3×4+0.3×5=25	二层 N4 回路与一层 N4 相同
	BV-2.5	m	78.6	(1.8+8.5+3.3×4+0.3×9)×3=78.6	
	接线盒	个	5	5	
9	二层 N5 回路				BV(2×2.5)-SC/CC
1)	空气断路器 10A/3P	个	1	1	10A/3P
2)	管线 BV-3×2.5				
	SC15	m	3.3	4−1.8+1.1=3.3	
	BV-2.5	m	9.9	3.3×3=9.9	
3)	管线 BV-2×2.5				
	SC15	m	6.4	4−1.8+1.6+1.7+0.9=6.4	
	BV-2.5	m	19.2	6.4×3=19.2	
4)	开关部分的管线 BV-2×2.5				开关距地 1.4m 安装
	SC15	m	15.9	(4−1.4)×4+1.4+1.4+1.6+1.1=15.9	
	BV-2.5	m	29	14.5×2=29	
	接线盒	个	4	4	
	开关盒	个	4	4	
5)	N5 回路管线汇总				
	空气断路器 10A/2P	个	1	1	10A/2P
	SC15	m	24.2	3.3+5.5+12.2=21	
	BV-2.5	m	58.1	9.9+16.5+24.4=50.8	
	接线盒	个	3	3	
	开关盒	个	4	4	
	动力系统				
10	由 AP1-1、AP1-4 至设备				BV(5×6)-SC32/F
	隔离开关 32/3P	个	4	2×2	32/3P
	空气断路器 25A/3P	个	4	2×2	25A/3P
	焊接钢管 SC32	m	7.6	(2.2+1.6)×2=7.6	
	塑料铜线 BV-6	m	38	7.6×5=38	
	防水弯头	个	2	2	

序号	工程项目名称	单位	数量	计 算 式	备 注
11	由 AP1-2、AP1-5、AP1-7 至设备				BV(5×10)-SC32/F
	隔离开关 32A/3P	个	6	2×3	32A/3P
	空气断路器 32A/3P	个	6	2×3	32A/3P
	焊接钢管 SC32	m	11.4	(2.2+1.6)×3=11.4	
	塑料铜线 BV-10	m	57	11.4×5=57	
	防水弯头	个	3	3	
12	由 AP1-3、AP1-6 至设备				BV(5×10)-SC32/F
	隔离开关 63A/3P	个	4	2×2	63A/3P
	空气断路器 40A/3P	个	4	2×2	40A/3P
	焊接钢管 SC32	m	7.6	(2.2+1.6)×2=7.6	
	塑料铜线 BV-10	m	38	7.6×5=38	
	防水弯头	个	2	2	
13	由 AP2-1、AP2-2 至设备				BV(5×6)-SC32/F
	隔离开关 32A/3P	个	4	2×2	32A/3P
	空气断路器 25A/3P	个	4	2×2	25A/3P
	焊接钢管 SC32	m	7.6	(2.2+1.6)×2=7.6	
	塑料铜线 BV-6	m	38	7.6×5=38	
	防水弯头	个	2	2	
14	由 AP2-2、AP2-4 至设备				BV(5×10)-SC32/F
	隔离开关 32A/3P	个	4	2×2	32A/3P
	空气断路器 32A/3P	个	4	2×2	32A/3P
	焊接钢管 SC32	m	7.6	(2.2+1.6)×2=7.6	
	塑料铜线 BV-10	m	38	7.6×5=38	
	防水弯头	个	2	2	
15	由 AP2-3、AP2-6 至设备				BV(5×10)-SC32/F
	隔离开关 63A/3P	个	4	2×2	63A/3P
	空气断路器 40A/3P	个	4	2×2	40A/3P
	焊接钢管 SC32	m	7.6	(2.2+1.6)×2=7.6	
	塑料铜线 BV-10	m	38	7.6×5=38	
	防水弯头	个	2	2	

配管配线工程量汇总结果见表 5-13。

表 5-13

配管配线工程量汇总表

工程项目名称	规格	单位	数量	计算式
钢管暗敷	SC100	m	16.6	5.1＋11.5
	SC32	m	132.6	6.4×13＋7.6×5＋11.4
	SC25	m	47.8	8.2＋15.7＋8.2＋15.7
	SC20	m	25.6	6.4×4
	SC15	m	215.6	17.9＋17.9＋26.1＋24.8＋21＋17.9＋17.9＋26.1＋25＋21
硬质聚氯乙烯管	PC50	m	33.5	33.5
线槽	MR100×50	m	53.3	4.9＋2.7＋18.7＋14.2＋12.8
	MR80×40	m	21.6	2.7×8
管内穿线	BV-16	m	33.5	33.5
	BV-10	m	409	32×8＋38×3＋57
	BV-6	m	236	32×5＋38＋38
	BV-2.5	m	982.4	117＋162＋82.8＋78.6＋50.8＋117＋162＋82.8＋78.6＋50.8
线槽穿线	BV-10	m	847.5	42.5＋56＋112＋125＋89＋167＋153＋103
	BV-6	m	412	29＋69.5＋98＋75.5＋140
接线盒		个	70	10＋10＋7＋5＋3＋10＋10＋7＋5＋3
开关盒		个	15	15
电缆	YJV22-3×185＋2×95	m	6.9	6.9
	YJV22-3×150＋2×95	m	13.5	13.5
电缆终端头		个	3	
防水弯头		个	13	
电表	DT862a10(40)A	个	1	1
空气断路器	10A/2P	个	6	3×2
	16A/3P	个	8	1＋1＋1＋1＋4
	200A/3P	个	1	1
	250A/3P	个	1	1
	25A/3P	个	4	4
	32A/3P	个	10	1＋1＋1＋2＋5
	40A/3P	个	5	1＋1＋1＋2
	50A/3P	个	4	1＋1＋2
空气断路器＋漏电保护	10A/2P＋30mA	个	4	2×2
隔离开关	32A/3P	个	9	9
	63A/3P	个	4	4

（三）照明器具工程量计算

照明器具包括灯具、开关、按钮、插座等。对照照明平面图，根据器具种类及安装方式，列表计算。计算结果见表5-14。

照明器具工程量计算表　　　　　　　　　　　　　　　表5-14

工程项目名称	规格	单位	数量	计　算　式
单管荧光灯	40W	套	5	（一层）2＋（二层）3＝5
双管荧光灯	2×40W	套	42	（一层）21＋（二层）21＝42
单联单控指甲开关		套	7	（一层）3＋（二层）4＝7
单联双控指甲开关		套	4	（一层）2＋（二层）2＝4
单联三控指甲开关		套	4	（一层）2＋（二层）2＝4
插　座	10A	套	24	（一层）12＋（二层）12＝24

三、套用定额计算工程总预算造价

套用《广东省安装工程综合定额》（2002），根据广州地区材料预算价格计算工程直接费，按照广州市的规定，管理费按人工费的36.345％计入工程直接费中。本例工程属于四类工程，脚手架搭拆费按人工费的4.37％计算，施工过程中没有发生工程超高费、高层建筑增加费等技术措施项目，利润按人工费的20％计算。规费（行政事业性收费）的项目及其费率见工程总价表。

上述费用项目及计算方法是按广州市的规定进行的，其他地区应按本地的规定进行。

工程预算书见表5-15～表5-20。

安装工程总价表　　　　　　　　　　　　　　　表5-15

工程名称：某工厂小型机修与装配车间　　　　　　　　　　　　　　第1页　共1页

序　号	代　码	费用名称	计算公式	费率（%）	金额（元）
1	A	实体项目费			40641.810
1.1		人工费	RGF	100.000	7040.330
1.2		材料费	CLF	100.000	4496.980
1.3		机械费	JXF	100.000	1308.050
1.4		管理费	GLF	100.000	2558.770
1.5		主材设备费	CSF	100.000	25237.680
2	C	利润	RGF＋JCFR	20.000	1408.070
3	D	措施项目费			1628.710
3.1		技术措施项目费	JSF	100.000	307.670
3.2		其他措施项目费	QSF	100.000	1321.040
4	F	行政事业性收费			2761.390
4.1		社会保险金	RGF	27.810	1957.920
4.2		住房公积金	RGF	8.000	563.230
4.3		工程定额测定费	A＋B＋C＋D＋E	0.100	43.680
4.4		建筑企业管理费	A＋B＋C＋D＋E	0.200	87.360
4.5		工程排污费	A＋B＋C＋D＋E	0.250	109.200
5	G	不含税工程造价	A＋B＋C＋D＋E＋F	100.000	46439.980
6	H	税金	G	3.410	1583.600
7		含税工程造价	G＋H	100.000	48023.580

编制人：　　　　　　　编制证：　　　　　　　编制日期：

表 5-16　第 1 页　共 5 页

分项工程费汇总表

工程名称：某工厂小型机修与装配车间

定额号	工程名称	单位	数量	主材/设备		单位价值				材设费	总价值				合计
				单价	损耗	人工费	材料费	机械费	管理费		人工费	材料费	机械费	管理费	
2-4-29	成套配电箱安装 悬挂嵌入式（半周长1.0m）	台	5	92.00	1	31.68	28.71		11.51	460.00	158.40	143.55		57.55	819.50
2-4-24	控制台安装 2m内	台	13	92.00	1	166.85	40.71	63.27	60.64	1196.00	2169.05	529.23	822.51	788.32	5505.11
2-4-96	焊铜接线端子 导线截面10mm²内	10个	10	28.00	1	5.10	75.44		1.85	280.00	51.00	754.40		18.50	1103.90
2-4-96	焊铜接线端子 导线截面16mm²内	10个	0.5	48.00	1	5.10	75.44		1.85	24.00	2.55	37.72		0.93	65.20
2-11-42	砖、混凝土结构暗配钢管 公称口径100mm内	100m	0.166		1.03	564.96	263.52	81.99	205.35		93.78	43.74	13.61	34.09	185.22
	镀锌钢管 Dg100	t	0.191	4926.60	1					940.98					940.98
2-11-37	砖、混凝土结构暗配钢管 公称口径32mm内	100m	1.326		1.03	143.97	73.19	42.53	52.33		190.90	97.05	56.39	69.39	413.73
	镀锌钢管 Dg32	t	0.44	4661.40	1					2051.02					2051.02
2-11-36	砖、混凝土结构暗配钢管 公称口径25mm内	100m	0.478		1.03	135.17	57.38	42.53	49.13		64.61	27.43	20.33	23.48	135.85
	镀锌钢管 Dg25	t	0.1227	4661.40	1					571.95					571.95
2-11-35	砖、混凝土结构暗配钢筋 公称口径20mm内	100m	0.256		1.03	111.58	36.53	28.49	40.56		28.56	9.35	7.29	10.38	55.58
	镀锌钢管 Dg20	t	0.0443	4896.00	1					216.89					216.89

工程名称：某工厂小型机修与装配车间

定额号	工程名称	单位	数量	主材/设备 单价	损耗	单位价值 材设费	人工费	材料费	机械费	管理费	总价值 材设费	人工费	材料费	机械费	管理费	合计
2-11-34	砖、混凝土结构暗配钢管 公称口径15mm内	100m	2.156		1.03		104.54	30.81	28.49	38.00		225.39	66.43	61.42	81.93	435.17
	镀锌钢管 Dg15	t	0.286	4926.60	1						1409.01					1409.01
2-11-128	砖、混凝土结构暗配 氯乙烯硬质聚 公称管口径 50mm内	100m	0.335		1.074		159.28	5.03	42.05	57.89	1517.75	53.36	1.69	14.09	19.39	1606.28
2-11-419	塑料线槽敷设 线槽断面周长 360mm内	10m	5.33		1.05		32.12	5.98		11.67		171.20	31.87		62.20	265.27
	金属线槽 0.5×100×60	m	55.965	13.74	1						768.96					768.96
2-11-418	塑料线槽敷设 线槽断面周长 260mm内	10m	2.16		1.05		26.84	5.18		9.76		57.97	11.19		21.08	90.24
	金属线槽 0.5×80×40	m	22.68	10.04	1						227.71					227.71
2-11-228	管内穿线 动力线路(铜芯) 截面16mm²内	100m 单线	0.335		1		18.48	27.05		6.72		6.19	9.06		2.25	17.50
	铜芯绝缘导线	m	35.175													
	铜芯塑料电线 BV-16mm²	km	0.035	5812.72	1						203.45					203.45
2-11-227	管内穿线 动力线路(铜芯) 截面10mm²内	100m 单线	4.09		1		15.84	25.92		5.76		64.79	106.01		23.56	194.36
	铜芯绝缘导线	m	429.45													
	铜芯塑料电线 BV-10mm²	km	0.429	3451.86	1						1480.85					1480.85

工程名称：某工厂小型机修与装配车间

定额号	工程名称	单位	数量	单价值 主材/设备 单价	损耗	单价值 人工费	单价值 材料费	单价值 其中 机械费	单价值 其中 管理费	材设费	总价值 人工费	总价值 材料费	总价值 其中 机械费	总价值 其中 管理费	合计
2-11-226	管内穿线 动力线路（铜芯）截面 6mm² 内	100m单线	2.36			13.38	22.18		4.86		31.58	52.34		11.47	95.39
	铜芯绝缘导线	m	247.8												
	铜芯塑料电线 BV-6mm²	km	0.2478	2208.54	1					547.28					547.28
2-11-198	管内穿线 照明线路 铜芯截面 2.5mm² 内	100m单线	9.824			16.72	14.97		6.08		164.26	147.07		59.73	371.06
	铜芯塑料电线 BV-2.5mm²	km	0.9824	899.11	1					883.29					883.29
2-11-350	塑料护套线明敷设 砖、混结构导线截面 10mm² 内	100m	8.475			214.90	29.98		78.11		1821.28	254.08		661.98	2737.34
	铜芯塑料电线 BV-10mm²	km	0.8886	3451.86	1.049					3067.32					3067.32
2-11-364	线槽配线 导线截面 6mm² 内	100m单线	4.12			20.59	3.99		7.48		84.83	16.44		30.82	132.09
	绝缘导线	m	420.24												
	铜芯塑料电线 BV-6mm²	km	0.4202	2208.54	1					928.03					928.03
2-11-403	接线盒暗装 接线盒	10个	7	20.00	1.02	7.57	6.63		2.75	142.80	52.99	46.41		19.25	261.45
2-11-404	接线盒暗装 开关盒	10个	1.5	20.00	1.02	8.10	3.07		2.94	30.60	12.15	4.61		4.41	51.77
2-8-100	铜芯电力电缆敷设（截面 240mm² 以下）	100m	0.069			314.34	112.74	195.50	114.25		21.69	7.78	13.49	7.88	50.84
	电缆 VV$_{22}$ 3×185＋1×95	km	0.0069	213942.96	1					1476.21					1476.21

116

工程名称：某工厂小型机修与装配车间

定额号	工程名称	单位	数量	主材/设备 单价	损耗	单位值 其中 人工费	单位值 其中 材料费	单位值 其中 机械费	单位值 其中 管理费	材设费	总价值 其中 人工费	总价值 其中 材料费	总价值 其中 机械费	总价值 其中 管理费	合计
2-8-100	铜芯电力电缆敷设（截面240mm²以下）	100m	0.095			314.34	112.74	195.50	114.25		29.86	10.71	18.57	10.85	69.99
	电缆 VV₂₂ 3×150+1×70	km	0.0095	165790.80	1					1575.01					1575.01
2-8-104	铜芯电力电缆敷设竖直通道（截面240mm²以下）	100m	0.04			944.42	574.08	395.10	343.27		37.78	22.96	15.80	13.73	90.27
	电缆 VV₂₂ 3×150+1×70	km	0.004	165790.80	1					663.16					663.16
2-8-160	控制电缆头 终端头6芯以下	个	3			6.86	34.83		2.49		20.58	104.49		7.47	132.54
2-4-72	测量表计安装	只	1		1	7.92	3.52		2.88		7.92	3.52		2.88	14.32
	单相电度表 220V 10A	只	1												
2-4-32	自动空气开关 DZ装置式	个	35	56.10	1	17.25	4.95		6.27	1963.50	603.75	173.25		219.45	2959.95
2-4-43	漏电保护开关 单式 单极	个	4			6.86	6.03		2.49		27.44	24.12	9.96		61.52
	单相漏电开关 15A	个	4	99.40	1					397.60					397.60
2-2-15	户内隔离开关、负荷开关安装（电流600A以下）	组	9	67.00	1	47.52	122.17	20.35	17.27	603.00	427.68	1099.53	183.15	155.43	2468.79
2-2-15	户内隔离开关、负荷开关安装（电流600A以下）	组	4	67.00		47.52	122.17	20.35	17.27	268.00	190.08	488.68	81.40	69.08	1097.24
2-12-207	成套型吊链式 单管	10套	0.5		1.01	36.26	52.04		13.18		18.13	26.02		6.59	50.74
	萤光灯（带罩型YG2-2 40W（广州）	百套	0.05	4234.74	1					211.74					211.74

117

工程名称：某工厂小型机修与装配车间

定额号	工程名称	单位	数量	主材/设备		单位价值 其中				材设费	总价值 其中				合计
				单价	损耗	人工费	材料费	机械费	管理费		人工费	材料费	机械费	管理费	
2-12-208	成套型吊链式双管	10套	4.2		1.01	45.58	52.04		16.57		193.35	220.75		70.29	484.39
	萤光灯（双管）YG1-2 40W（广州）	百套	0.42	3516.45	1					1476.91					1476.91
2-12-256	扳式暗开关（单控）单联	10套	0.7			14.26	3.29		5.18		9.98	2.30		3.63	16.91
	照明开关	只	7.14		1										
	跷板式暗开关 220V/10A（鸿雁牌）86K14D-10	套	7	11.63	1					81.41					81.41
2-12-257	扳式暗开关（单控）双联	10套	0.4			14.96	4.56		5.44		5.98	1.82		2.18	9.98
	照明开关	只	4.08		1										
	跷板式暗开关 220V/10A（鸿雁牌）86K14D-10	套	4	11.63	1					46.52					46.52
2-12-258	扳式暗开关（单控）三联	10套	0.3			14.96	5.84		5.44		4.49	1.75		1.63	7.87
	照明开关	只	3.06		1										
	跷板式暗开关 220V/10A（鸿雁牌）86K14D-10	套	3	11.63	1					34.89					34.89
2-12-289	单相暗插座 15A 5 孔	10套	0.6	89.00	1.02	19.36	8.46		7.04	54.47	11.62	5.08		4.22	75.39
	乙供主材合计									25237.68					
	实体项目合计									25237.68	7040.33	4496.98	1308.05	2558.77	40641.81

编制人：　　　　编制证：　　　　编制日期：

工程名称：某工厂小型机修与装配车间　　　　　　　　　　　　　　第 1 页　共 1 页

序　号	名 称 及 说 明	单　位	合价(元)	备　注
1	脚手架搭拆费	宗	307.67	
2	超高增加费	宗		
3	高层建筑增加费	宗		
4	安装与生产同时进行增加费用	宗		
5	在有害身体健康的环境中施工增加费	宗		
6	系统调整(试)费	宗		
	〔合计〕		307.67	

编制人：　　　　　　　编制证：　　　　　　　编制日期：

其他措施项目费汇总表　　　　　　　　　　　　　　　　　　　　　表 5-18

工程名称：某工厂小型机修与装配车间　　　　　　　　　　　　　　第 1 页　共 1 页

序　号	名 称 及 说 明	单　位	合价(元)	备　注
1	临时设施费	宗	563.23	
2	文明施工费	宗	140.81	
3	工程保险费	宗	7.04	
4	工程保修费	宗	105.60	
5	赶工措施费	宗		
6	总包服务费	宗	168.12	
7	预算包干费	宗	336.24	
8	其 他 费 用	宗		
	〔合计〕		1321.04	

编制人：　　　　　　　编制证：　　　　　　　编制日期：

措施项目费合价分析表　　　　　　　　　　　　　　　　　　　　　表 5-19

工程名称：某工厂小型机修与装配车间　　　　　　　　　　　　　　第 1 页　共 1 页

序　号	代　码	项目及说明	计 算 基 础	费率(%)	金额(元)
1	1	临时设施费	RGF	8.000	563.23
2	2	文明施工费	RGF	2.000	140.81
3	3	工程保险费	RGF	0.100	7.04
4	4	工程保修费	RGF	1.500	105.60
5	6	总包服务费	RGF+CLF+JXF+GLF+JCF+(RGF+JCFR)×0.20	1.000	168.12
6	7	预算包干费	RGF+CLF+JXF+GLF+JCF+(RGF+JCFR)×0.20	2.000	336.24
		〔合计〕			1321.04

编制人：　　　　　　　编制证：　　　　　　　编制日期：

主材设备汇总表　　　　　　　　　　　　　　　　　　　　　　　　表 5-20

工程名称：某工厂小型机修与装配车间　　　　　　　　　　　　　　第 1 页　共 2 页

编　码	名称型号规格	单位	单　价	数　量	合　价	产地	厂家	备注
	成套配电箱安装	台	92.00	5.00	460.00			
	控制台安装	台	92.00	13.00	1196.00			

工程名称：某工厂小型机修与装配车间

编　码	名称型号规格	单位	单　价	数　量	合　价	产地	厂家	备注
	焊铜接线端子	个	2.80	100.00	280.00			
	焊铜接线端子	个	4.80	5.00	24.00			
	砖、混凝土结构暗配	m		17.10				
O0702010	镀锌钢管	t	4926.60	0.19	940.98			
	砖、混凝土结构暗配	m		136.58				
O0702005	镀锌钢管	t	4661.40	0.44	2051.02			
	砖、混凝土结构暗配	m		49.23				
O0702004	镀锌钢管	t	4661.40	0.12	571.95			
	砖、混凝土结构暗配	m		26.37				
O0702003	镀锌钢管	t	4896.00	0.04	216.89			
	砖、混凝土结构暗配	m		222.07				
O0702002	镀锌钢管	t	4926.60	0.29	1409.01			
	砖、混凝土结构暗配	m	42.20	35.97	1517.93			
	塑料线槽敷设	m		55.97				
240116	金属线槽	m	13.74	55.97	768.96			
	塑料线槽敷设	m		22.68				
240112	金属线槽	m	10.04	22.68	227.71			
	铜芯绝缘导线	m		712.43				
R0104007	铜芯塑料电线	km	5812.72	0.04	232.5			
R0104006	铜芯塑料电线	km	3451.86	1.32	4556.5			
R0104005	铜芯塑料电线	km	2208.54	0.67	547.28			
R0104003	铜芯塑料电线	km	899.11	0.98	883.29			
	塑料护套线明敷设	m		888.60	4548.17			
	绝缘导线	m		420.24	1475.30			
	接线盒暗装	个	2.00	71.40	142.80			
	接线盒暗装	个	2.00	15.30	30.60			
R0201041	电缆	km	213942.96	0.01	1476.21			
R0201040	电缆	km	165790.80	0.01	2238.18			
S1205002	单相电度表	只		1.00				
	自动空气开关	个	56.10	35.00	1963.50			
280125	单相漏电开关	个	99.40	4.00	397.60			
	户内隔离开关、负荷开关安装	组	67.00	13.00	871.00			
	成套型	套		5.05				
371333	荧光灯（带罩）	百套	4234.74	0.05	211.74			
	成套型	套		42.42				
371332	荧光灯（双管）	百套	3516.45	0.42	1476.91			
	照明开关	只		14.28				
280655	跷板式暗开关	套	11.63	14.00	162.82			
	单相暗插座 15A	套	8.90	6.12	54.47			
	合计：				25237.68			

编制人：　　　　　　　编制证：　　　　　　　编制日期：

第四节 消防工程预算编制实例

一、工程设计图纸

(一)设计说明

(1)本工程为广州市某娱乐中心火灾自动报警系统。该建筑为框架结构,首层层高4.0m,二、三层层高3.6m。各层均作吊顶装修,首层人工天花距地3.2m,二、三层人工天花距地3.2m。

(2)火灾自动报警系统控制室设在首层,报警控制主机选用南京消防电子技术有限公司生产的JB-QB-J2000/S智能型火灾报警控制器。

(3)主机、楼层接线箱为壁挂式安装,底边距地1.4m。探测器吸顶安装。声光报警器、模块底边距地1.8m安装。手动报警按钮底边距地1.4m。

(4)报警控制总线、DC24V主机电源线均采用阻燃型BVR-2×1.5穿钢管暗敷于墙内或吊顶内。

(5)安装施工应符合相关的消防工程施工与验收规范。

(二)主要设备材料表

该消防工程的主要设备材料表如表5-21所示。

主要设备材料表   表5-21

图例	名称	规格	单位	数量
▭	火灾报警控制器	JB-QB-J2000/S	台	1
🔓	感烟探测器	JTY-LZ-ZM1551 配底座:DZ-B501	套	29
⊡	感温探测器	JTW-BD-ZM5551 配底座:DZ-B501	套	1
⊞	接线端子箱	200×150	只	3
▣	声光报警器	SGH·B	只	6
▷	手动报警按钮	J-SAP-M-M500K	只	3
Ⓜ	输入模块	JSM-M500M	只	1
Ⓒ	输出模块	KM-M500C	只	5
⊏═⊐	总线隔离器	GLM-M500X	只	3

(三)火灾自动报警系统图

从火灾自动报警系统控制器接出信号总线和电源总线,在每层接线箱中分出支线,接至该层各报警器件。探测器、手动报警按钮、输入模块直接接在信号总线上,首层的消防水泵通过输出模块受报警系统的控制。如图5-9所示。

(四)火灾自动报警平面图

火灾自动报警系统的控制室设在首层，消防水泵设在首层楼梯间。各层平面布置如图 5-10、图 5-11、图 5-12所示。

二、计算工程量

计算工程量时，先根据火灾自动报警系统图统计各种设备的数量，结合主要设备材料表及各层平面图进行核对，再根据平面图计算配管、配线的工程量。计算结果如表 5-22 所示。

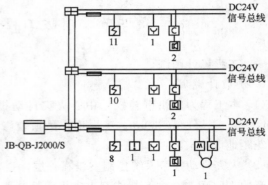

图 5-9　火灾自动报警系统图

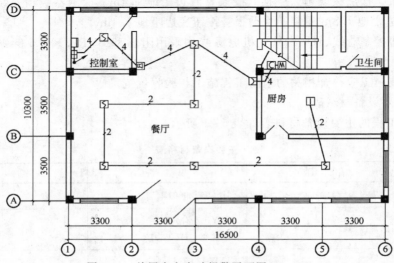

图 5-10　首层火灾自动报警平面图(1：100)

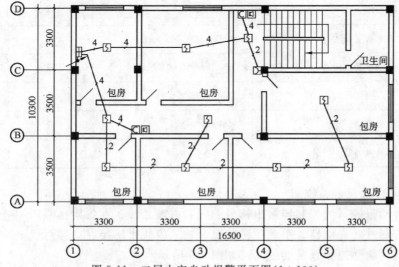

图 5-11　二层火灾自动报警平面图(1：100)

122

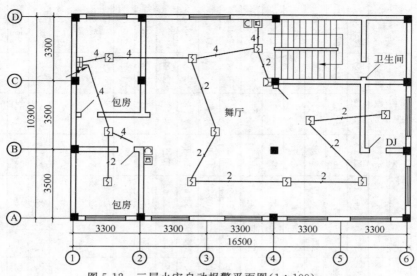

图 5-12　三层火灾自动报警平面图（1∶100）

工　程　量　计　算　表　　　　　　　　　　　　　表 5-22

序号	定额编号	工程项目名称	单位	数量	计　算　式	备注
1	7-20	火灾报警控制器 JB-QB-J2000/S	台	1	控制室 1	
2	7-6	感烟探测器 JTY-LZ-ZM1551 配底座：DZ-B501	套	29	一层 8＋二层 10＋三层 11 ＝29	
3	7-7	感温探测器 JTW-BD-ZM5551 配底座：DZ-B501	套	1	一层 1	
4	2-325	接线端子箱 200×150	只	3	一层 1＋二层 1＋三层 1＝3	
5	7-50	声光报警器 SGH·B	只	5	一层 1＋二层 2＋三层 2＝5	
6	7-12	手动报警按钮 J-SAP-M-M500K	只	3	一层 1＋二层 1＋三层 1＝3	
7	7-14	输入模块 JSM-M500M	只	1	一层 1	
8	7-14	输出模块 KM-M500C	只	7	一层 2＋二层 2＋三层 3＝7	
9	7-14	总线隔离器 GLM-M500X	只	3	一层 1＋二层 1＋三层 1＝3	
10	2-981	钢管埋墙暗敷 G20	100m	0.296	一层 10.2＋二层 10.8＋三 层 8.6＝29.6÷100	
11	2-981	钢管顶棚内暗敷 G20	100m	1.243	一层 39.2＋二层 40.2＋三 层 44.9＝124.3÷100	
12	2-1154	金属软管顶棚内暗敷 φ20	10m	1.08	一层 2.4＋二层 4.0＋三层 4.4＝10.8÷10	
13	2-1214	管内穿线 BVR-1.5	100m	3.414	一层 104＋二层 113.6＋三 层 123.8＝341.4÷100	
14	2-1377	接线盒暗装	10 个	3.8	一层 11＋二层 13＋三层 14 ＝38÷10	
15	7-195	系统调试	系统	1		

三、套定额、计算工程直接费

本例工程地处广州市，属于四类工程，按照规定，管理费按人工费的 36.345％计算，利润按人工费的 20％计算。套用《广东省安装工程综合定额》（2002）计算工程直接费，计算结果见表 5-23 所示。表中定额编号采用三段编码，其意义为：册-章-顺序号，读者可将其与工程量计算表中《全国统一安装工程预算定额》的定额编号对照。

表 5-23
第 1 页 共 1 页

分项工程费汇总表

工程名称：娱乐中心火灾自动报警系统

定额号	工程名称	单位	数量	主材/设备 单价	损耗	单价值 人工费	其中 材料费	其中 机械费	管理费	设备费	总价值 人工费	其中 材料费	其中 机械费	管理费	合计
7-1-20	火灾报警控制器 JB-QB-J2000/S	台	1	15000.00	1	142.12	31.23	142.13	49.84	15000.00	142.12	31.23	142.13	49.84	15365.32
7-1-6	感烟探测器 JTY-LZ-ZM1551	只	29	220.00	1	5.19	3.66	0.85	1.82	6380.00	150.51	106.14	24.65	52.78	6714.08
7-1-7	感温探测器 JTW-BD-ZM5551	只	1	275.00	1	5.19	3.69	0.19	1.82	275.00	5.19	3.69	0.19	1.82	285.89
2-11-399	接线箱明装 200×150	10个	3	75.00	1	159.46	21.25		57.96	225.00	478.38	63.75		173.88	941.01
7-1-50	声光报警器 SGH·B	只	5	235.00	1	10.74	3.03	1.01	3.77	1175.00	53.70	15.15	5.05	18.85	1267.75
7-1-12	手动报警按钮 J-SAP-M-M500K	只	3	90.00	1	7.57	5.18	1.35	2.65	270.00	22.71	15.54	4.05	7.95	320.25
7-1-14	输入模块 JSM-M500M	只	1	220.00	1	21.21	9.39	3.27	7.44	220.00	21.21	9.39	3.27	7.44	261.31
7-1-14	输出模块 KM-M500C	只	5	195.00	1	21.21	9.39	3.27	7.44	975.00	106.05	46.95	16.35	37.20	1181.55
7-1-14	总线隔离器 GLM-M500X	只	3	125.00	1	21.21	9.39	3.27	7.44	375.00	63.63	28.17	9.81	22.32	498.93
2-11-35	钢管埋墙暗敷 G20	100m	0.296	185.00	1.03	111.58	36.53	28.49	40.56	56.40	33.03	10.81	8.43	12.01	120.68
2-11-24	钢管顶棚内暗敷 G20	100m	1.243	185.00	1.03	214.90	127.28	28.49	78.11	236.85	267.12	158.21	35.41	97.09	794.68
2-11-178	金属软管顶棚内暗敷 φ20	10m	1.08	35.00	1.03	79.55	45.37		28.91	38.93	85.91	49.00		31.22	205.06
2-11-240	管内穿线 BVR-1.5	100m 单线	3.414			14.61	11.58		5.31		49.88	39.53		18.13	107.54
	铜芯多股绝缘导线 BVR-1.5	m	368.712	135.00	1					49776.12					49776.12
2-11-403	接线盒暗装	10个	3.8	28.00	1.02	7.57	6.63		2.75	108.53	28.77	25.19		10.45	172.94
7-6-1	自动报警系统装置调试	系统	1			564.12	268.42	1123.45	197.82		564.12	268.42	1123.45	197.82	2153.81
	乙供主材合计									75111.83					
	实体项目合计									75111.83	2072.33	871.17	1372.79	738.80	80166.92

编制人：　　　　　　　　　　　　编制证：　　　　　　　　　　　　编制日期：

124

四、计算工程总造价

按照广州市的计费程序和计费标准，计算得出工程总造价如表5-24所示。

五、按计算书的格式汇总其他表格

本例没有技术措施项目。汇总得到的其他费用表格如表5-25～表5-28所示。

安装工程总价表

工程名称：娱乐中心火灾自动报警系统

表 5-24

序 号	代码	费 用 名 称	计 算 公 式	费率（%）	金额（元）
1	A	实体项目费			80166.92
1.1		人工费	RGF	100.00	2072.33
1.2		材料费	CLF	100.00	871.17
1.3		机械费	JXF	100.00	1372.79
1.4		管理费	GLF	100.00	738.80
1.5		主材设备费	CSF	100.00	75111.83
2	C	利润	RGF+JCFR	20.00	414.47
3	D	措施项目费			404.48
3.1		其他措施项目费	QSF	100.00	404.48
4	F	行政事业性收费			1187.52
4.1		社会保险金	RGF	27.81	576.31
4.2		住房公积金	RGF	8.00	165.79
4.3		工程定额测定费	A+B+C+D+E	0.10	80.99
4.4		建筑企业管理费	A+B+C+D+E	0.20	161.97
4.5		工程排污费	A+B+C+D+E	0.25	202.46
5	G	不含税工程造价	A+B+C+D+E+F	100.00	82173.39
6	H	税金	G	3.41	2802.11
7		含税工程造价	G+H	100.00	84975.50

编制人：　　　　　　　　　编制证：　　　　　　　　　编制日期：

其他措施项目费汇总表

工程名称：娱乐中心火灾自动报警系统

表 5-25

序 号	名 称 及 说 明	单 位	合价（元）	备 注
1	临时设施费	宗	165.79	
2	文明施工费	宗	41.45	
3	工程保险费	宗	2.07	
4	工程保修费	宗	31.08	
5	赶工措施费	宗		
6	总包服务费	宗	54.70	
7	预算包干费	宗	109.39	
	合计		404.48	

编制人：　　　　　　　　　编制证：　　　　　　　　　编制日期：

主材设备价格明细表

表 5-26

工程名称：娱乐中心火灾自动报警系统

编码	名称型号规格	单位	单价(元)	数 量	产地	厂家	备注
	火灾报警控制器 JB-QB-J2000/S	台	15000.00	1.00			
	感烟探测器 JTY-LZ-ZM1551	只	220.00	29.00			
	感温探测器 JTW-BD-ZM5551	只	275.00	1.00			
	接线箱明装 200×150	个	7.50	30.00			
	声光报警器 SGH·B	只	235.00	5.00			
	手动报警按钮 J-SAP-M-M500K	只	90.00	3.00			
	输入模块 JSM-M500M	只	220.00	1.00			
	输出模块 KM-M500C	只	195.00	5.00			
	总线隔离器 GLM-M500X	只	125.00	3.00			
	钢管埋墙暗敷 G20	m	1.85	30.49			
	钢管顶棚内暗敷 G20	m	1.85	128.03			
	金属软管顶棚内暗敷 φ20	m	3.50	11.12			
	铜芯多股绝缘导线 BVR-1.5	m	135.00	368.71			
	接线盒暗装	个	2.80	38.76			

编制人：　　　　　　　　编制证：　　　　　　　　编制日期：

工料机汇总表

表 5-27

工程名称：娱乐中心火灾自动报警系统

序号	编码	工料名称	型号规格	单位	单价(元)	数量	合计(元)	备注
		[人工]：						
1	000001	一类工		工日	22.00	94.1959	2072.31	
		[材料]：						
2	010129	镀锌钢板	δ2.5	m²	81.06	0.3	24.32	
3	010227	钢丝	φ1.6	kg	4.29	0.3073	1.32	
4	010361	圆钢	(综合)	kg	2.23	1.1235	2.51	
5	030025	胶合板	2440×1220×3	m²	12.00	0.77	9.24	
6	070278	异型塑料管	φ5	m	1.02	5.39	5.50	
7	090004	低碳钢电焊条		kg	4.34	1.0619	4.61	
8	090031	焊锡		kg	48.85	2.5255	123.37	
9	100005	铅油		kg	5.19	0.8825	4.58	
10	100085	醇酸防锈漆	C53-1	kg	10.28	3.1744	32.63	
11	100097	防火涂料	A60-1	kg	13.23	2.07	27.39	
12	100155	清油	C01-1	kg	9.66	0.4102	3.96	
13	130005	玻璃胶	310g	支	9.83	0.2	1.97	
14	130056	酒精		kg	5.90	0.39	2.30	
15	130180	焊锡膏	瓶装 50g	kg	58.11	0.7741	44.98	

序号	编码	工料名称	型号规格	单位	单价(元)	数量	合计(元)	备注
16	130203	胶801		kg	5.81	0.3	1.74	
17	130266	汽油	70#	kg	2.74	4.7177	12.93	
18	130274	溶剂汽油	200#	kg	2.86	0.7795	2.23	
19	140190	半圆头镀锌螺栓	M2~5×15~50	套	0.04	18	0.72	
20	140197	半圆头螺钉	M6~12×12×50	套	0.04	88.128	3.53	
21	140218	冲击钻头	ϕ10~20	个	6.13	0.13	0.80	
22	140224	冲击钻头	ϕ6~12	个	3.58	2.0634	7.39	
23	140225	冲击钻头	ϕ6~8	个	3.13	1.05	3.29	
24	140226	冲击钻头	ϕ8	个	3.13	0.5	1.56	
25	140306	地脚螺栓	M8×120	套	0.49	122.4	59.98	
26	140347	镀锌滚花膨胀螺栓	M8	套	1.34	4	5.36	
27	140397	镀锌锁紧螺母(金属软管用)	20	个	0.21	44.928	9.43	
28	140411	镀锌锁紧螺母	3×15~20	个	0.23	84.55	19.45	
29	140412	镀锌锁紧螺母	3×20	个	0.23	23.7776	5.47	
30	140424	镀锌铁丝	13#~17#	kg	3.27	1.0158	3.32	
31	140443	镀锌自攻螺钉	M4~6×20~35	10个	0.20	0.96	0.19	
32	140554	管卡子(电线管用)	15~20	个	0.27	153.6348	41.48	
33	140575	管卡子(金属软管用)	20	个	0.27	44.496	12.01	
34	140728	精制六角带帽螺栓镀锌	带2个垫圈 M8×80~120	套	0.50	4.1	2.05	
35	140750	锯条(各种规格)		根	0.45	4.617	2.08	
36	140825	木螺钉	M4×65以下	10个	0.19	10.8	2.05	
37	140828	木螺钉	M6×100	10个	1.15	0.12	0.14	
38	140834	木螺钉	ϕ4×60	个	0.04	15	0.60	
39	140835	木螺钉	ϕ4×65以下	10个	0.19	31.0253	5.89	
40	141083	自攻螺钉	ϕ4×30	个	0.01	5	0.05	
41	141085	钻头	ϕ3	个	0.51	0.06	0.03	
42	150309	塑料胀管	ϕ6	个	0.07	39.3	2.75	
43	150310	塑料胀管	ϕ6~8	个	0.07	313.236	21.93	
44	170085	镀锌管接头(金属软管用)	20	个	0.50	22.248	11.12	
45	170103	镀锌管接头	5×20	个	0.75	20.4846	15.36	
46	170534	塑料护口(钢管用)	15~20	个	0.04	84.55	3.38	
47	170535	塑料护口(钢管用)	20	个	0.04	23.7776	0.95	
48	170668	管接头	5×20	个	0.75	4.8781	3.66	

序号	编码	工料名称	型号规格	单位	单价(元)	数量	合计(元)	备注
49	190104	塑料线卡	φ15 以下	个	0.31	14	4.34	
50	190132	阻燃聚氯乙烯导线	BV1.0	m	0.42	15.32	6.43	
51	250052	白布		m²	2.58	2.04	5.26	
52	250068	其他材料费		元	1.00	21.5754	21.58	
53	250141	标志牌	塑料扁形	个	0.17	6	1.02	
54	250174	打印纸	132-1	箱	228.86	0.12	27.46	
55	250192	电		kW·h	0.85	72.04	61.23	
56	250194	电池		节	2.23	40	89.20	
57	250343	金属软管尼龙接头	20	个	0.38	22.248	8.45	
58	250441	棉纱头		kg	10.73	0.7511	8.06	
59	250528	软盘	3.5″	片	3.13	1	3.13	
60	250573	塑料胶布带	20mm×50m	卷	10.93	7.2	78.70	
61	250581	塑料粘胶带		盘	1.37	3.414	4.68	
		[机械]：						
62	904005	载货汽车	装载质量 5t	台班	222.99	0.05	11.15	
63	909001	交流弧焊机	容量 21kVA	台班	81.41	0.5386	43.85	
64	909007	直流弧焊机	功率 20kW	台班	97.54	0.2	19.51	
65	912133	自耦调压器	TDJC-S-1	台班	10.28	4.77	49.04	
66	920005	交流稳压电源	JH1741/05	台班	9.69	6.05	58.62	
67	920053	火灾探测器实验器	BHTS-1	台班	22.00	4.67	102.74	
68	920059	接地电阻测试仪	GCT	台班	11.53	0.39	4.50	
69	920064	精密声级计	ND2	台班	7.93	0.15	1.19	
70	920086	数字存储打印示波器	HP-54512B	台班	234.51	3.2	750.43	
71	920099	数字万用表	34401A	台班	19.25	8.26	159.00	
72	920117	直流稳压稳流电源	WYK-6005	台班	30.06	5.75	172.84	

编制人： 编制证： 编制日期：

措施项目费合价分析表

工程名称：娱乐中心火灾自动报警系统 表 5-28

序 号	项目及说明	计 算 基 础	费率(%)	金额(元)
1	临时设施费	RGF	8.000	165.79
2	文明施工费	RGF	2.000	41.45
3	工程保险费	RGF	0.100	2.07
4	工程保修费	RGF	1.500	31.08
5	总包服务费	RGF+CLF+JXF+GLF+JCF+(RGF+JCFR)×0.20	1.000	54.70
6	预算包干费	RGF+CLF+JXF+GLF+JCF+(RGF+JCFR)×0.20	2.000	109.39
	合计			404.48

编制人： 编制证： 编制日期：

六、填写封面，装订成册

封面的格式见图 5-1 所示。按本章第一节所述的预算书顺序，将各表格装订成册，即得完整的预算书。

本 章 小 结

（1）安装工程施工图预算，是指工程开工之前，根据设计好的施工图、预算定额、施工现场的条件以及工程计费的有关规定，所编制的确定工程造价的技术经济文件。施工图预算可采用定额计价法编制，也可采用工程量清单法编制。本章所讲的是定额计价法。

（2）施工图预算涉及到建设单位和施工企业双方的利益，因此，施工图预算的编制是一项政策性和技术性很强的技术经济工作，要求编制者严格遵守国家现行的工程建设政策法规，熟悉设计图纸，掌握施工工艺流程，深入施工现场，了解计算依据，确保预算达到"及时、准确、合理"的要求。

（3）编制施工图预算时，套用预算定额计算出工程实体项目的直接费后，应根据当地人工、材料、机械的市场价格或预算指导价格进行人工、材料、机械的价差调整，再按照当地规定的计费程序及费率计算脚手架搭拆费、高层建筑增加费、超高作业增加费等措施费用，以及规费、税金等规定费用，合计得到工程预算造价。

（4）编制施工图预算应采用计算机进行，并按照规定的格式打印、装订形成预算书，以保证施工图预算的准确、规范。

思 考 题 与 习 题

1. 施工图预算的编制依据是什么？

2. 施工图预算书主要包括哪些内容？

3. 编制电气安装工程施工图预算时，如何根据设计图纸计算工程量？

4. 简述编制电气安装工程预算的方法步骤。

5. 某电气安装工程，套用《全国统一安装工程预算定额》（GYD—202—2000）计算得工程直接费为 125000.00 元，其中主材费为 80000.00 元（已经按市场价格计算），人工费为 15000.00 元，辅材费为 25000.00 元，机械费为 5000.00 元。已知该工程没有发生措施性项目费，工程所在地的人工单价为 30.00 元，辅材费按定额价上浮 40％，机械费按定额价上浮 80％，管理费按人工费的 36.345％计算，利润按人工费的 35％计算。试按照表 5-1 所列的计费程序表计算该电气安装工程的总预算造价。

6. 请查阅你所在地的工程造价管理部门的近期文件，找出安装工程定额计价的计费程序表，再按照第 5 题中套定额所得到的工程直接费，重新计算该电气安装工程的总预算造价。

第六章 施工预算的编制

第一节 施工预算的作用与内容

一、施工预算的概念

安装工程施工预算是施工单位在工程开工前，以施工图预算为基础，依据施工图和施工定额或劳动定额、材料消耗定额及机械台班定额以及施工组织设计、施工现场实际情况而编制的用于施工单位内部控制工程成本的经济文件。它规定了拟建工程或分部分项工程所需人工、材料、机械台班的消耗数量和直接费标准。

施工单位为了保质保量地完成所承担的工程任务，取得较好的经济效益，就必须加强企业的生产经营管理。施工预算就是为了适应施工单位内部加强计划管理的需要，按照企业经济核算及班组核算的要求而编制的。它是施工单位内部控制生产成本和指导施工生产活动的计划文件，同时又是与施工图预算和实际工程成本进行分析对比的基础资料。

二、施工预算的作用

编制施工预算的目的是为了组织指导施工和进行两算对比，其具体作用可概括为以下几个方面：

（1）施工计划部门根据施工预算的工程量和定额工日数，安排施工作业计划和组织施工。

（2）劳动工资部门根据施工预算的劳动力需要计划，安排各工种的劳动力人数和进场时间。

（3）材料供应部门根据施工预算确定工程所需材料的品种、规格和数量，并依此进行备料和按时组织材料进场。

（4）施工队根据施工预算向班组签发施工任务单和限额领料单。

（5）施工预算是施工企业进行"两算"（即施工图预算和施工预算）对比，研究经营决策的依据。

（6）财务部门可以根据施工预算，定期进行经济活动分析，加强工程成本管理。

（7）施工预算是促进实施技术节约措施的有效方法。

从上述可以看出，施工预算在企业施工管理中具有非常重要的作用，它涉及企业内部所有的业务部门和各基层施工单位。因此，结合工程实际，及时准确地编制施工预算，对于提高企业经营管理水平，明确经济责任制，降低工程成本，提高经济效益，都是十分重要的。

三、施工预算的基本内容

施工预算的主要内容包括工程量、人工（分工种）、材料和机械台班消耗量等4项。一般以单位安装工程为对象，按分部工程、分项工程进行计算编制。通常由编制说明和计算表格两大部分所组成。

（一）编制说明书

施工预算的编制说明书，主要包括以下内容：

（1）编制依据：说明采用的有关施工图纸、施工定额、人工工资标准、材料价格、机械台班单价、施工组织设计或施工方案以及图纸会审记录、设计变更情况等。

（2）工期及所编工程的范围。

（3）施工中采用的新技术、新工艺、新材料、新规范，以及材料代用等问题。

（4）施工方案所考虑的施工技术组织措施。

（5）存在和需要解决的问题以及拟采用的处理办法。

（6）其他需要说明的问题。

（二）计算表格

施工预算的计算表格，全国没有统一规定，现行的主要有以下几种：

（1）工程量计算表。它是施工预算的基础表格，见表 6-1。

工 程 量 计 算 表　　　　　　表 6-1

序　　号	定额编号	分项工程名称	规　格	单　位	计　算　式	数　量

（2）人工需要量分析表。它是编制劳动力计划及合理调配劳动力的依据。见表 6-2。

人工需要量分析表　　　　　　表 6-2

序号	定额编号	分项工程名称	工程量	综 合 工 日					其 中				
				定 额	工人平均等级	合 计	折合四级工		电 工		焊 工		…
							系数	合计	定额	合计	定额	合计	…

（3）材料、机械台班需用量分析表。是编制材料需用量及施工机械费的依据，其中机械台班数是根据施工方案规划的实际进场机械，按其种类、型号、台数、工期等来计算。见表 6-3。

材料、机械台班需用量分析表　　　　　　表 6-3

序　　号	定额编号	分项工程名称	工　程　量		主　材	辅　材	机　械
			单位	数量			

（4）加工件计划表。见表6-4。

加 工 件 计 划 表 表 6-4

序　号	名　称	规　格	单　位	数　量	单价（元）	合价（元）	备　注

（5）施工预算人工、材料、机械台班汇总表。将工料分析表中所需工日，按工种不同分类汇总填入表中。各种材料区别不同品种、规格、型号汇总后填入表中。分项工程所需机械台班按不同种类分别汇总后填入表中。见表6-5。

施工预算工料机汇总表 表 6-5

工程名称：　　　　　　　　　　年　月　日　　　　　　　共　页　第　页

序　号	名　称	单　位	数　量	单价（元）	金额（元）	备　注
一	人工 … 小计					
二	材料 … 小计					
三	机械 … 小计					
	合计					

（6）两算对比表。在施工预算编制完毕后，将其计算出的人工、材料消耗量以及人工费、材料费、施工机械费等与施工图预算进行对比，找出节约或超支的原因，以作为工程开工前在计划阶段的预测分析表。两算对比表分两算对比直接费对比表和两算对比实物量对比表两种。见表6-6和表6-7。

两算对比直接费对比表 表 6-6

序　号	项　目	施工图预算（元）	施工预算（元）	对比结果	
				超　支	节　约
一	电气安装直接费 其中：人工费 材料费 机械费				
二	管道安装直接费 其中：人工费 材料费 机械费				
三	……				

序号	工程名称及规格	单位	施工图预算			施工预算			结果	
			数量	单价	金额(元)	数量	单价	金额(元)	节约	超支
一	人工： 　电气安装 　管道安装 　通风设备安装	 工日 工日 工日								
二	材料： 　镀锌钢管 DN80 　塑料铜芯线 BV-6 　……									
三	机械： 　起重机 　电焊机 　……									

四、施工预算的编制要求

1. 编制深度要合适

所编制的施工预算应能反映经济效果，并且能满足签发施工任务单和限额领料的要求。

2. 内容要紧密结合现场实际

按所承担的任务范围和采取的施工技术措施，避免多算和少算，以便使企业的计划成本通过编制施工预算，建立在一个可靠的基础上，为施工企业在计划阶段进行成本预测分析，确定降低成本额度创造条件。

3. 要保证及时性

编制施工预算是加强企业管理，实行经济核算的重要措施，施工企业内部编制的各种计划，开展工程定包，贯彻按劳分配，进行经济活动分析或成本分析等，都要依赖于施工预算所提供的资料。因此，必须采取各种有效措施，使施工预算能在工程开工前编制完毕，以保证使用。

第二节　施工预算的编制

一、施工预算的编制依据

（1）施工图纸、设计说明书、图纸会审记录及有关标准图集等技术资料。

（2）施工组织设计或施工方案。

（3）施工现场的具体情况。

（4）施工定额和有关补充定额。

（5）人工工资标准，材料预算价格（或实际价格）、机械台班预算价格，这些价格是计算人工费、材料费、机械费用的主要依据。

（6）审批后的施工图预算书。施工图预算书中的数据，如工程量、定额直接费，以及相应的人工费、材料费、机械费，人工和主要材料的预算消耗数量等，都给施工预算的编制提供有利条件和可比的数据。

二、施工预算的编制方法

施工预算的编制方法，一般有实物法、实物金额法两种。

1. 实物法

这种方法是根据施工图纸、施工定额、施工组织设计或施工方案计算出工程量后，套用施工定额，并分析计算其人工和各种材料数量，然后加以汇总，不进行价格计算。由于它是以计算确定的实物消耗量反映其经济效果，故称实物法。

2. 实物金额法

这种方法是在实物法算出人工和各种材料消耗数量后，再分别乘以所在地区的人工工资标准和材料预算价格，求出人工费、材料费和直接费，用各项费用的多少反映其经济效益，故称实物金额法。

三、施工预算的编制步骤

现将实物金额法编制施工预算的方法步骤简述如下：

1. 收集熟悉有关资料，了解施工现场情况

编制前应将有关资料收集齐全，如施工图纸及图纸会审记录，施工组织设计或施工方案，施工定额等，同时还要深入施工现场，了解施工现场情况及施工条件，如施工环境、地质道路及施工现场平面布置等。上述工作是施工预算编制必备的前提条件和基本准备工作。

2. 划分和排列分项工程项目

根据施工图纸、施工组织设计或施工方案，按劳动定额划分和排列项目。

全国统一劳动定额第 20 册电气安装工程，共分 13 章，计 1430 个定额子目。表 6-8 是劳动定额第 20 册电气安装工程部分常用项目的划分标准。

劳动定额第 20 册电气安装工程部分常用项目划分   表 6-8

分部（章）	项　目	定额编号	分　目　方　法	计量单位
一、配管配线	电线管明配	1—13	按建筑结构、管径分目	100m
	厚钢管明配	14—42		
	电线管、厚钢管、塑料管暗配	43—36	按管径分目	
	钢管套丝、搣弯、硬塑料管搣弯	61—71	按管径分目	10 个
	接线箱（盒）安装	72—82	按箱半周长、盒的材质和种类分目	
	硬塑料管明配	83—95	按建筑结构、管径分目	100m
	金属软管明配	96—104	按管径、单根长度	10 根
	管内穿线	105—116	按照明和动力工程、导线截面分目	100m
	瓷（塑）夹板配线	142—149	按建筑结构、导线截面分目	
	鼓形绝缘子配线	150—157		
	木（塑）槽板配线	171—186	按建筑结构、导线截面分目	100m
	塑料护套线配线	187—203		
	钢索架设	204—207	按材质、直径分目	根

分部(章)	项　目	定额编号	分　目　方　法	计量单位
二、照明及器具	灯具安装	208—317	按灯具种类、光源数量、建筑结构分目	10 套
	开关、插销安装	218—338	按电器种类、建筑结构、电源相数及额定电流分目	10 个
三、电视、广播、电话、报警装置	电视共用天线装置	361—370	按电器元件、电缆敷设方式分目	套
	电话线、电话电缆、分线箱、终端盒安装	371—380	按电缆、分线箱线对分目	100m、个
	火灾报警装置	381—392	按报警器回路数、探测器安装方式分目	台、10 个
四、架空线路	进户线槽担安装	545—553	按安装方式、线数分目	处
	进户线架设	554—568	按线数、导线截面分目	组

3. 计算工程量

工程量计算是一项十分细致而又繁琐复杂的工作，也是施工预算编制工作中最基本的工作，所需时间长，技术要求高，故工作量也最大，能否及时、准确地计算出工程量，关系着施工预算的编制速度和质量。为了加快工程量计算速度，当施工预算项目的名称、计量单位与施工图预算的相应项目一致时，可直接采用施工图预算的工程量；与施工图预算不同时，需另行计算工程量。工程量计算所采用表格形式，如表 6-1 所示。

4. 套用施工定额

对应施工定额的工程项目名称，计量单位和工程数量，分别查出所需工日数和材料数量，以及机械台班数量。

5. 工料机分析

施工预算的工料分析方法，与施工图预算的工料分析方法基本相同。即用分项工程量分别乘以定额工料消耗指标，求出所需人工和各种材料的耗用量。逐项分析计算完毕后，就可为各分部工程和单位工程的工料汇总创造条件。机械台班数量的计算，可按其机械种类、型号、台数、使用期限，分别计算各种施工机械的台班需用量。下面具体介绍分析方法：

（1）人工部分的分析计算：

从劳动定额中查出定额子目的各工种人工的时间定额和合计时间定额，填入人工分析表的相应栏目中，以工程量乘以时间定额便得出合计工日数和各工种的工日数，将其填入人工分析表相应栏目中，见表 6-2。

在套定额时，定额规定不允许换算的项目，应直接套用；定额规定允许换算的项目，须按定额规定进行换算后再套用。

$$综合时间定额＝综合时间定额×调整系数 \qquad (6-1)$$

当同时使用两个及两个以上调整系数时，应按连乘方法计算。

由于劳动定额各章的平均技术工人等级不相同，所以按以上方法计算出的综合工日数还不便进行分析。所以，可将各分项工程的综合工日合计数折算成一级工工日。其折算方法如下：

$$折合一级工工日数＝某等级工综合工日合计数×该等级折算系数 \qquad (6-2)$$

式中，折算系数见表 6-9，当处于表中两个工资等级之间时，其系数可用插入法求得。

安装工人工资等级系数表

表 6-9

等 级	系 数	等 级	系 数	等 级	系 数	等 级	系 数
1	1.0000	4.4	1.7514	5.1	1.9603	5.8	2.2004
2	1.1730	4.5	1.7805	5.2	1.9946	5.9	2.2347
3	1.3880	4.6	1.8096	5.3	2.0289	6.0	2.2690
4	1.6350	4.7	1.8387	5.4	2.0632	7.0	2.6730
4.1	1.6641	4.8	1.8678	5.5	2.09175	8.0	3.1500
4.2	1.6932	4.9	1.8969	5.6	2.1318		
4.3	1.7223	5.0	1.9260	5.7	2.1661		

在预算定额中，定额人工是以四级工综合工日表示。因此，为了便于进行"两算"对比，施工预算中的工日数也必须折算为四级工综合工日数。折算公式如下：

$$折合四级工综合工日数＝某级综合工日合计数×1.6350 \qquad (6-3)$$

式中 1.6350 为四级工的折算系数，见表 6-9。

（2）材料部分的分析计算：

材料部分的分析计算分为主要材料的分析计算、辅助材料的分析计算两部分。主要材料是指根据施工图纸能直接计算出的材料。主要材料的净用量绝大部分可由材料分析表中的工程量数量反映出来。辅助材料是指不能从施工图纸中直接计算出的材料。例如胶布、铅油、锯条等材料。这类材料可借套预算定额中给出的消耗标准，按照实际需要进行分析和计算。实际计算时一般应低于预算定额给定的消耗标准。

在编制时，按定额编号从预算定额中查出该子目的各种辅助材料定额含量，再根据实际需要综合取定，以工程量乘以定额中辅材的含量，便得出辅材的合计用量。填入表 6-3。

（3）施工机械部分的分析计算：

施工机械部分需用量的计算，目前尚需借套预算定额，可按各分项工程施工实际需要的施工机械，选套预算定额中给出的施工机械台班消耗数量，乘以工程量便得出施工机械台班合计数量，填入表 6-3。

6. 工料汇总

在上述人工、材料、机械台班分析计算完毕后，按照施工预算工料机汇总表（表6-5），以分部工程分别汇总。

在编制材料汇总表时，由于主要材料数量是根据施工图纸确定的，没有包括材料损耗率，所以应增加损耗率后再填入汇总表，但应注意损耗率应低于规定的数值。

7. 计算直接费

工料汇总完成后，根据现行的地区人工工资标准，材料预算价格（或实际价格）和机械台班预算价格，按照上述部分组成的汇总表分别计算人工费、材料费、机械费以至分部工程直接费。

8. 撰写编制说明

第三节 施工预算与施工图预算的对比

施工图预算和施工预算对比简称"两算"对比，前者是确定施工企业收入的依据，反映预算成本的多少，后者是施工企业控制各项成本支出的尺度，反映计划成本的高低。"两算"按要求都应在单位工程开工前进行编制，以便于进行"两算"的对比分析。

一、施工预算与施工图预算的区别

施工预算与施工图预算有以下区别：

1. 编制依据与作用不同

"两算"编制中最大的区别是使用的定额不同，施工预算套用的是施工定额，而施工图预算套用的是预算定额或单位估价表，两个定额的各种消耗量有一定差别。两者的作用也不一样，施工预算是企业控制各项成本支出的依据，而施工图预算是计算单位工程的预算造价，确定企业工程收入的主要依据。

2. 工程项目的施工方法不同

预算定额一经颁布，综合考虑了某种当时先进合理的施工方法，而施工预算则要按照当时施工的实际情况，把工程项目施工方法的多样性与施工现场的实际情况相结合，考虑施工水平、装备水平和管理水平等因素，从而确定一种施工方法，不同的施工方法，所消耗的人工、材料、机械有所不同。

3. 计算范围不同

施工预算一般只算到直接费为止，这是因为施工预算只供企业内部管理使用，如向班组签发施工任务书和限额领料单。而施工图预算要计算整个工程预算造价，包括直接费、间接费、利润、价差调整、税金和其他费用等。

二、"两算"对比的目的

"两算"对比是在"两算"编制完毕后工程开工前进行对比分析的。

"两算"对比的目的是：通过"两算"对比，找出节约和超支的原因，提出并研究解决的措施，防止因人工、材料、机械台班及相应费用的超支而导致工程成本的亏损，为编制降低成本计划额度提供依据。因此，"两算"对比对于施工企业自觉运用经济规律，改进和加强施工组织管理，提高劳动生产率，降低工程成本，提高经济效益都有重要的实际意义。

三、"两算"对比方法

"两算"对比方法有实物对比法和实物金额对比法两种。

1. 实物对比法

这种方法是将施工预算所计算的单位工程人工和主要材料耗用量，填入两算对比实物量对比表的栏目里（见表6-7），再将施工图预算的工料用量也填入"两算"对比表相应的栏目里，然后进行对比分析，计算出节约或超支的数量差。

2. 实物金额对比法

这种方法是将施工预算所计算的人工、材料和机械台班耗用量，分别乘以相应的人工工资标准，材料预算价格和施工机械台班预算价格，得出相应的人工费、材料费、机械费和工程直接费，并填入两算对比表直接费对比的栏目中（见表6-6），再将施工图预算中的人工费、材料费、机械费和直接费，也填入"两算"对比表相应的栏目里，然后进行对比分析，计算出节约或超支的费用差。

四、"两算"对比的内容

"两算"对比，一般只对工程直接费进行对比分析，而工程间接费和其他费用不作对比分析。工程直接费对比分析内容如下：

1. 人工数量和人工费的对比分析

施工预算的人工数量和人工费与施工图预算比较，一般要低 10%～15%。这是因为施工定额与预算定额所考虑的因素不一样，存在着一定的幅度差额。

2. 主要材料费数量和材料费的对比分析

由于"两算"套用的定额水平不一致，施工预算的材料消耗量一般都低于施工图预算，如果出现施工预算的材料消耗量大于施工图预算，应认真分析，根据实际情况调整施工预算。

3. 机械台班数量和机械费的对比分析

预算定额的机械台班用量是综合考虑的，多数地区的预算定额或单位估价表是以金额（施工机械台班费用）表示，而施工定额要求按照实际情况，根据施工组织设计或施工方案规定的施工机械种类、型号、数量、工期计算机械台班使用费。在"两算"对比分析时，可采用实物金额对比法进行，以分析计算机械费的节约和超支。

4. 周转材料推销费的对比分析

周转材料主要指跳板、枕木和圆木。

施工图预算所套用的预算定额，如变压器的安装，枕木、跳板都是综合摊销一定的费用，而施工预算的枕木、跳板则要根据施工组织设计或施工方案规定的施工方法来进行计算，这类材料，要经过若干次摊销才能恢复其本来价值，所以，无法用实物量进行对比，只能按其摊销费用进行对比，以分析其节约和超支。

其他直接费、临时设施费、现场管理费等其他一些费用，应由公司或分公司单独进行核算，一般不进行"两算"对比。

本 章 小 结

（1）施工预算是为了适应施工单位内部加强计划管理的需要，按照企业经济核算及班组核算的要求而编制的。它是施工单位内部控制生产成本和指导施工生产活动的计划文件，同时又是与施工图预算和实际工程成本进行分析对比的基础资料。施工预算的编制方法，一般有实物法、实物金额法两种。

（2）施工图预算和施工预算对比简称"两算"对比，前者是确定施工企业收入的依据，反映预算成本的多少，后者是施工企业控制各项成本支出的尺度，反映计划成本的高低。通过"两算"对比，可找出节约和超支的原因，提出并研究解决的措施，防止因人工、材料、机械台班及相应费用的超支而导致工程成本的亏损，从而为编制降低成本计划额度提供依据。因此，"两算"对比对于施工企业自觉运用经济规律，改进和加强施工组织管理，提高劳动生产率，降低工程成本，提高经济效益都有重要的实际意义。"两算"按要求都应在单位工程开工前进行编制，以便于进行"两算"的对比分析。"两算"对比方法有实物对比法和实物金额对比法两种。

思 考 题 与 习 题

1. 何谓施工预算？施工预算的作用是什么？
2. 施工预算由哪几部分内容组成？
3. 编制施工预算的主要依据有哪些？
4. 编制施工预算的步骤是什么？
5. 什么叫"两算"对比？"两算"对比的作用是什么？
6. "两算"对比的主要内容是什么？
7. 施工预算与施工图预算的区别是什么？

第七章　竣工结算的编制

第一节　竣工结算的概念及作用

竣工结算是指施工企业按照合同的规定，对竣工点交后的工程向建设单位办理最后工程价款清算的经济技术文件。

施工图预算是在建设项目或单位工程开工前编制的确定工程预算造价的文件。但是工程在施工过程中往往由于工程条件的变化、设计变更、材料的代用等，使原施工图预算不能反映工程的实际造价。竣工结算就是在建设项目或单位工程竣工后，根据施工过程中实际发生的设计变更、材料代用、经济签证等情况，修改原施工图预算，修改后的施工图预算是最后确定工程造价的文件。

单位工程竣工后，由施工单位编制工程竣工结算表，送建设单位审批后，通过建设银行办理价款结清手续。因此，工程竣工结算是施工单位与建设单位结清工程费用的依据，是施工单位统计完成工作量，结算成本的依据，也是建设单位落实投资完成额，编制竣工决算的依据。编制竣工结算是一项细致的工作，为了正确反映工程的实际造价，要认真贯彻"实事求是"的原则，对办理竣工结算的工程项目应进行全面清点。在施工过程中，预算人员应经常深入施工现场。为竣工结算积累和收集必要的原始资料。

未完工程不能办理竣工结算。对跨年度工程，可按当年完成工程量办理年终结算，剩余的未完工程价款，待工程竣工后，再另行办理竣工结算。

第二节　竣工结算的编制

一、竣工结算的编制依据

编制竣工结算，通常需要依据如下技术资料：

(1) 经审批的原施工图预算；

(2) 工程承包合同或甲乙双方协议书；

(3) 设计单位修改或变更设计的通知单；

(4) 建设单位有关工程的变更、追加、削减和修改的通知单；

(5) 图纸会审记录；

(6) 现场经济签证；

(7) 全套竣工图纸；

(8) 现行预算定额、地区预算定额单价表、地区材料预算价格表、取费标准及调整材料价差等有关规定；

（9）材料代用单。

二、竣工结算的编制内容

竣工结算的编制内容与施工图预算的编制内容相同。竣工结算就是在原施工图预算的基础上进行调整、修改，调整修改后的施工图预算，即为竣工结算，又称为竣工结算书。其调整、修改的内容一般是：

1. 工程量增减

这是编制竣工结算的主要部分，称为量差。所谓量差即是说施工图预算工程量与实际完成工程量不符而发生的量差。量差主要有以下几个方面：

（1）设计修改和漏项。由于设计修改和漏项而需增减的工程量，这一部分应根据设计修改通知单进行调整。

（2）现场工程更改。包括在施工中预见不到的工程和施工方法不符，都应根据建设单位和施工单位双方签证的现场记录，按合同和协议的规定进行调整。

（3）施工图预算错误。在编制竣工结算前，应结合工程的验收点交核对实际完成工程量。施工图预算有错误的应作相应调整。

2. 材料价差

工程结算应按预算定额（或地区价目表）的单价编制。所以一般不会发生价差因素。由于客观原因发生的材料代用和材料预算价格与实际材料价格发生差异时，可在工程结算中进行调整。

（1）材料代用。是指材料供应缺口或其他原因而发生的以大代小，以优代劣等情况。这部分应根据工程材料代用通知单计算材料的价差进行调整。

（2）材料价差。是指定额内计价材料和未计价材料两种，定额内计价材料的材料价差的调整范围严格按照当地规定办理。允许调整的进行调整，不允许调整的不能调整。未计价材料由建设单位供应材料按预算价格转给施工单位的，在工程结算时不调整材料价差；由施工单位购置的材料根据实际供应价格，对照材料的预算价格计算价差，进行调整。

由于材料管理不善造成的异差，应通过加强管理解决，一般在工程结算时不予调整。

3. 费用

属于工程数量的增减变化，要相应调整安装工程费用。属于价差的因素，一般不调整安装工程费用。属于其他费用，如窝工费用、机械进出场费用等，应一次结清，分摊到结算的工程项目中去。

三、竣工结算的编制步骤

1. 仔细了解有关竣工结算的原始资料

结算的原始资料是编制竣工结算的依据，必须收集齐全，在了解时要深入细致，并进行必要的归纳整理，一般按分部分项工程的顺序进行。

2. 对竣工工程进行观察和对照

根据原有施工图纸，结算的原始资料，对竣工工程进行观察和对照，必要时应进行实际测量和计算，并做好记录。如果工程的做法与原设计施工要求有出入时，也应做好记录。以便在竣工结算时调整。

3. 计算工程量

根据原始资料和对竣工工程进行观察的结果，计算增加和减少的工程量。这些增加或减少的工程量是由设计变更和设计修改所造成的必要计算，对其他原因造成的现场签证项目，也应逐项计算出工程量。如果设计变更及设计修改的工程量较多且影响又大时，可将所有的工程量按变更或修改后的设计重新计算工程量。计算方法同前。

4. 套预算定额单价，计算定额直接费

其具体要求与施工图预算编制套定额相同，要求准确合理。

5. 计算工程费用

计算方法同施工图预算。

四、竣工结算的编制方法

根据工程变化大小，竣工结算的编制方法，一般有如下两种。

(1) 如果工程变化不大，只是局部修改，竣工结算一般采用以原施工图预算为基础，加减工程变更引起变化的费用。工程结算表见表 7-1。

工 程 结 算 表 表 7-1

序　　号	工 程 名 称	原预算价值	调增预算价值	调减预算价值	结 算 价 值

计算竣工结算直接费价值的方法为：

竣工结算直接费价值＝原预算直接费价值＋调增预算价值小计－调减预算价值小计　　(7-1)

计算时注意：

计算调增部分的直接费，按调增部分的工程量分别套定额，求出调增部分的直接费，以"调增预算价值小计"表示。

计算调减部分的直接费，按调减部分的工程量分别套定额，求出调减部分的直接费，以"调减预算价值小计"表示。

根据竣工结算直接费，按取费标准就可以计算出竣工结算工程造价。

(2) 如果设计变更较大，导致整个工程量的全部或大部分变更，采用局部调整增减费用的办法比较繁琐，容易搞错，则竣工结算应按照施工图预算的编制方法重新进行编制。

本 章 小 结

(1) 竣工结算是指施工企业按照合同的规定，对竣工点交后的工程向建设单位办理最后工程价款清算的经济技术文件。编制竣工结算是一项细致的工作，为了正确反映工程的实际造价，要认真贯彻"实事求是"的原则，对办理竣工结算的工程项目应进行全面清点。

(2) 未完工程不能办理竣工结算。对跨年度工程，可按当年完成工程量办理年终结算，剩余的未完工程价款，待工程竣工后，再另行办理竣工结算。

(3) 竣工结算的编制内容与施工图预算的编制内容相同。竣工结算就是在原施工图预算的基础上进行调整、修改，调整修改后的施工图预算即为竣工结算，又称为竣工结算书。其调整、修改的内容一般是：工程量增减、材料价差、费用等。

思 考 题 与 习 题

1. 什么叫竣工结算？为什么要编制竣工结算？
2. 编制竣工结算应遵守的原则是什么？
3. 竣工结算的编制方法有几种？其内容是什么？
4. 编制竣工结算时需要的资料有哪些？

第八章　工程预(结)算的审核

工程预、结算的编制是一项政策性、技术性比较强的工作，计算过程繁杂，无论是设计单位还是施工单位所编制的施工图预算，都会程度不等地存在一些误差。因此，对工程预、结算进行审核，核实工程造价，合理使用建设资金，是更好地获得投资效益的一项有力措施，是建设工程造价管理的重要环节。

一、审核的原则

为了合理确定工程造价，提高预、结算审核的质量，维护建设单位和施工单位的合法权益，审核时应遵守以下原则：

（1）严格执行国家有关工程造价的法律、法规的有关规定，坚持实事求是、公平合理的原则。

（2）遵守职业道德和行业规范，做到该增就增，该减则减，认真细致地做好审核工作。

（3）坚持以理服人、协商解决的精神，做好审核定案工作。

二、审核的依据

工程预结算审核的主要依据有：

1. 工程设计图纸

工程设计图纸是编制施工图预算的主要依据，也是审核工程预、结算的主要依据。包括设计说明、系统图、平面图、施工大样图、所用的标准图、图纸会审记录、设计变更记录等资料。

2. 工程承、发包合同或协议

合同或协议中对工程的承包方式、材料供应及材料价差计算方式、费用项目及其费率、工程价款结算方式等内容都作了规定，审核时应以合同或协议为依据。

3. 材料预算价格

不同地区、不同时期的材料预算价格有一定的差异，而且材料费在安装工程造价中所占的比重较大，在审核时应把好材料价格关。

4. 施工组织设计和施工方案

5. 相关的预算定额和费用定额

三、审核的形式

由于工程规模、专业复杂程度、结算方式的不同，工程预、结算的审核主要有以下几种形式：

1. 单独审核

单独审核是指工程预、结算编制结束后，分别由施工单位内部自审、建设单位复审，最后由工程造价管理部门审定。

2. 联合会审

联合会审是指由建设单位会同设计单位、监理单位、审计事务所、工程造价管理部门等共同进行会审。

3．委托审核

委托审核是指当不具备会审条件，建设单位不能单独审核，或者需由权威机构审核裁定时，由建设单位委托工程造价管理部门或中介机构进行审核。

四、审核的内容

施工图预、结算审核的重点，应放在工程量计算是否准确、定额及材料单价是否准确、费用计算是否符合规定等方面。审核的主要内容如下：

1．审核工程项目及工程量

（1）审核工程项目的完整程度。工程项目是否完整，主要指有无重复计算或漏算。根据施工图纸、施工过程、预算定额各子目所包含的工作内容等审核预、结算中有无重项或漏项；审核各工程项目中主材的型号、规格是否与设计图纸一致，比如灯具的型号规格、线路的敷设方式、线材的品种规格等应与设计图纸一致。

（2）审核工程量。工程量计算是否准确，直接影响工程造价的准确性，而工程量计算又是最容易发生错误的环节，审核时应仔细核对。工程量计算发生错误，主要由以下几方面的原因造成：

1）未看懂图纸或看错、量错尺寸；

2）没有按工程量计算规则的规定进行计算；

3）计算式列错；

4）计算过程有误；

5）故意多算或少算。

2．审核定额套用

审核定额套用，主要从以下几方面进行：

（1）工程项目的工作内容与所套用定额的工作内容是否一致，有无错套定额。

（2）有无重复套用定额的项目。

（3）有无故意高套定额的现象。

（4）套用定额时，基价、人工费、材料费、机械费等数据有无写错。

（5）需要换算的定额项目，其换算是否合理。

（6）需要补充的定额项目，数据是否合理，有无经过有关部门的批准。

3．审核材料预算价格

审核材料预算价格的合理性、准确性。材料单价可参考当地工程造价咨询机构颁发的材料预算价格，结合市场行情进行审核。

4．审核费用计算程序、费用项目和费率

（1）预、结算中的间接费、利润、税金等费用计算是否按当地规定的费用计算程序进行。

（2）各项费用的计算基础及费率是否准确。

（3）计算结果是否正确。

五、审核的方法

工程预、结算的审核方法有许多种，常用的方法主要有全面审核法、重点审核法、经验审核法、指标审核法等几种。

1. 全面审核法

对于建设规模较小的工程预、结算，可根据施工设计图纸及其他有关资料，对工程预、结算的内容逐一进行审核。这种方法全面细致，审核质量高，但工作量大，耗时长。

2. 重点审核法

对于工程规模较大、审核时间紧迫的工程预、结算，可抓住工程预、结算中的重点项目进行仔细审核，这种方法叫做重点审核法。重点项目包括如下内容：

（1）安装过程复杂，工程量计算繁杂，定额缺项多，对预、结算结果有明显影响的部分。

（2）工程数量多，单价高，占工程造价比重较大的部分。如低压配电室、空调机房等。

（3）编制预、结算时，易出错、易弄虚作假的部分。如配管、配线工程。

3. 经验审核法

经验审核法是指根据以往的实践经验，对容易发生误差的部分进行详细审核。

4. 指标审核法

指标审核法是指把现有建筑结构、用途、工程规模、建造标准基本相同的工程项目的造价指标与被审核的工程项目进行比较，从而判断预、结算结果是否准确。如果出入较大，则进一步分析对比，找出重点进行详细审核。

六、审核的步骤

实际进行工程预、结算的审核时，可按照如下步骤进行：

1. 熟悉有关资料

审核前，应熟悉送审的工程预、结算及承包合同，熟悉设计图纸及所用的标准图，熟悉施工组织设计或施工技术方案，熟悉预算定额、费用定额及其他相关文件。

2. 确定审核方法并进行核算

按照确定好的审核方法对工程预、结算进行核算。核算的内容主要有：

（1）根据工程量计算规则核对工程量。

（2）核对所套用的定额项目。

（3）核对定额直接费的计算结果。

（4）核对其他直接费的计算结果。

（5）核对间接费、利润、税金等费用项目、费率、计算结果。

在以上审核过程中，若发现有问题，应做详细记录。

3. 交换审核意见

审核单位与预、结算编制单位交换审核意见，并作进一步的核对。

4. 审核定案

根据交换意见的结果，将更正后的预、结算项目进行计算汇总，填制工程预、结算审核调整表，由编制单位责任人、审核人、审核单位责任人等签字确认并加盖公章，完成工程预、结算的审核。

预、结算审核调整表的格式见表8-1、表8-2所示。

定额直接费调整表
表 8-1
年 月 日

序号	分部分项工程名称	原 预 算							调 整 后 预 算							金额核减(元)	金额核增(元)
		定额编号	单位	工程量	直接费(元)		人工费(元)		定额编号	单位	工程量	直接费(元)		人工费(元)			
					单价	合计	单价	合计				单价	合计	单价	合计		

编制单位：　　　　　　责任人：　　　　　　　　　　　　审核单位：　　　　　　责任人：

预算费用调整表
表 8-2

序 号	费用名称	原 预 算			调 整 后 预 算			核减金额(元)	核增金额(元)
		费率(%)	计算基础	金额(元)	费率(%)	计算基础	金额(元)		

编制单位：　　　　　　责任人：　　　　　　　　　　　　审核单位：　　　　　　责任人：

七、预算管理与审批

为了合理使用建设资金，提高投资效益，维护国家、建设单位、施工企业三者的经济利益，工程预、结算必须由各省市建设厅、建委或工程造价管理部门审核批准后方为有效。

本 章 小 结

（1）工程预、结算审核是为了核实工程造价，合理使用建设资金，保证获得基本建设投资效益的有力措施，是建设工程造价管理的重要环节。对工程预、结算进行审核，可防止工程预、结算过程中容易出现的多计工程量、重复列项、高套定额、高估冒算等不正当手段，对提高预、结算编制质量，正确反映工程投资情况，合理使用投资资金，维护建设单位和施工企业的合法权益，促进施工单位的经营管理，节约投资等都有着极其重要的意义。

（2）工程预、结算的审核应坚持原则、依据充分、方法科学、认真细致，及时发现问题并进行修正，确保工程预、结算的准确、合理。

思 考 题 与 习 题

1. 工程预、结算的审核有何意义？
2. 工程预、结算审核的一般原则有哪些？审核的依据是什么？
3. 简述工程预、结算审核的内容以及审核的方法步骤。

147

第九章　工程量清单计价与招投标

随着我国市场经济体制的深入发展，特别是我国加入 WTO 以后，建筑工程造价管理体制逐步由传统的定额计价模式转向国际惯用的工程量清单计价模式。为了增强工程量清单计价办法的权威性和强制性，规范建设工程工程量清单计价行为，统一建设工程工程量清单的编制和计价方法，根据《中华人民共和国招标投标法》及建设部令第 107 号《建筑工程施工发包与承包计价管理办法》，建设部于 2003 年 2 月 17 日正式颁发了国家标准《建设工程工程量清单计价规范》（GB 50500—2003），作为强制性标准，于 2003 年 7 月 1 日在全国统一实施。

采用工程量清单计价，能够更直观准确地反映建设工程的实际成本，更加适用于招标投标定价的要求，增加招标投标活动的透明度，在充分竞争的基础上降低工程造价，提高投资效益。国有资金投资建设的工程项目，必须采用工程量清单计价方法，实行公开招标。

工程量清单计价方法，是指在建设工程招投标中，招标人或招标人委托具有资质的中介机构编制反映工程实体消耗和措施性消耗的工程量清单，并作为招标文件的一部分提供给投标人，由投标人依据工程量清单自主报价的计价方式。在工程招投标中，采用工程量清单计价是国际通行的做法。

第一节　安装工程招标投标基本知识

一、招标

所谓招标，是指建设单位将拟建工程的条件、标准、要求等信息在公开媒体上登出，寻找符合条件的施工单位。建设项目招标可采取公开招标、邀请招标和议标的方式进行。公开招标应同时在一家以上的全国性报刊上刊登招标通告，邀请潜在的有关单位参加投标；邀请招标，应向有资格的三家以上的有关单位发出招标邀请书，邀请其参加投标；议标主要是通过一对一协商谈判方式确立中标单位，参加议标的单位不得少于两家。

招标公告或者招标邀请书应当包含招标人的名称和地址、招标项目的内容、规模、资金来源、实施地点和工期、对投标人的资质等级的要求、获取招标文件或者资格预审文件的地点和时间、对招标文件或者资格预审文件收取的费用等内容。

招标文件是招标人根据施工招标项目的特点和需要而编制出的文件。招标文件一般包括投标邀请书、投标人须知、合同主要条款、投标文件格式、工程量清单、技术条款、设计图样、评标标准和方法、投标辅助材料等内容。

国家重点建筑安装工程项目和各省、市人民政府确定的地方重点建筑安装工程项目，以及全部使用国有资金投资或者国有资金投资控股的建筑安装工程项目，应当公开招标。招标时采用工程量清单方式进行。

二、投标

所谓投标，是指施工单位按照招标文件的要求进行报价，并提供其他所需资料，以取得对该工程的承包权。

参加建筑安装工程投标的单位，必须具有招标文件要求的资质证书，并为独立的法人实体；承担过类似建设项目的相关工作，并有良好的工作业绩和履约记录；财务状况良好，没有处于财产被接管、破产或其他关、停、并、转状态；在最近三年内没有与骗取合同有关以及其他经济方面的严重违法行为；近几年有较好的安全施工记录，投标当年内没有发生重大质量和特大安全事故等条件。

投标人按照招标文件的要求编制投标文件，在招标人规定的时间内将投标文件密封送达投标地点。投标文件一般包括投标函、投标报价、施工组织设计、商务和技术偏差表等内容。

投标人根据招标文件所述的项目实际情况，拟在中标后将中标项目的部分非主体、非关键性工作进行分包的，应当在投标文件中加以说明。

三、开标、评标、中标

投标单位递交的投标文件是密封起来的，招标人在招标文件中约定的时间召开开标会议，当众拆开投标文件，叫开标。由评委对各投标单位的投标文件进行评议，选出符合中标条件的标书，叫评标。业主最后选定投标单位，由其承包工程建设，叫中标。

建设项目的开标由项目法人主持，邀请投资方、投标单位、政府有关主管部门和其他有关单位代表参加。

项目法人负责组建评标委员会，评标委员会由项目法人、主要投资方、招标代理机构的代表以及受聘的技术、经济、法律等方面的专家组成，总人数为 5 人以上单数，其中受聘的专家不得少于 2/3。与投标单位有利害关系的人员不得进入评标委员会。评标委员会依据招标文件的要求对投标文件进行综合评审和比较，并按顺序向项目法人推荐 2 至 3 个中标候选单位。项目法人应当从评标委员会推荐的中标候选单位中择优确定中标单位。

中标人确定后，招标人向中标人发出中标通知书。招标人和中标人应当自中标通知书发出之日起 30 天内，按照招标文件和中标人的投标文件订立书面合同。

第二节　工程量清单的编制

工程量清单，是用来表现拟建工程的分部分项工程项目、措施项目、其他项目的名称和相应数量的明细清单，它包括分部分项工程量清单、措施项目清单、其他项目清单三部分。工程量清单计价是指投标人完成由招标人提供的工程量清单所需的全部费用，包括分部分项工程费、措施项目费、其他项目费、规费、税金等部分。

工程量清单的编制是由招标人或招标人委托具有工程造价咨询资质的中介机构，按照工程量清单计价规范和招标文件的有关规定，根据施工设计图纸及施工现场的实际情况，将拟建招标工程的全部项目及其工作内容列出明细清单。

一、工程量清单的特点

工程量清单与定额是两类不同的概念，定额表述的是完成某一工程项目所需的消耗量或价格，而工程量清单表述的是拟建工程所包含的工程项目及其数量，二者不可混淆。

工程量清单具有如下特点：

1. 统一项目编码

工程量清单的项目编码采用 5 级编码设置，用 12 位数字表示。第 1 级～第 4 级编码是统一设置的，必须按照《建设工程工程量计价规范》的规定进行设置，第 5 级由编制人根据拟建工程的工程量清单项目名称设置，并自 001 起按顺序编制。各级编码的含义为：

（1）第一级编码（2 位）表示工程分类。01 表示建筑工程；02 表示装修装饰工程；03 表示安装工程；04 表示市政工程；05 表示园林绿化工程。

（2）第二级编码（2 位）表示各章的顺序码。

（3）第三级编码（2 位）表示节顺序码。

（4）第四级编码（3 位）表示分项工程项目顺序码。

（5）第 5 级编码（3 位）表示各子项目的顺序码，由清单编制人自 001 起按顺序编制。

工程量清单的项目编码结构如图 9-1 所示。

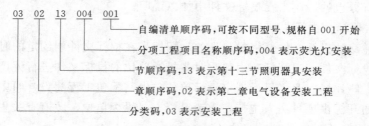

图 9-1　工程量清单项目编码

2. 统一项目名称

工程量清单中的项目名称，必须与《建设工程工程量计价规范》的规定一致，保证全国范围内同一种工程项目有相同的名称，以免产生不同的理解。

3. 统一计量单位

工程量的单位采用自然单位，按照计价规范的规定进行。除了各专业另有特殊规定之外，均按以下单位进行：

（1）以重量计算的项目，单位为：t 或 kg。

（2）以体积计算的项目，单位为：m^3。

（3）以面积计算的项目，单位为：m^2。

（4）以长度计算的项目，单位为：m。

（5）以自然计量单位计算的项目，单位为：个、套、块、组、台等。

（6）没有具体数量的项目，单位为：系统、项等。

4. 统一工程量计算规则

工程数量的计算应按计价规范中规定的工程量计算规则进行。工程量计算规则是指对清单项目工程量的计算规定，除另有说明外，所有清单项目的工程量应以实体工程量为准，并以完成后的净值计算。

工程数量的有效位数应遵守下列规定：

（1）以 t 为单位的，应保留三位小数，第四位四舍五入。

（2）以 m^3、m^2、m 为单位的，应保留二位小数，第三位四舍五入。

（3）以"个"、"项"等为单位的，应取整数。

二、电气安装工程量清单项目设置及工程量计算规则

电气安装工程中，包括强电和弱电，工程量清单项目名称、项目编码、工程内容、工程量计算方法等规定如下。计算工程量时，按照设计图纸以实际数量计算，不考虑长度的预留及安装时的损耗。

1. 变压器安装（030201）

（1）油浸电力变压器（030201001）

工程内容：基础型钢制作、安装；本体安装；油过滤；干燥；网门及铁构件制作、安装；刷（喷）油漆。

工程量计算：按不同名称、型号、容量（kV·A），以油浸电力变压器的数量计算，计量单位：台。

（2）干式变压器（030201002）

工程内容：基础型钢制作、安装；本体安装；干燥；端子箱（汇控箱）安装；刷（喷）油漆。

工程量计算：按不同名称、型号、容量（kV·A），以干式变压器的数量计算，计量单位：台。

（3）整流变压器（030201003）

工程内容：基础型钢制作、安装；本体安装；油过滤；干燥；网门及铁构件制作、安装；刷（喷）油漆。

工程量计算：按不同名称、型号、规格、容量（kV·A），以整流变压器的数量计算，计量单位：台。

（4）自耦式变压器（030201004）

工程内容：基础型钢制作、安装；本体安装；油过滤；干燥；网门及铁构件制作、安装；刷（喷）油漆。

工程量计算：按不同名称、型号、规格、容量（kV·A），以自耦式变压器的数量计算，计量单位：台。

（5）带负荷调压变压器（030201005）

工程内容：基础型钢制作、安装；本体安装；油过滤；干燥；网门及铁构件制作、安装；刷（喷）油漆。

工程量计算：按不同名称、型号、规格、容量（kV·A），以带负荷调压变压器的数量计算，计量单位：台。

（6）电炉变压器（030201006）

工程内容：基础型钢制作、安装；本体安装；刷油漆。

工程量计算：按不同名称、型号、容量（kV·A），以电炉变压器的数量计算，计量单位：台。

（7）消弧线圈（030201007）

工程内容：基础型钢制作、安装；本体安装；油过滤；干燥；刷油漆。

工程量计算：按不同名称、型号、容量（kV·A），以消弧线圈的数量计算，计量单位：台。

2. 配电装置安装(030202)

(1) 油断路器(030202001)

工程内容：本体安装；油过滤；支架制作、安装或基础槽钢安装；刷油漆。

工程量计算：按不同名称、型号、容量(A)，以油断路器的数量计算，计量单位：台。

(2) 真空断路器(030202002)

工程内容：本体安装；支架制作、安装或基础槽钢安装；刷油漆。

工程量计算：按不同名称、型号、容量(A)，以真空断路器的数量计算，计量单位：台。

(3) SF₆ 断路器(030202003)

工程内容：本体安装；支架制作、安装或基础槽钢安装；刷油漆。

工程量计算：按不同名称、型号、容量(A)，以 SF₆ 断路器的数量计算，计量单位：台。

(4) 空气断路器(030202004)

工程内容：本体安装；支架制作、安装或基础槽钢安装；刷油漆。

工程量计算：按不同名称、型号、容量(A)，以空气断路器的数量计算，计量单位：台。

(5) 真空接触器(030202005)

工程内容：支架制作、安装；本体安装；刷油漆。

工程量计算：按不同名称、型号、容量(A)，以真空断路器的数量计算，计量单位：台。

(6) 隔离开关(030202006)

工程内容：支架制作、安装；本体安装；刷油漆。

工程量计算：按不同名称、型号、容量(A)，以隔离开关的数量计算，计量单位：组。

(7) 负荷开关(030202007)

工程内容：支架制作、安装；本体安装；刷油漆。

工程量计算：按不同名称、型号、容量(A)，以负荷开关的数量计算，计量单位：组。

(8) 互感器(030202008)

工程内容：安装；干燥。

工程量计算：按不同名称、型号、规格、类型，以互感器的数量计算，计量单位：台。

(9) 高压熔断器(030202009)

工程内容：安装。

工程量计算：按不同名称、型号、规格，以高压熔断器的数量计算，计量单位：组。

(10) 避雷器(030202010)

工程内容：安装。

工程量计算：按不同名称、型号、规格、电压等级，以避雷器的数量计算，计量单位：组。

（11）干式电抗器（030202011）

工程内容：本体安装；干燥。

工程量计算：按不同名称、型号、规格、质量，以干式电抗器的数量计算，计量单位：台。

（12）油浸电抗器（030202012）

工程内容：本体安装；油过滤；干燥。

工程量计算：按不同名称、型号、容量（kV·A），以油浸电抗器的数量计算，计量单位：台。

（13）移相及串联电容器（030202013）

工程内容：安装。

工程量计算：按不同名称、型号、规格、质量，以移相及串联电容器的数量计算，计量单位：个。

（14）集合式并联电容器（030202014）

工程内容：安装。

工程量计算：按不同名称、型号、规格、质量，以集合式并联电容器的数量计算，计量单位：个。

（15）并联补偿电容器组架（030202015）

工程内容：安装。

工程量计算：按不同名称、型号、规格、结构，以并联补偿电容器组架的数量计算，计量单位：台。

（16）交流滤波装置组架（030202016）

工程内容：安装。

工程量计算：按不同名称、型号、规格、回路，以交流滤波装置组架的数量计算，计量单位：台。

（17）高压成套配电柜（030202017）

工程内容：基础槽钢制作、安装；柜体安装；支持绝缘子、穿墙套管耐压试验及安装；穿通板制作、安装；母线桥安装；刷油漆。

工程量计算：按不同名称、型号、规格、母线设置方式、回路，以高压成套配电柜的数量计算，计量单位：台。

（18）组合型成套箱式变电站（030202018）

工程内容：基础浇筑；箱体安装；进箱母线安装；刷油漆。

工程量计算：按不同名称、型号、容量（kV·A），以组合型成套箱式变电站的数量计算，计量单位：台。

（19）环网柜（030202019）

工程内容：基础浇筑；箱体安装；进箱母线安装；刷油漆。

工程量计算：按不同名称、型号、容量（kV·A），以环网柜的数量计算，计量单位：台。

3. 母线安装（030203）

（1）软母线（030203001）

工程内容：绝缘子耐压试验及安装；软母线安装；跳线安装。

工程量计算：按不同型号、规格、数量（跨/三相），以软母线的单线长度计算，计量单位：m。

（2）组合软母线（030203002）

工程内容：绝缘子耐压试验及安装；母线安装；跳线安装；两端铁构件制作、安装及支持瓷瓶安装；油漆。

工程量计算：按不同型号、规格、数量（组/三相），以组合软母线的单线长度计算，计量单位：m。

（3）带形母线（030203003）

工程内容：支持绝缘子、穿墙套管的耐压试验、安装；穿通板制作、安装；母线安装；母线桥安装；引下线安装；伸缩节安装；过渡板安装；刷分相漆。

工程量计算：按不同型号、规格、材质，以带形母线的单线长度计算，计量单位：m。

（4）槽形母线（030203004）

工程内容：母线制作、安装；与发电机变压器连接；与断路器、隔离开关连接；刷分相漆。

工程量计算：按不同型号、规格，以槽形母线的单线长度计算，计量单位：m。

（5）共箱母线（030203005）

工程内容：安装；进、出分线箱安装；刷（喷）油漆。

工程量计算：按不同型号、规格，以共箱母线的长度计算，计量单位：m。

（6）低压封闭式插接母线槽（030203006）

工程内容：安装；进、出分线箱安装。

工程量计算：按不同型号、容量（A），以低压封闭式插接母线槽的长度计算，计量单位：m。

（7）重型母线（030203007）

工程内容：母线制作、安装；伸缩器及导板制作、安装；支承绝缘子安装；铁构件制作、安装。

工程量计算：按不同型号、容量（A），以重型母线的质量计算，计量单位：t。

4. 控制设备及低压电器安装（030204）

（1）控制屏（030204001）

工程内容：基础槽钢制作；屏安装；端子板安装；焊、压接线端子；盘柜配线；小母线安装；屏边安装。

工程量计算：按不同名称、型号、规格，以控制屏的数量计算，计量单位：台。

（2）继电、信号屏（030204002）

工程内容：基础槽钢制作、安装；屏安装；端子板安装；焊、压接线端子；盘根配线；小母线安装；屏边安装。

工程量计算：按不同名称、型号、规格，以继电、信号屏的数量计算，计量单位：台。

（3）模拟屏（030204003）

工程内容：基础槽钢制作、安装；屏安装；端子板安装；焊、压接线端子；盘柜配线；小母线安装；屏边安装。

工程量计算：按不同名称、型号、规格，以模拟屏的数量计算，计量单位：台。

（4）低压开关柜（030204004）

工程内容：基础槽钢制作、安装；柜安装；端子板安装；焊、压接线端子；盘柜配线；屏边安装。

工程量计算：按不同名称、型号、规格，以低压开关柜的数量计算，计量单位：台。

（5）配电（电源）屏（030204005）

工程内容：基础槽钢制作、安装；柜安装；端子板安装；焊、压接线端子、盘柜配线；屏边安装。

工程量计算：按不同名称、型号、规格，以配电（电源）屏的数量计算，计量单位：台。

（6）弱电控制返回屏（030204006）

工程内容：基础槽钢制作、安装；屏安装；端子板安装；焊、压接线端子；盘柜配线；小母线安装；屏边安装。

工程量计算：按不同名称、型号、规格，以弱电控制返回屏的数量计算，计量单位：台。

（7）箱式配电室（030204007）

工程内容：基础槽钢制作、安装；本体安装。

工程量计算：按不同名称、型号、规格、质量，以箱式配电室的数量计算，计量单位：套。

（8）硅整流柜（030204008）

工程内容：基础槽钢制作、安装；盘柜安装。

工程量计算：按不同名称、型号、容量（A），以硅整流柜的数量计算，计量单位：台。

（9）可控硅柜（030204009）

工程内容：基础槽钢制作、安装；盘柜安装。

工程量计算：按不同名称、型号、容量（kW），以可控硅柜的数量计算，计量单位：台。

（10）低压电容器柜（030204010）

工程内容：基础槽钢制作、安装；屏（柜）安装；端子板安装；焊、压接线端子；盘柜配线；小母线安装；屏边安装。

工程量计算：按不同名称、型号、规格，以低压电容器柜的数量计算，计量单位：台。

（11）自动调节励磁屏（030204011）

工程内容：基础槽钢制作、安装；屏（柜）安装；端子板安装；焊、压接线端子；盘柜配线；小母线安装；屏边安装。

工程量计算：按不同名称、型号、规格，以自动调节励磁屏的数量计算，计量单位：台。

(12) 励磁灭磁屏(030204012)

工程内容：基础槽钢制作、安装；屏(柜)安装；端子板安装；焊、压接线端子；盘柜配线；小母线安装；屏边安装。

工程量计算：按不同名称、型号、规格，以励磁灭磁屏的数量计算，计量单位：台。

(13) 蓄电池屏(柜)(030204013)

工程内容：基础槽钢制作、安装；屏(柜)安装；端子板安装；焊、压接线端子；盘柜配线；小母线安装；屏边安装。

工程量计算：按不同名称、型号、规格，以蓄电池屏(柜)的数量计算，计量单位：台。

(14) 直流馈电屏(030204014)

工程内容：基础槽钢制作、安装；屏(柜)安装；端子板安装；焊、压接线端子；盘柜配线；小母线安装；屏边安装。

工程量计算：按不同名称、型号、规格，以直流馈电屏的数量计算，计量单位：台。

(15) 事故照明切换屏(030204015)

工程内容：基础槽钢制作、安装；屏(柜)安装；端子板安装；焊、压接线端子；盘柜配线；小母线安装；屏边安装。

工程量计算：按不同名称、型号、规格，以事故照明切换得的数量计算，计量单位：台。

(16) 控制台(030204016)

工程内容：基础槽钢制作、安装；台(箱)安装；端子板安装；焊、压接线端子；盘柜配线；小母线安装。

工程量计算：按不同名称、型号、规格，以控制台的数量计算，计量单位：台。

(17) 控制箱(030204017)

工程内容：基础型钢制作、安装；箱体安装。

工程量计算：按不同名称、型号、规格，以控制箱的数量计算，计量单位：台。

(18) 配电箱(030204018)

工程内容：基础型钢制作、安装；箱体安装。

工程量计算：按不同名称、型号、规格，以配电箱的数量计算，计量单位：台。

(19) 控制开关(030204019)

控制开关包括：自动空气开关、刀型开关、铁壳开关、胶盖刀闸开关、组合控制开关、万能转换开关、漏电保护开关等。

工程内容：安装；焊压端子。

工程量计算：按不同名称、型号、规格，以控制开关的数量计算，计量单位：个。

(20) 低压熔断器(030204020)

工程内容：安装；焊压端子。

工程量计算：按不同名称、型号、规格，以低压熔断器的数量计算，计量单位：个。

(21) 限位开关(030204021)

工程内容：安装；焊压端子。

工程量计算：按不同名称、型号、规格，以限位开关的数量计算，计量单位：个。

（22）控制器（030204022）

工程内容：安装；焊压端子。

工程量计算：按不同名称、型号、规格，以控制器的数量计算，计量单位：台。

（23）接触器（030204023）

工程内容：安装；焊压端子。

工程量计算：按不同名称、型号、规格，以接触器的数量计算，计量单位：台。

（24）磁力启动器（030204024）

工程内容：安装；焊压端子。

工程量计算：按不同名称、型号、规格，以磁力启动器的数量计算，计量单位：台。

（25）Y—△自耦减压启动器（030204025）

工程内容：安装；焊压端子。

工程量计算：按不同名称、型号、规格，以 Y—△自耦减压启动器的数量计算，计量单位：台。

（26）电磁铁（电磁制动器）（030204026）

工程内容：安装；焊压端子。

工程量计算：按不同名称、型号、规格，以电磁铁（电磁制动器）的数量计算，计量单位：台。

（27）快速自动开关（030204027）

工程内容：安装；焊压端子。

工程量计算：按不同名称、型号、规格，以快速自动开关的数量计算，计量单位：台。

（28）电阻器（030204028）

工程内容：安装；焊压端子。

工程量计算：按不同名称、型号、规格，以电阻器的数量计算，计量单位：台。

（29）油浸频敏变阻器（030204029）

工程内容：安装；焊压端子。

工程量计算：按不同名称、型号、规格，以油浸频敏变阻器的数量计算，计量单位：台。

（30）分流器（030204030）

工程内容：安装；焊压端子。

工程量计算：按不同名称、型号、容量（A），以分流器的数量计算，计量单位：台。

（31）小电器（030204031）

小电器包括：按钮、照明用开关、插座、电笛、电铃、电风扇、水位电气信号装置、测量表计、继电器、电磁锁、屏上辅助设备、辅助电压互感器、小型安全变压器等。

工程内容：安装；焊压端子。

工程量计算：按不同名称、型号、规格，以小电器的数量计算，计量单位：个（套）。

5. 蓄电池安装（030205）

蓄电池（030205001）

工程内容：防振支架安装；本体安装；充放电。

工程量计算：按不同名称、型号、容量，以蓄电池的数量计算，计量单位：个。

6. 电机检查接线及调试（030206）

（1）发电机（030206001）

工程内容：检查接线（包括接地）；干燥；调试。

工程量计算：按不同型号、容量（kw），以发电机的数量计算，计量单位：台。

（2）调相机（030206002）

工程内容：检查接线（包括接地）；干燥；调试。

工程量计算：按不同型号、容量（kW），以调相机的数量计算，计量单位：台。

（3）普通小型直流电动机（030206003）

工程内容：检查接线（包括接地）；干燥；系统调试。

工程量计算：按不同名称、型号、容量（kW）、类型，以普通小型直流电动机的数量计算，计量单位：台。

（4）可控硅调速直流电动机（030206004）

工程内容：检查接线（包括接地）；干燥；系统调试。

工程量计算：按不同名称、型号、容量（kW）、类型，以可控硅调速直流电动机的数量计算，计量单位：台。

（5）普通交流同步电动机（030206005）

工程内容：检查接线（包括接地）；干燥；系统调试。

工程量计算：按不同名称、型号、容量（kW）、启动方式，以普通交流同步电动机的数量计算，计量单位：台。

（6）低压交流异步电动机（030206006）

工程内容：检查接线（包括接地）；干燥；系统调试。

工程量计算：按不同名称、型号、类别、控制保护方式，以低压交流异步电动机的数量计算，计量单位：台。

（7）高压交流异步电动机（030206007）

工程内容：检查接线（包括接地）；干燥；系统调试。

工程量计算：按不同名称、型号、容量（kW）、保护类别，高压交流异步电动机的数量计算，计量单位：台。

（8）交流变频调速电动机（030206008）

工程内容：检查接线（包括接地）；干燥；系统调试。

工程量计算：按不同名称、型号、容量（kW），以交流变频调速电动机的数量计算，计量单位：台。

（9）微型电机、电加热器（030206009）

工程内容：检查接线（包括接地）；干燥；系统调试。

工程量计算：按不同名称、型号、规格，以微型电机、电加热器的数量计算，计量单位：台。

（10）电动机组（030206010）

工程内容：检查接线（包括接地）；干燥；系统调试。

工程量计算：按不同名称、型号、电动机台数、联锁台数，以电动机组的数量计算，计量单位：组。

（11）备用励磁机组（030206011）

工程内容：检查接线（包括接地）；干燥；系统调试。

工程量计算：按不同名称、型号，以备用励磁机组的数量计算，计量单位：组。

（12）励磁电阻器（030206012）

工程内容：安装；检查接线；干燥。

工程量计算：按不同型号、规格，以励磁电阻器的数量计算，计量单位：台。

7. 滑触线装置安装（030207）

滑触线（030207001）

工程内容：滑触线支架制作、安装、刷漆；滑触线安装；拉紧装置及挂式支持器制作、安装。

工程量计算：按不同名称、型号、规格、材质，以滑触线的单相长度计算，计量单位：m。

8. 电缆安装（030208）

（1）电力电缆（030208001）

工程内容：揭（盖）盖板；电缆敷设；电缆头制作、安装；过路保护管敷设；防火堵洞；电缆防护；电缆防火隔板；电缆防火涂料。

工程量计算：按不同型号、规格、敷设方式，以电力电缆的长度计算，计量单位：m。

（2）控制电缆（030208002）

工程内容：揭（盖）盖板；电缆敷设；电缆头制作、安装；过路保护管敷设；防火堵洞；电缆防护；电缆防火隔板；电缆防火涂料。

工程量计算：按不同型号、规格、敷设方式，以控制电缆的长度计算，计量单位：m。

（3）电缆保护管（030208003）

工程内容：保护管敷设。

工程量计算：按不同材质、规格，以电缆保护管的长度计算，计量单位：m。

（4）电缆桥架（030208004）

工程内容：制作、除锈、刷漆；安装。

工程量计算：按不同型号、规格、材质、类型，以电缆桥架的长度计算，计量单位：m。

（5）电缆支架（030208005）

工程内容：制作、除锈、刷漆；安装。

工程量计算：按不同材质、规格，以电缆支架的质量计算，计量单位：t。

9. 防雷及接地装置（030209）

（1）接地装置（030209001）

工程内容：接地极（板）制作、安装；接地母线敷设；换土或化学处理；接地跨接线；构架接地。

工程量计算：按不同接地母线材质、规格，接地极材质、规格，以接地装置的长度计算，计量单位：m。

（2）避雷装置（030209002）

工程内容：避雷针（网）制作、安装；引下线敷设、断接卡子制作、安装；拉线制作、安装；接地极（板、桩）制作、安装；极间连线；油漆（防腐）；换土或化学处理，钢铝窗接地；均匀环敷设；柱主筋与圈梁焊接。

工程量计算：按不同受雷体名称、材质、规格、技术要求（安装部位），引下线材质、规格、技术要求（引下形式），接地板材质、规格、技术要求，接地母线材质、规格、技术要求，均压环材质、规格、技术要求，以避雷装置的数量计算，计量单位：项。

（3）半导体少长针消雷装置（030209003）

工程内容：安装。

工程量计算：按不同型号、高度，以半导体少长针消雷装置的数量计算，计量单位：套。

10. 10kV 以下架空配电线路（030210）

（1）电杆组合（030210001）

工程内容：工地运输；土（石）方挖填；底盘、拉盘、卡盘安装；木电杆防腐；电杆组立；横担安装；拉线制作、安装。

工程量计算：按不同材质、规格、类型、地形，以电杆组立的数量计算，计量单位：根。

（2）导线架设（030210002）

工程内容：导线架设；导线跨越及进户线架设；进户横担安装。

工程量计算：按不同型号（材质）、规格、地形，以导线架设的长度计算，计量单位：km。

11. 电气调整试验（030211）

（1）电力变压器系统（030211001）

工程内容：系统调试。

工程量计算：按不同型号、容量（kV·A），以电力变压器系统的数量计算，计量单位：系统。

（2）送配电装置系统（030211002）

工程内容：系统调试。

工程量计算：按不同型号、电压等级（kV），以送配电装置系统的数量计算，计量单位：系统。

（3）特殊保护装置（030211003）

工程内容：调试。

工程量计算：按不同类型，以特殊保护装置的数量计算，计量单位：系统。

（4）自动投入装置（030211004）

工程内容：调试。

工程量计算：按不同类型，以自动投入装置的数量计算，计量单位：套。

（5）中央信号装置、事故照明切换装置、不间断电源（030211005）

工程内容：调试。

工程量计算：按不同类型，以中央信号装置、事故照明切换装置、不间断电源的系统数量计算，计量单位：系统。

（6）母线（030211006）

工程内容：调试。

工程量计算：按不同电压等级，以母线的数量计算，计量单位：段。

（7）避雷器、电容器（030211007）

工程内容：调试。

工程量计算：按不同电压等级，以避雷器、电容器的数量计算，计量单位：组。

（8）接地装置（030211008）

工程内容：接地电阻测试。

工程量计算：按不同类型，以接地装置的系统数量计算，计量单位：系统。

（9）电抗器、消弧线圈、电除尘器（030211009）

工程内容：调试。

工程量计算：按不同名称、型号、规格，以电抗器、消弧线圈、电除尘器的数量计算，计量单位：台。

（10）硅整流设备、可控硅整流装置（030211010）

工程内容：调试。

工程量计算：按不同名称、型号、电流（A），以硅整流设备、可控硅整流装置的数量计算，计量单位：台。

12. 配管、配线（030212）

（1）电气配管（030212001）

工程内容：挖沟槽；钢索架设（拉紧装置安装）；支架制作、安装；电线管路敷设；接线盒（箱）、灯头盒、开关盒、插座盒安装；防腐油漆；接地。

工程量计算：按不同名称、材质、规格、配置形式及部位，以电气配管的长度计算，计量单位：m。不扣除管路中间的接线箱（盒）、灯头盒、开关盒所占长度。

（2）线槽（030212002）

工程内容：安装；油漆。

工程量计算：按不同材质、规格，以线槽的长度计算，计量单位：m。

（3）电气配线（030212003）

工程内容：支持体（夹板、绝缘子、槽板等）安装；支架制作、安装；钢索架设（拉紧装置安装）；配线；管内穿线。

工程量计算：按不同配线形式、导线型号、材质、规格，敷设部位或线制，以电气配线的单线长度计算，计量单位：m。

13. 照明器具安装（030213）

（1）普通吸顶灯及其他灯具（030213001）

普通吸顶灯及其他灯具包括：圆球吸顶灯、半圆球吸顶灯、方形吸顶灯、软线吊灯、吊链灯、防水吊灯、壁灯等。

工程内容：支架制作、安装；组装；油漆。

工程量计算：按不同名称、型号、规格，以普通吸顶灯及其他灯具的数量计算，计量单位：套。

（2）工厂灯（030213002）

工厂灯包括：工厂罩灯、防水灯、防尘灯、碘钨灯、投光灯、混光灯、高度标志灯、密闭灯等。

工程内容：支架制作、安装；油漆。

工程量计算：按不同名称、型号、规格、安装形式及高度，以工厂灯的数量计算，计量单位：套。

（3）装饰灯（030213003）

装饰灯包括：吊式艺术装饰灯、吸顶式艺术装饰灯、荧光艺术装饰灯、几何型组合艺术装饰灯、标志灯、诱导装饰灯、水下艺术装饰灯、点光源艺术灯、歌舞厅灯具、草坪灯具等。

工程内容：支架制作、安装。

工程量计算：按不同名称、型号、规格、安装高度，以装饰灯的数量计算，计量单位：套。

（4）荧光灯（030213004）

工程内容：安装。

工程量计算：按不同名称、型号、规格、安装形式，以荧光灯的数量计算，计量单位：套。

（5）医疗专用灯（030213005）

医疗专用灯包括：病号指示灯、病房暗脚灯、紫外线杀菌灯、无影灯等。

工程内容：安装。

工程量计算：按不同名称、型号、规格，以医疗专用灯的数量计算，计量单位：套。

（6）一般路灯（030213006）

工程内容：基础制作、安装；立灯杆；灯座安装；灯架安装；引下线支架制作、安装；焊压接线端子；铁构件制作、安装；除锈、刷漆；灯杆编号；接地。

工程量计算：按不同名称、型号、灯杆材质及高度；灯架形式及臂长；灯杆形式（单、双），以一般路灯的数量计算，计量单位：套。

（7）广场灯（030213007）

工程内容：基础浇筑（包括土石方）；立灯杆；灯座安装；灯架安装；引下线支架制作、安装；焊压接线端子；铁构件制作、安装；除锈、刷漆；灯杆编号；接地。

工程量计算：按不同灯杆的材质及高度、灯架的型号、灯头数量、基础形式及规格，以广场灯的数量计算，计量单位：套。

（8）高杆灯（030213008）

工程内容：基础浇筑（包括土石方）；立杆；灯架安装；引下线支架制作、安装；焊压接线端子；铁构件制作、安装；除锈、刷漆；灯杆编号；升降机构接线调试；接地。

工程量计算：按不同灯杆高度、灯架型式（成套或组装、固定或升降）、灯头数量、基础形式及规格，以高杆灯的数量计算，计量单位：套。

（9）桥栏杆灯（030213009）

工程内容：支架、铁构件制作、安装、油漆；灯具安装。

工程量计算：按不同名称、型号、规格、安装形式，以桥栏杆灯的数量计算，计量单位：套。

（10）地道涵洞灯（030213010）

工程内容：支架、铁构件制作、安装、油漆；灯具安装。

工程量计算：按不同名称、型号、规格、安装形式，以地道涵洞灯的数量计算，计算单位：套。

14. 火灾自动报警系统（030705）

（1）点型探测器（030705001）

工程内容：探头安装；底座安装；校接线；探测器调试。

工程量计算：按不同名称、多线制、总线制、类型，以点型探测器的数量计算，计量单位：只。

（2）线型探测器（030705002）

工程内容：探测器安装；控制模块安装；报警终端安装；校接线；系统调试。

工程量计算：按不同安装方式，以线型探测器的数量计算，计量单位：只。

（3）按钮（030705003）

工程内容：安装；校接线；调试。

工程量计算：按不同规格，以按钮的数量计算，计量单位：只。

（4）模块（接口）（030705004）

工程内容：安装；调试。

工程量计算：按不同名称、输出形式，以模块（接口）的数量计算，计量单位：只。

（5）报警控制器（030705005）

工程内容：本体安装；消防报警备用电源；校接线；调试。

工程量计算：按不同多线制、总线制、安装方式、控制点数量，以报警控制器的数量计算，计量单位：台。

（6）联动控制器（030705006）

联动控制器的工程内容及工程量计算同报警控制器。

（7）报警联动一体机（030705007）

报警联动一体机的工程内容及工程量计算同报警控制器。

（8）重复显示器（030705008）

工程内容：安装；调试。

工程量计算：按不同多线制、总线制，以重复显示器的数量计算，计量单位：台。

（9）报警装置（030705009）

工程内容：安装；调试。

工程量计算：按不同形式，以报警装置的数量计算，计量单位：台。

（10）远程控制器（030705010）

工程内容：安装；调试。

工程量计算：按不同控制回路，以远程控制器的数量计算，计量单位：台。

15. 消防系统调试（030706）

（1）自动报警系统装置调试（030706001）

工程内容：系统装置调试。

工程量计算：按不同点数，以自动报警系统装置的数量计算，计量单位：系统。点数按多线制、总线制报警器的点数计算。

（2）水灭火系统控制装置调试（030706002）

工程内容：系统装置调试。

工程量计算：按不同点数，以水灭火系统控制装置的数量计算；计量单位：系统。点数按多线制、总线制联动控制器的点数计算。

（3）防火控制系统装置调试（030706003）

工程内容：系统装置调试。

工程量计算：按不同名称、类型、以防火控制系统装置的数量计算，计量单位：处。

（4）气体灭火系统装置调试（030706004）

工程内容：模拟喷气试验；备用灭火器贮存容器切换操作试验。

工程量计算：按不同试验容器规格，以调试、检验和验收所消耗的试验容器总数计算，计量单位：个。

三、工程量清单的格式

工程量清单应由招标人填写。工程量清单格式由下列内容组成：封面、填表须知、总说明、分部分项工程量清单、措施项目清单、其他项目清单、零星工作项目表等部分。

1. 封面

封面格式如图 9-2 所示。

工程报建号：＿＿＿＿＿＿＿＿

＿＿＿＿＿＿＿＿＿＿＿＿工程

工 程 量 清 单

招　标　人：＿＿＿＿＿＿＿（单位盖章）

法定代表人：＿＿＿＿＿＿＿（签字盖章）

编　制　人：＿＿＿＿＿＿＿（签字并盖执业专用章）

编　制　单　位：＿＿＿＿＿＿＿（单位盖章）

编　制　日　期：＿＿＿＿＿＿＿

图 9-2　工程量清单封面

2. 填表须知

填表须知的格式如图 9-3 所示。填表须知除了以下内容外，招标人可根据具体情况进行补充。

填　表　须　知

1. 工程量清单及其计价格式中所有要求签字、盖章的地方，必须由规定的单位和人员签字、盖章。

2. 工程量清单及其计价格式中的任何内容不得随意删除或涂改。

3. 工程量清单计价格式中列明的所有需要填报的单价和合价，投标人均应填报，未填报的单价和合价，视为此项费用已包含在工程量清单的其他单价和合价中。

4. 金额(价格)均应以________币表示。

图 9-3　填表须知的格式

3. 总说明

总说明应按下列内容填写：

(1) 工程概况：建设规模、工程特征、计划工期、施工现场实际情况、交通运输情况、自然地理条件、环境保护要求等。

(2) 工程招标和分包范围。

(3) 工程量清单编制依据。

(4) 工程质量、材料、施工等的特殊要求。

(5) 招标人自行采购材料的名称、规格型号、数量等。

(6) 预留金、自行采购材料的金额数量。

(7) 其他需说明的问题。

4. 分部分项工程量清单

分部分项工程量清单的格式如表 9-1 所示。

分部分项工程量清单　　　　**表 9-1**

工程名称：　　　　第　页　共　页

序　号	项目编码	项目名称	计量单位	工程数量

5. 措施项目清单

措施项目清单的格式如表 9-2 所示。

措施项目清单　　　　**表 9-2**

工程名称：　　　　第　页　共　页

序　号	项目名称	内容说明

6. 其他项目清单

其他项目清单的格式如表9-3所示。

其 他 项 目 清 单

表 9-3

工程名称：

第 页 共 页

序　号	项 目 名 称	金 额 （元）
1	招 标 人 部 分	
1.1		
2	投 标 人 部 分	
2.1		

7. 零星工作项目表

零星工作项目表如表9-4所示。

零星工作项目表

表 9-4

工程名称：

第 页 共 页

序　号	名 称	计 量 单 位	数 量
1	人工		
1.1	高级技术工人	工 日	
1.2	技术工人	工 日	
1.3	普工	工 日	
2	材料		
2.1	管材	kg	
2.2	型材	kg	
2.3	其他	kg	
3	机械		
3.1			

四、工程量清单的编制

分部分项工程量清单是不可调整的闭口清单，投标人对招标文件提供的分部分项工程量清单必须逐一计价，对清单所列内容不允许作任何变动和更改。如果投标人认为清单内容有不妥或遗漏的地方，只能通过质疑的方式向清单编制人提出，由清单编制人统一修改更正，并将修正后的工程量清单发给所有投标人。

措施项目清单为可调整的清单，投标人对招标文件中所列的措施项目清单，可根据企业自身的特点作适当的变更。投标人要对拟建工程可能发生的措施项目和措施费用作通盘考虑，清单计价一经报出，即被认为是包含了所有应该发生的措施项目的全部费用。如果投标人报出的清单中没有列项，而施工中又必须发生的措施项目，招标人有权认为该费用已经综合在分部分项工程量清单的综合单价中。将来在施工过程中该措施项目发生时，投标人不得以任何借口提出索赔或调整。

其他项目清单由招标人部分、投标人部分组成。招标人填写的内容随招标文件发给投标人，投标人不得对招标人部分所列项目、数量、金额等内容进行改动。由投标人填写的零星工作项目表中,招标人填写的项目与数量,投标人也不得随意更改,而且必须进行报价。如果不报价,招标人有权认为投标人就未报价内容已经包含在其他已报价内容中,要无偿为自已服务。当投标人认为招标人所列项目不全时,可自行增加列项并确定其工程数量及报价。

1. 分部分项工程量清单的编制

编制分部分项工程量清单时,要依据《建设工程工程量清单计价规范》、工程设计文件、招标文件、有关的工程施工规范与工程验收规范、拟采用的施工组织设计和施工技术方案等资料进行。

分部分项工程量清单的具体编制步骤如下:

(1) 参阅招标文件和设计文件,按一定顺序读取设计图纸中所包含的工程项目名称,对照计价规范所规定的清单项目名称,以及用于描述项目名称的项目特征,确定具体的分部分项工程名称。项目名称以工程实体而命名,项目特征是对项目的准确描述,按不同的工程部位、施工工艺、材料的型号、规格等分别列项。

(2) 对照清单项目设置规则设置项目编码。项目编码的前9位取自计价规范中同项目名称所对应的编码,后3位自001起按顺序设置。

(3) 按照计价规范中所规定的计量单位确定分部分项工程的计量单位。

(4) 按照计价规范中所规定的工程量计算规则,读取设计图纸中的相关数据,计算出工程数量。

(5) 参考计价规范中列出的工程内容,组合该分部分项工程量清单的综合工程内容。

【例 9-1】 某拟建工程有油浸式电力变压器 4 台,设备型号为 SL_1-1000kV·A/10kV。根据工程设计图纸计算得知需过滤绝缘油共 0.71t,制作基础槽钢共 80kg。

在工程量清单项目设置及工程量计算规则中查得:

项目名称:油浸电力变压器

项目特征:SL_1-1000kV·A/10kV

项目编码:030201001001

计量单位:台

工程数量:4

工作内容:变压器本体安装;变压器干燥处理;绝缘油过滤 0.71t;基础槽钢制作安装 80kg。

依据上述分析,可列出工程量清单如表 9-5 所示。

分部分项工程量清单　　　　　　　　　　　　　　　　　表 9-5

工程名称:　　　　　　　　　　　　　　　　　　　　　　　　　　　第　页　共　页

序　号	项目编码	项　目　名　称	计量单位	工程数量
1	030201001001	油浸式电力变压器 SL_1-1000/10 变压器本体安装 变压器干燥处理 绝缘油过滤 0.71t 基础槽钢制作安装 80kg	台	4

【例 9-2】 某建筑防雷及接地装置如图 9-4 所示。根据设计图纸,列出工程量清单。

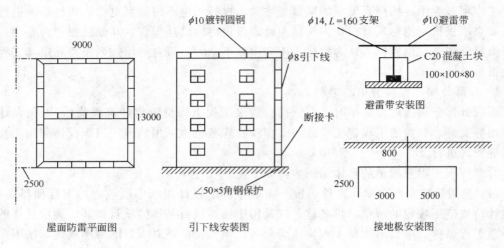

图 9-4　防雷及接地装置

说明：①接地电阻＜20Ω。②金属件必须镀锌处理。③接地极与接地母线电焊连接，焊接处刷红丹漆一遍，沥青漆两遍。④断接卡距地 1.5m，自断接卡起，用－25×4 扁钢作接地母线，接至接地极。⑤接地极用∠50×5 角钢，距墙边 2.5m，埋深 0.8m。

通过阅读设计图纸及设计说明可知，该防雷与接地装置工程包含接地极（∠50×5，$L=2.5m$ 角钢共 6 根）、接地母线（－25×4 镀锌扁钢 30.6m）、引下线（ϕ8 镀锌圆钢 24.6m）、混凝土块避雷带（ϕ10 镀锌圆钢 53m）、混凝土块制作（C20 100mm×100mm×80mm，含 ϕ14 镀锌圆钢支撑架，$L=160mm$，共 60 块）、断接卡制作安装 2 处、保护角钢（∠50×5）4m、接地电阻测试等工程内容。

在工程量清单项目设置及工程量计算规则中查得，

项目名称：避雷装置

项目特征：混凝土块 ϕ10 镀锌圆钢避雷网装置 53m；ϕ8 镀锌圆钢引下线沿建筑物引下 24.6m；－25×4 镀锌扁钢接地母线 30.6m；∠50×5，$L=2.5m$ 镀锌角钢接地极 6 根；断接卡子制作安装 2 处；∠50×5 镀锌保护角钢 4m；C20 100mm×100mm×80mm 混凝土块制作 60 块（含 ϕ14 镀锌圆钢支撑架，$L=160mm$）；焊接处刷红丹漆一遍，沥青漆两遍。

项目编码：030209002001

计量单位：项

工程数量：1

该项目名称综合了避雷网制作安装、引下线敷设、断接卡子制作安装、接地母线敷设、接地极制作安装、镀锌保护角钢制作安装、混凝土支墩制作安装、焊接处刷红丹漆一遍，沥青漆两遍等工作内容。

根据上述分析可列出该分部分项工程量清单如表 9-6 所示。

2. 措施项目清单的编制

措施项目清单的编制，主要依据拟建工程的施工组织设计、施工技术方案、相关的工程施工与验收规范、招标文件、设计文件等资料。

工程名称：

序 号	项目编码	项 目 名 称	计量单位	工程数量
1	030209002001	避雷装置 混凝土块 ϕ10 镀锌圆钢避雷网装置 53m ϕ8 镀锌圆钢沿建筑物引下 24.6m —25×4 镀锌扁钢接地母线 30.6m ∠50×5，L=2.5m 镀锌角钢接地极 6 根 断接卡子制作安装 2 处 ∠50×5 镀锌保护角钢 4m C20 100mm×100mm×80mm 混凝土块 制作 (含 ϕ14 镀锌圆钢支撑架，L=160mm) 60 块 焊接处刷红丹漆一遍，沥青漆两遍	项	1
2	030211008001	接地装置调试 接地电阻测试	系统	2

编制措施项目清单时，可按如下步骤进行：

(1) 参考拟建工程的施工组织设计，确定环境保护、文明施工、材料二次搬运等项目。

(2) 参阅施工技术方案，以确定夜间施工、脚手架、垂直运输机械、大型吊装机械的进出以及安装、拆卸等项目。

(3) 参阅电气装置安装工程施工与验收规范，确定施工技术方案中没有表述，但在施工过程中必须发生的技术措施。

(4) 考虑招标文件中提出的某些在施工过程中需通过一定的技术措施才能实现的要求，以及设计文件中一些不足以写进技术方案的但是要通过一定的技术措施才能实现的内容等等。

编制措施项目清单时，可参考表 9-7 所列的常见措施项目及列项条件，根据工程实际情况进行编制。

常见措施项目及列项条件 表 9-7

序 号	措施项目名称	措施项目发生的条件
1	环境保护	正常情况下都要发生
2	文明施工	
3	安全施工	
4	临时设施	
5	材料二次搬运	
6	脚手架	
7	已完工程及设备保护	
8	夜间施工	有夜间连续施工的要求或夜间需赶工
9	垂直运输机械	施工方案中有垂直运输机械的内容，施工高度超过 5 米的工程
10	现场施工围栏	按照招标文件及施工组织设计的要求，有需要隔离施工的内容

3. 其他项目清单的编制

其他项目清单的编制，分为招标人部分和投标人部分，可按表 9-8 所列内容进行。

其他项目清单　　　　　　　　　　　　　表 9-8

工程名称：　　　　　　　　　　　　　　　　　　　　　　　　　　第 页 共 页

序　　号	项　目　名　称	金　额　（元）
1	招标人部分	
1.1	预留金	
1.2	材料购置费	
1.3	其他	
	小　计	
2	投标人部分	
2.1	总包服务费	
2.2	零星工作费	
2.3	其他	
	小　计	
	合　计	

（1）招标人部分

1）预留金。预留金是考虑到可能发生的工程量变更而预留的金额。工程量变更主要指工程量清单的漏项，或因计算错误而引起的工程量的增加；以及施工过程中由于设计变更而引起的工程量的增加；在施工过程中，应业主的要求，并由设计或监理工程师出具的工程变更增加的工程量。

预留金的计算，应根据设计文件的深度、设计质量的高低、拟建工程的成熟程度来确定其额度。对于设计深度深、设计质量高、已经成熟的工程设计，一般预留工程总造价的 3％～5％。而在初步设计阶段，工程设计不成熟的，至少应预留工程总造价的 10％～15％。

预留金作为工程造价的组成部分计入工程总价中，但预留金是否支付以及支付的额度，都必须经过监理工程师的批准。

2）材料购置费，是指在招标文件中规定的，由招标人采购的拟建工程材料费。材料购置费可按下式计算：

$$材料购置费 = \Sigma(招标人所供材料量 \times 到场价) + 采购保管费 \qquad (9-1)$$

预留金和材料购置费由清单编制人根据招标人的要求以及工程的实际情况计算出金额并填写在表格中。

招标人部分还可根据实际情况增加其他列项。比如，指定分包工程费，由于某分项工程的专业性较强，需要由专业队伍施工，即可增加指定分包工程费这项费用。具体金额可向专业施工队伍询价取得。

（2）投标人部分

投标人部分的清单内容设置，除总包服务费只需简单列项外，零星工作费必须量化，并在零星工作项目表中详细列出，其格式参见表 9-4 所示。

零星工作项目表中的工、料、机计量，要根据工程的复杂程度、工程设计质量的高低、工程项目设计的成熟程度来确定其数量。一般工程中，零星人工按工程人工消耗总量的1‰取值。零星材料主要是辅材的消耗，按不同材料类别列项。零星机械可参考各施工单位工程机械消耗的种类，按机械消耗总量的1‰取值。

第三节　工程量清单计价

在工程招投标中，采用工程量清单计价方式，是国际通行的做法。所谓工程量清单计价，是指根据招标文件以及招标文件所提供的工程量清单，按照市场价格以及施工企业自身的特点，计算出完成招标文件所规定的所有工程项目所需要的费用。

采用工程量清单计价具有深远的意义，有利于降低工程造价、促进施工企业提高竞争能力、保证工程质量，同时还增加了工程招标、投标的透明度。

一、工程量清单计价的特点

1. 统一计价规则

采用工程量清单计价，必须遵守《建设工程工程量清单计价规范》的规定，按照统一的工程量计算规则，统一的工程量清单设置规则，统一的计价办法进行，使工程计价规范化。这些计价规则是强制性的，建设各方都应遵守。

2. 有效控制消耗量

通过由政府发布统一的社会平均消耗量作为指导性的标准，为施工企业提供一个社会平均尺度，避免随意扩大或减少工程消耗量，从而达到控制工程质量及工程造价的目的。

3. 彻底放开价格

工程消耗量中的人工、材料、机械的价格以及利润、管理费等全面放开，由市场的供求关系自行确定其价格，实行量价分离。

4. 企业自主报价

投标企业根据自身的技术特长、材料采购渠道和管理水平等，制定企业自身的定额，或者参考造价管理部门颁发的建设工程消耗量定额，按照招标人提供的工程量清单自主报价。

5. 市场有序竞争形成价格

工程的承包价格，在投标企业自主报价的基础上，引入竞争机制，对投标企业的报价进行合理评定，在保证工程质量与工期的前提下，以合理低价者中标。这里所指的合理低价，应不低于工程成本价，以防止投标企业恶意竞标，施工时又偷工减料，使工程质量得不到保证。

二、工程量清单计价与定额计价的比较

1. 计价模式不同

定额计价是我国长期以来所用的计价模式，其基本特点是"价格＝定额＋费用＋文件规定"，并作为法定性的依据强制执行，不论是工程招标编制标底还是投标报价均以此为惟一的依据，承、发包双方共用一本定额和费用标准确定标底价和投标报价，一旦定额价与市场价脱节就影响到计价的准确性。定额计价是建立在以政府定价为主导的计划经济管理基础上的价格管理模式，它所体现的是政府对工程价格的直接管理和调控。随着市场经

济的发展，我们曾提出过"控制量、指导价，竞争费"、"量价分离"、"以市场竞争形成价格"等多种改革方案。但由于没有对定额管理方式及计价模式进行根本的改变，以至于未能真正体现量价分离，以市场竞争形成价格。

工程量清单计价属于全面成本管理的范畴，其基本特点是"统一计价规则，有效控制耗量，彻底放开价格，正确引导企业自主报价、市场有序竞争形成价格"。工程量清单计价跳出了传统的定额计价模式，建立一种全新的计价模式，依靠市场和企业的实力通过竞争形成价格，使业主通过企业报价可直观的了解工程项目的造价。

2. 计算方法不同

定额计价采用工、料、机单价法进行计算，当定额单价与市场价有差异时，需按工程承发包双方约定的价格与定额价对比，进行价差调整。

工程量清单计价采用综合单价法进行计算，不存在价差调整。工、料、机价格由施工企业根据市场价格及自身实力自行确定。

3. 项目设置不同

定额计价时，工程项目按综合定额中的子目来设置，其工程量按相应的工程量计算规则计算并独立计价。

工程量清单计价时，工程项目设置综合了各子项目工作的内容及施工程序，清单项目工程量按主项工程量计算规则计算，并综合了各子项工作内容的工程量。各子项目工作内容的费用，按相应的计量方法折算成价格并入该清单项目的综合单价中。

4. 费用组成不同

定额计价时，工程费用由直接费、间接费、规费、利润、税金等组成。工程量清单计价时，工程费用由清单项目费、规费、税金等组成，定额计价中的直接费、间接费（包括管理费）、利润等以综合单价的形式包含在清单项目费中。

虽然工程量清单计价实行由市场竞争形成价格，但《全国统一安装工程预算定额》仍然有用，它向招投标双方提供了现阶段单位工程消耗量的社会平均尺度，作为控制工程耗量、编制标底及投标报价的参照标准。

三、工程量清单计价的编制方法

采用工程量清单计价时，工程造价由分部分项工程量清单费、措施项目费、其他项目费、规费（行政事业性收费）、税金等部分组成。

工程量清单计价，按其作用不同可分为标底和投标报价。标底是由招标人编制的，作为衡量工程建设成本，进行评标的参考依据。投标报价是由施工企业编制的，反映该企业承建工程所需的全部费用。无论是标底编制还是投标报价编制，都应按照相同的格式进行。

工程量清单计价格式应随招标文件发给投标人。电气安装工程工程量清单计价格式的内容包括：封面、投标总价、工程项目总价表、单位工程费汇总表、分部分项工程清单项目费汇总表、分部分项工程量清单计价表、措施项目清单计价表、其他项目清单计价表、零星工作项目计价表、安装工程设备价格明细表、主要材料价格明细表、分部分项工程量清单综合单价分析表、措施项目费分析表等部分。各部分的内容及格式如下：

1. 封面

封面格式如图 9-5 所示。

______________工程

工程量清单报价表

投　标　人：______________(单位签字盖章)

法定代表人：______________(签字盖章)

造价工程师

及注册证号：______________(签字盖执业专用章)

编 制 时 间：______________

图 9-5　工程量清单计价封面

2. 投标总价

投标总价的格式如图 9-6 所示。

投　标　总　价

建　设　单　位：______________

工　程　名　称：______________

投标总价(小写)：______________

　　　　(大写)：______________

投　　标　　人：______________(单位签字盖章)

法定　代表人：______________(签字盖章)

编　制　时　间：______________

图 9-6　工程量清单投标总价

3. 工程项目总价表

工程项目总价表汇总了大型工程中各单项工程的造价，如土建工程、安装工程、装饰工程等。

4. 单位工程费汇总表

单位工程费汇总表汇总了分部分项工程量清单项目费、措施项目费、其他项目费、行政事业性收费(又叫做规费)、税金等费用。该表反映了工程总造价及总造价中各组成部分的费用。工程量清单总价表的格式如表 9-9 所示。

5. 分部分项工程量清单项目费汇总表

该表汇总了各分部工程的清单项目费，如电气安装工程中的电缆敷设、配电箱、荧光灯具等。格式如表 9-10 所示。

6. 分部分项工程量清单计价表

分部分项工程量清单计价表由标底编制人或投标人按照招标文件提供的分部分项工程量清单，逐项进行计价。表中的序号、项目编码、项目名称、计量单位、工程数量必须按分部分项工程量清单中的相应内容填写。格式如表 9-11 所示。

表 9-9

单位工程费汇总表

工程名称 第 页 共 页

代 码	费 用 名 称	计 算 公 式	费 率（%）	金 额（元）
A	工程量清单项目费	QDF		
B	措施项目费			
C	其他项目费	DLF		
D	行政事业性收费			
	社会保险金	RGF	27.81	
	住房公积金	RGF	8.00	
	工程定额测定费	A＋B＋C	0.10	
	建筑企业管理费	A＋B＋C	0.20	
	工程排污费	A＋B＋C	0.40	
	施工噪声排污费	A＋B＋C		
	防洪工程维护费	A＋B＋C	0.18	
E	不含税工程造价	A＋B＋C＋D	100.00	
F	税金	E	3.41	
	含税工程造价	E＋F	100.00	

法定代表人： 编制单位： 编制日期： 年 月 日

分部分项工程清单项目费汇总表

表 9-10

工程名称 第 页 共 页

序 号	名 称 及 说 明	合 价（元）	备 注
1			
2			
3			
4			
5			
	合 计		

编制人： 编制证： 编制日期： 年 月 日

分部分项工程量清单计价表

表 9-11

工程名称 第 页 共 页

序 号	项目编码	项目名称	计量单位	工程数量	金 额（元）		备 注
					综合单价	合 价	
1							
2							
3							
4							
5							
	合 计						

编制人： 编制证： 编制日期： 年 月 日

表中费率按照广州地区一类工程计取，金额栏中的数据等于计算公式栏乘以费率栏中对应数据。需要注意的是，不同省市、地区的行政事业性收费（即规费）的费用项目及计算公式、对应的费率等都有所不同，实际使用时，应按照工程所在地的建委或建设工程造价管理机构的有关规定进行计算。

7. 措施项目清单计价表

措施项目清单计价表，是按照招标文件提供的措施项目清单及施工单位补充的措施项目，逐项进行计价的表格。表中的序号、项目名称必须按措施项目清单中的相应内容填写。如表9-12所示。

措施项目清单计价表   表 9-12

工程名称   第 页 共 页

序 号	项 目 名 称	单 位	合 价（元）	备 注
1	脚手架费	宗		
2	临时设施费	宗		
3	文明施工费	宗		
4	工程保险费	宗		
5	工程保修费	宗		
6	预算包干费	宗		
	合 计			

编制人：   编制证：   编制日期： 年 月 日

8. 其他项目清单计价表

其他项目清单计价表，是按照招标文件提供的其他项目清单及施工单位补充的项目，逐项进行计价的表格。表中的序号、项目名称必须按其他项目清单中的相应内容填写。如表9-8所示。

9. 零星工作项目计价表

零星工作项目计价表是按照招标文件提供的零星工作项目及施工单位补充的项目，逐项进行计价的表格。表中的人工、材料、机械名称、计量单位和相应数量应按零星工作项目表中相应的内容填写，工程竣工后零星工作费应按实际完成的工程量所需费用结算。如表9-13所示。

零星工作项目计价表   表 9-13

工程名称   第 页 共 页

序 号	名 称	计 量 单 位	数 量	金 额（元）	
				综合单价	合 价
1	人工				
1.1	高级技术工人	工 日			
1.2	技术工人	工 日			
1.3	普工	工 日			

序 号	名 称	计量单位	数 量	金 额 （元）	
				综合单价	合 价
2	材料				
2.1	管材	kg			
2.2	型材	kg			
2.3	其他	kg			
3	机械				
3.1					
	合 计				

编制人：　　　　　　　　编制证：　　　　　　　　编制日期：　　年 月 日

10. 安装工程设备价格明细表

格式见表9-14所示。

安装工程设备价格明细表　　　　　　　　　　表 9-14

工程名称　　　　　　　　　　　　　　　　　　　　　　第 页 共 页

序 号	设备编码	名称、规格、型号	单 位	编制价（元）	产 地	厂 家	备 注

编制人：　　　　　　　　编制证：　　　　　　　　编制日期：　　年 月 日

11. 主要材料价格明细表

表格格式与表9-14相同。

12. 综合单价分析表

综合单价分析表反映了工程量清单计价时综合单价的计算依据。格式见表9-15所示。

综合单价分析表　　　　　　　　　　表 9-15

工程名称　　　　　　　　　　　　　　　　　　　　　　第 页 共 页

清单编码	项 目 名 称	计量单位	工程数量	综合单价（元）					
				人工费	材料费	机械费	管理费	利 润	合 价
定额编号	合 计								

编制人：　　　　　　　　编制证：　　　　　　　　编制日期：　　年 月 日

176

13. 措施项目费分析表

措施项目费分析表的格式见表 9-16 所示。

措施项目费分析表 表 9-16

工程名称 第 页 共 页

序 号	措施项目名称	单位	数量	金 额 （元）					
				人工费	材料费	机械费	管理费	利 润	小 计
	合 计								

编制人： 编制证： 编制日期： 年 月 日

四、综合单价的确定

综合单价是指完成工程量清单中一个计量单位的工程项目所需的人工费、材料费、机械使用费、管理费、利润的总和及一定的风险费用。在工程量清单计价中，综合单价的准确程度，直接影响到工程计价的准确性，对于投标企业，合理计算综合单价，可以降低投标报价的风险。

综合单价应根据招标文件、施工图纸、图纸会审纪要、工程技术规范、质量标准、工程量清单等，按照施工企业内部定额或参照国家及省市有关工程消耗量定额、材料指导价格等计算得出。

具体计算综合单价时，可按如下步骤进行：

(1) 根据工程量清单项目所对应的项目特征及工作内容，分别套取对应的预算定额子目得到工、料、机的消耗量指标，或者套用企业内部定额得到相应消耗量。

(2) 按照市场价格计算出完成相应工作内容所需的工、料、机费用以及管理费、利润。其中管理费和利润依据施工企业的实际情况按系数计算，一般情况下当不考虑风险时，电气安装工程的管理费包括现场管理费和企业管理费，可按人工费的 50% 计取，利润可按人工费的 35% 计取。

(3) 合计得到完成该清单项目所规定的所有工作内容的总费用，用总费用除以该清单项目的工程数量，即得该清单项目的综合单价。

【例 9-3】 根据本章第二节例 9-1 所列的工程量清单，分析计算该清单项目的综合单价。

该清单项目包括 4 台油浸式变压器的本体安装、干燥、绝缘油过滤共 0.71t、基础槽钢制作安装共 80kg，计算综合单价时，应首先计算出完成所有工作内容的总费用，再除以 4 即得到安装 1 台油浸式变压器的综合单价。

假设清单所列变压器的市场价为 150000.00 元/台，槽钢的市场价为 3500.00 元/吨，经计算得槽钢的单位长度重量为 15kg/m。

该例管理费，按人工费的 50% 计取，利润按人工费的 35% 计取。计算管理费和利润时，可对各子目按系数分别计算，合计后除以清单工程数量。也可以在计算出综合工、料、机费后，再按系数计算管理费和利润。

分析计算得该清单项目的综合单价如表 9-17 所示。

分部分项工程量清单综合单价分析表　　　　　　表 9-17

工程名称　　　　　　　　　　　　　　　　　　　　　　　　　　第　页　共　页

序号	清单编码	项目名称	计量单位	工程数量	综合单价（元）					
					人工费	材料费	机械使用费	管理费	利润	合计
1	030201001001	油浸电力变压器 SL₁-1000kV·A/10kV	台	1	721.07	150948.48	477.80	360.54	252.37	152760.26
	定额编号	合计	台	4	2884.29	603793.92	1911.21			
	2-1-3	油浸电力变压器安装 10kV/容量 1000kVA 以下	台	4	356.75	185.19	380.32			
		油浸电力变压器 SL₁-1000kV·A/10kV	台	4		150000.00				
	2-1-25	电力变压器干燥 10kV/容量 1000kVA 以下	台	4	345.66	654.49	42.87			
	2-1-30	变压器油过滤	t	0.71	58.26	181.67	277.12			
	2-4-121	基础槽钢制作安装	10m	0.533	62.44	49.19	40.71			
	010099	槽钢	t	0.08		3500.00				

编制人：　　　　　　　编制证：　　　　　　　编制日期：　　　年 月 日

【例 9-4】 根据本章第二节中的例 9-2 所列的工程量清单，分析计算该清单项目的综合单价。

根据计算出的工程量清单，按照广州地区的消耗量标准及市场价格，计算该防雷与接地装置工程中避雷装置项目的综合单价如表 9-18 所示。其中管理费按人工费的 36.345% 计算，利润按人工费的 30% 计算。

分部分项工程量清单综合单价分析表　　　　　　表 9-18

工程名称　　　　　　　　　　　　　　　　　　　　　　　　　　第　页　共　页

序号	清单编码	项目名称	计量单位	工程数量	综合单价（元）					
					人工费	材料费	机械使用费	管理费	利润	合计
1	030209002001	避雷装置	项	1	392.35	266.82	189.13	143.38	117.70	1109.38
	定额编号	合计	项	1	392.35	266.82	189.13	143.38	117.70	
	2-9-61	避雷网沿混凝土块敷设	10m	5.30	85.81	49.87	56.07	31.16	25.74	
	2-9-63	避雷网混凝土块制作	10块	6.00	48.60	57.54		17.64	14.58	

178

序号	清单编码	项目名称	计量单位	工程数量	综合单价(元)					
					人工费	材料费	机械使用费	管理费	利润	合计
	2-9-58	避雷引下线沿建筑、构筑物引下	10m	2.46	39.83	24.30	50.06	14.46	11.95	
	B000042	引下线 φ8 镀锌圆钢	m	24.60		29.52				
	2-9-60	避雷引下线断接卡子	10套	0.20	12.67	5.14	0.12	4.61	3.80	
	7-6-3	接地极(板)制作安装∠50×5 镀锌角钢	根	6.00	34.32	10.92	72.90	13.86	10.30	
	2-9-10	户外接地母线敷设截面 200mm² 内	10m	3.06	164.26	4.22	9.98	59.70	49.28	
	B000040	接地母线 —25×4 镀锌扁钢	m	30.60		45.90				
	11-2-1	管道刷油红丹防锈漆第一遍	10m²	0.58	2.26	0.59		0.64	0.68	
	11-2-16	管道刷油沥青漆第一遍	10m²	0.58	2.34	0.73		0.67	0.70	
	11-2-17	管道刷油沥青漆第二遍	10m²	0.58	2.26	0.65		0.64	0.68	
	Z100147	煤焦油沥清漆 L01-17	kg	1.43		8.60				
	Z100147	煤焦油沥清漆 L01-17	kg	1.67		10.02				
	Z100013	醇酸防锈漆 G53-1	kg	0.85		6.82				
		∠50×5 镀锌保护角钢	m	4.00		12.00				
2	030211008001	接地装置调试	系统	1	68.99	1.86	110.88	25.07	20.70	227.50
	定额编号	合计	系统	2	137.98	3.72	221.76	50.14	41.4	
	2-14-48	接地电阻测试	系统	2	68.99	1.86	110.88	25.07	20.70	

编制人：　　　　　　编制证：　　　　　　编制日期：　　　年　月　日

计算出综合单价后，即可按照表 9-11 的格式，顺序填写分部分项工程量清单计价表，合计得出分部分项工程量清单项目费。

分部分项工程量清单综合单价分析表，是按照招标文件的要求报备的，必须按照计价规范中规定的格式填写，项目名称及工作内容必须与工程量清单一致。

第四节　标底的编制

标底是工程招标标底价格的简称。标底是招标人为了掌握工程造价，控制工程投资的主要依据，也作为评价投标单位的投标报价是否准确的依据。在以往的招投标工作中，标底价格起到了决定性的作用，但在实施工程量清单报价的情况下，标底价格的作用逐渐淡化，工程招投标转向由招标人按照国家统一的工程量计算规则计算出工程数量，由投标人自主报价，经评审以低价中标的工程造价管理模式。工程招投标可以无标底进行。

一、标底编制的原则

（1）遵循"项目编码统一、项目名称统一、计量单位统一、工程量计算规则统一"的四统一原则。

四统一原则是指在同一工程项目内对内容相同的分部分项工程只能有一组项目编码与其对应，统一编码下分部分项工程的项目名称、计量单位、工程量计算规则必须一致。

（2）遵循市场形成价格的原则。

市场形成价格是市场经济条件下的必然产物，工程量清单下的标底价格反映的是由市场形成的具有社会先进水平的生产要素的市场价格。

（3）体现公开、公平、公正的原则。

工程量清单下的标底价格应充分体现公开、公平、公正的原则，标底价格的确定，应由市场价值规律来确定，不能人为地盲目压低或抬高。

（4）遵循风险合理分担的原则。

工程量清单下的招投标工作，招投标双方都存在风险，招标人承担工程量计算准确与否的风险，投标人承担工程报价是否合理的风险。因此在标底价格的编制过程中，编制人应充分考虑招投标双方风险可能发生的几率，在标底价格中予以体现。

二、标底的编制依据

编制标底时，应依据下列资料进行：

1. 《建设工程工程量清单计价规范》
2. 招标文件的商务条款
3. 工程设计文件
4. 相关的工程施工规范和工程验收规范
5. 施工组织设计及施工技术方案
6. 施工现场地质、水文、气象以及地面情况的资料
7. 招标期间建筑安装材料及设备的市场价格
8. 工程项目所在地的劳动力市场价格
9. 由招标方采购的材料、设备的到货计划
10. 招标人制定的工期计划

三、标底编制的方法

标底价格由分部分项工程量清单费、措施项目清单费、其他项目清单费、规费（行政事业性收费）、税金等部分组成。

1. 分部分项工程量清单费

分部分项工程量清单费的计价有两种方法：预算定额调整法、工程成本测算法。

（1）预算定额调整法

对照清单项目所描述的项目特征及工作内容，套用相应的预算定额。对定额中的人工、材料、机械的消耗量指标按社会先进水平进行调整；对定额中的人工、材料、机械的单价按工程所在地的市场价格进行调整；对管理费和利润，可按当地的费用定额系数，并考虑投标的竞争程度计算并调整。由此计算得出清单项目的综合单价，按规定的格式计算分部分项工程量清单费。

（2）工程成本测算法

根据施工经验和历史资料预测分部分项工程实际可能发生的人工、材料、机械的消耗量，按照市场价格计算相应的费用。

2. 措施项目清单费

措施项目清单标底价格主要依据施工组织设计和施工技术方案，采用成本预测法进行估算。

3. 对其他项目清单逐项进行计价，并按规定的方法计算规费和税金，汇总得到工程标底价格。

第五节　投标报价的编制

投标报价是施工企业根据招标文件及工程量清单，按照本企业的现场施工技术力量、管理水平等编制出的工程造价。投标报价反映出施工企业承包该工程所需的全部费用，招标单位对各投标单位的报价进行评议，以合理低价者中标。

一、投标报价的程序

工程量清单下投标报价的程序为：

1. 获取招标信息
2. 准备资料，报名参加投标
3. 提交资格预审资料
4. 通过资格预审后得到招标文件
5. 研究招标文件
6. 准备与投标有关的所有资料
7. 对招标人及工程场地进行实地考查
8. 确定投标策略
9. 核算工程量清单
10. 编制施工组织设计及施工方案
11. 计算施工方案工程量
12. 采用多种方式进行询价
13. 计算工程综合单价
14. 按工程量清单计算工程成本价
15. 分析报价决策，确定最终报价
16. 编制投标文件
17. 投送投标文件
18. 参加开标会议

二、投标报价的编制

投标报价的编制工作，是投标人进行投标的实质性工作。编制投标报价时，必须按照工程量清单计价的格式及要求进行。编制的要点如下：

1. 审核工程量清单并计算施工工程量

投标人在按照招标人提供的工程量清单报价时，应结合本企业的实情，把施工方案及施工工艺造成的工程增量以价格的形式包括在综合单价内。另外，投标人还应对措施项目中的工程量及施工方案工程量进行全面考虑，认真计算，避免因考虑不全而漏算，造成低价中标亏损。

2. 编制施工组织设计及施工方案

施工组织设计及施工方案是招标人评标时考虑的主要因素之一，也是投标人计算施工工程量的依据，其内容主要有：项目概况、项目组织机构、项目保证措施、前期准备方案、施工现场平面布置、总进度计划和分部分项工程进度计划、分部分项的施工工艺及施工技术组织措施、主要施工机械配置、劳动力配置、主要材料保证措施、施工质量保证措施、安全文明施工措施、保证工期措施。

3. 多方面询价

工程量清单下的价格是由投标人自主计算的，投标人在编制投标报价时，除了参考在日常工作中积累起来的人工、材料、机械台班的价格外，还应充分了解当地的材料市场价、当地的人工综合价、机械设备的租赁价、分部分项工程的分包价等。

4. 计算投标报价，填写标书

按照工程量清单计价的方法计算各项清单费用，并按规定的格式填写表格。计算步骤如下：

(1) 按照企业定额或《全国统一安装工程预算定额》的消耗量，以及人工、材料、机械的市场价格计算各清单项目的人工费、材料费、机械费，并以此为基础计算管理费、利润，进而计算出各分部分项工程清单项目的综合单价。

(2) 根据工程量清单及现场因素计算各清单费用、规费、税金等，并合计汇总得到初步的投标报价。

(3) 根据投标单位的投标策略进行全面分析、调整，得到最终的投标报价。

(4) 按规定格式填写各项计价表格，装订形成投标标书。

三、工程投标策略简介

投标的目的是争取中标，通过承包工程建设而盈利，因此，投标时除了应熟练掌握工程量清单计价方法外，还应掌握一定的投标报价策略及投标报价技巧，提高投标的中标率。

1. 投标报价策略

投标时，根据投标人的经营状况和经营目标，既要考虑自身的优势和劣势，也要考虑竞争的激烈程度，还要分析投标项目的整体特点，按照工程类别、施工条件等确定投标策略。采用的投标策略主要有：

(1) 生存型报价策略。

如投标报价以克服生存危机为目标而争取中标时，可以不考虑其他因素，采取不盈利甚至赔本的报价策略，力争夺标。

(2) 竞争型报价策略。

投标报价以开拓市场、打开局面为目标，可以采用低盈利的竞争手段，在精确计算工程成本的基础上，充分估计各竞争对手的报价目标，用有竞争力的报价达到中标的目的。

(3) 盈利型报价策略。

施工企业充分发挥自身的优势，以实现最佳盈利为目标，对效益小的项目热情不高，对盈利大的项目充分投入，争取夺标。

2. 投标报价技巧

投标报价时常用的技巧有：

（1）不平衡报价法。

不平衡报价法是指在工程总价基本确定后，调整内部各工程项目的报价，既不提高总价、影响中标，又能在结算时得到更好的经济效益。具体操作时可采取如下方法：

1）能够早日结算的项目如前期措施费可报的较高，以利于资金周转，后期工程项目可适当报低。

2）经过工程量核算，预计今后工程量会增加的项目，适当提高单价，而工程量可能减少的项目，适当降低单价。

3）对招标人要求采用包干报价的项目可高报，其余项目可适当降低。

4）在议标时，投标人要求压低标价时应首先压低工程量少的项目单价，以表现有让利的诚意。

5）其他项目清单中的工日单价和机械台班单价可报高些。

采用不平衡报价法对投标人可降低一定的风险，但报价必须建立在对工程量清单进行仔细核对和分析的基础上，并把单价的增减控制在合理的范围内，以免引起招标人的反对而废标。

（2）多方案报价法。当招标文件允许投标人提建议方案，或者招标文件对工程范围不明确、条款不清楚、技术要求过于苛刻时，可在充分估计风险的基础上，进行多种方案报价。

（3）突然降价法。先按一般情况报价，到快要投标截止时，按已经计划好的方案，突然降价，以击败竞争对手。

（4）先亏后赢法。对大型分期建设的工程，第一期工程以成本价甚至亏本夺标，以获得招标人的信赖，在后期工程中赢回。

第六节 工程量清单计价实例

本节根据某商贸中心的电气施工图纸，按施工企业的实际情况编制投标报价标书。工程量清单由甲方随招标文件提供，工程图纸略。投标单位具有一级施工资质，施工经验较丰富，施工管理水平较高，拥有先进的施工机具。投标报价时管理费按人工费的45%计算，利润按人工费的25%计算。工程量清单及投标报价标书见附录。

本 章 小 结

（1）工程量清单，是用来表现拟建工程的分部分项工程项目、措施项目、其他项目的名称和相应数量的明细清单，它包括分部分项工程量清单、措施项目清单、其他项目清单三部分。工程量清单具有统一项目编码、统一项目名称、统一计量单位、统一工程量计算规则的特点。工程量清单是招标文件的一部分，由招标人或招标人委托具有相应资质的中介机构编制。工程量清单必须按照规定的格式进行编写。

（2）工程量清单计价是工程招投标工作中常用的计价模式，也是国际通行的做法。工程量清单计价，是指根据招标文件以及招标文件所提供的工程量清单，按照市场价格以及施工企业自身的特点，计算出完成招标文件所规定的所有工程项目所需要的费用。工程量清单计价分为标底和投标报价两种形式，无论何种形式都必须按照工程量清单计价的规定格式进行填写。工程量清单计价费用包括分部分项工程费、措施项目费、其他项目费、规费、税金等部分。

（3）综合单价是指完成工程量清单中一个计量单位的工程项目所需的人工费、材料费、机械使用费、管理费、利润的总和及一定的风险费用。在工程量清单计价中，综合单价的准确程度，直接影响到工程计价的准确性，对于投标企业，合理计算综合单价，可以降低投标报价的风险。综合单价应根据招标文件、施工图纸、图纸会审纪要、工程技术规范、质量标准、工程量清单等，按照施工企业内部定额或参照国家及省市有关工程消耗量定额、材料指导价格等计算得出。

（4）标底是招标人为了掌握工程造价，控制工程投资，对投标单位的投标报价进行评价的依据。标底由招标人或招标人委托具有相应资质的中介机构编制。标底必须按照工程量清单计价的方法及格式进行编制。

（5）投标报价是施工企业根据招标文件及工程量清单，按照本企业的现场施工技术力量、管理水平等编制出的工程造价。投标报价反映出施工企业承包该工程所需的全部费用，招标单位对各投标单位的报价进行评议，以合理低价者中标。编制投标报价时，既要考虑提高中标的几率，还要考虑中标后承包工程的风险。编制投标报价时，必须按照工程量清单计价的方法及格式进行。

思 考 题 与 习 题

1. 什么叫工程量清单？工程量清单有何特点？
2. 举例说明工程量清单项目编码的设置方法及其意义。
3. 什么叫工程量清单计价？采用工程量清单计价有何意义？
4. 工程量清单计价应包含哪些内容？
5. 什么叫综合单价？如何计算各清单项目的综合单价？
6. 什么叫标底？编制标底时应遵循什么原则？
7. 什么叫投标报价？如何编制投标报价？
8. 试根据你所在地的设备、材料市场价格，以及管理费和利润的一般计算方法，分别计算例 9-3 和例 9-4 中的综合单价。
9. 根据第五章第三节的工程实例以及本章所学的知识，编制该工程的工程量清单。

第十章　电气安装工程计价软件

第一节　工程计价软件概述

无论是定额计价模式，还是工程量清单计价模式，在进行工程造价的计算和管理时，都要进行大量而繁杂的计算工作。手工计算的效率非常低，而且容易出错。为了提高工作效率、降低劳动强度、提高管理质量，工程计价的电算化、网络化是工程计价及工程造价管理的必然趋势。

近年来，随着我国计算机技术和网络信息技术的飞速发展，相继出现了一大批工程计价方面的软件。计价软件的功能逐渐由地区性、单一性发展为综合性、网络化，形成适用于不同地区、不同专业的建设工程计价系统。如表 10-1 所示为经过建设部标准定额研究所或省市工程造价管理部门审查并认证的工程计价软件。

常见的建设工程计价软件　　　　　　　　　　　　　　　　　表 10-1

序　号	软 件 名 称	软 件 开 发 单 位
1	北京市建设工程工程量清单计价管理软件	北京市建设工程造价管理处 成都鹏业软件有限责任公司
2	纵横 2003 建设工程计价暨工程量清单计价软件	保定市纵横软件开发有限公司 河北建业科技发展有限公司
3	PKPM 工程量清单计价软件	中国建筑科学研究院建筑工程软件研究所
4	《清单计价 2003》软件	深圳市清华斯维尔软件科技有限公司
5	《工程量清单报价管理软件》	成都鹏业软件有限责任公司
6	湖北中建神机工程量清单计价系列软件	北京中建神机信息技术有限公司
7	"清单大师"建设工程工程量清单计价软件	广州易达建信科技开发有限公司
8	广联达清单计价系统 GBQ	北京广联达慧中软件技术有限公司
9	《华微国标清单》	广州华微明天软件技术有限公司
10	广东省建设工程计价系统(工程预结算 2003、工程量清单 2003)	广州市殷雷软件有限公司

目前，工程计价软件基本上分为定额计价软件和工程量清单计价软件两大类。定额计价软件一般采用数据库管理技术，主要由数据库管理软件平台、定额数据库、材料价格数据库、费用计算数据库等部分组成。在软件平台上选择不同的定额数据和材价数据，即可完成相应专业的定额预算编制工作。

工程量清单计价软件在定额计价软件的基础上，整合了清单引用规则，即根据计价规范的规定，把某一清单项目所包含的所有工作内容及其对应的定额子目整合在一起，使用时根据工程实际发生的工作内容进行选择即可。工程量清单计价软件对所引用的定额子目数据能方便地进行修改，并能随时把修改后的定额子目补充到定额数据库，形成企业内部定额。

工程计价软件具有如下特点：

1. 适用范围广

工程计价软件采用数据库管理技术，可以使用各专业、各地区、各企业的定额数据库编制预算。在同一份预算文件中，可以调用不同定额数据库的数据，便于编制综合性的工程预算。

2. 操作方便，计算准确

使用工程计价软件编制预算时，只要输入定额号、工程数量、主材价格，并作一些简单的设置，把所需要的报表打印出来即可完成一份预算文件的编制工作。所有的数据计算处理，均由软件瞬间自动完成，省时高效，不必担心计算过程是否发生错误。随着计算机技术的发展，工程计价软件正朝着智能算量的方向发展，即根据工程设计图纸，自动计算统计工程数量，大大提高工程量计算的准确度，使工程预算更加精确快捷。

3. 网络化管理

使用工程计价软件可对大型工程项目进行异地综合管理，也可随时从相应网站下载最新的材价信息，更新工程预算造价。比如广联达的数字建筑网站（www.bitAEC.com），拥有丰富的人、材、机市场价格，为投标企业把握市场先机、提高竞争能力提供了方便。

随着工程计价及管理软件的不断完善，建筑市场的交易将朝着网络化电子商务的方向发展，建筑工程招投标将转移到网络平台上进行。软件系统会自动监测网上的招标信息及各供应商的供货信息，软件用户可根据这些网络商机进行决策。网络化的电子招投标环境将有助于工程造价行业形成公平的竞争舞台，使行业用户的交易成本大幅降低，建筑安装材料的采购交易也将在电子商务平台上进行。

各种工程计价软件都有其自身的特点，但软件的操作使用方法均大同小异。本书以广州市殷雷软件有限公司的"广东省建设工程计价系统（包括"工程预结算 2003"软件和"工程量清单 2003"软件等）为例，简要说明工程计价软件的操作使用方法，读者可从相应网站（www.engires.com.cn）下载试用版进行学习。

第二节　工程预结算 2003 软件

"工程预结算 2003"软件融合了所有专业定额的计算规则，深入体现出不同定额的应用规律，彻底消除专业界限，适用新旧定额，编制预算时可交叉调用不同专业的定额。该软件可用于编制建筑工程、安装工程、装饰工程、市政工程、园林工程、修缮工程等工程的预结算书，使用非常方便。

一、软件的安装

运行光盘或下载文件中的 SETUP.EXE，根据提示进行操作，即可完成软件的安装。软件自动安装在"C:\EngiRes"目录，用户可修改。安装时对机器有如下要求：

586 以上机型；

50～100M 硬盘空间（视安装的定额库个数而定）；

32M 以上内存；

Win95/98/2000/NT 操作系统。

二、软件的运行

双击软件图标，即可运行"工程预结算 2003"软件。运行后，首先出现文件向导窗口，如图 10-1 所示。在文件向导窗口的左侧点击预结算书，再点击创建预算，其右侧便出现了预结算书的初始设置内容。选择工程专业、地区类别、工程类别，输入工程编号、工程名称、单位、审核人、编制人等内容，再选择所用的定额库、费用表文件、主材库，点击"新建"，即可建立一份属于本工程项目的初始预算文件。

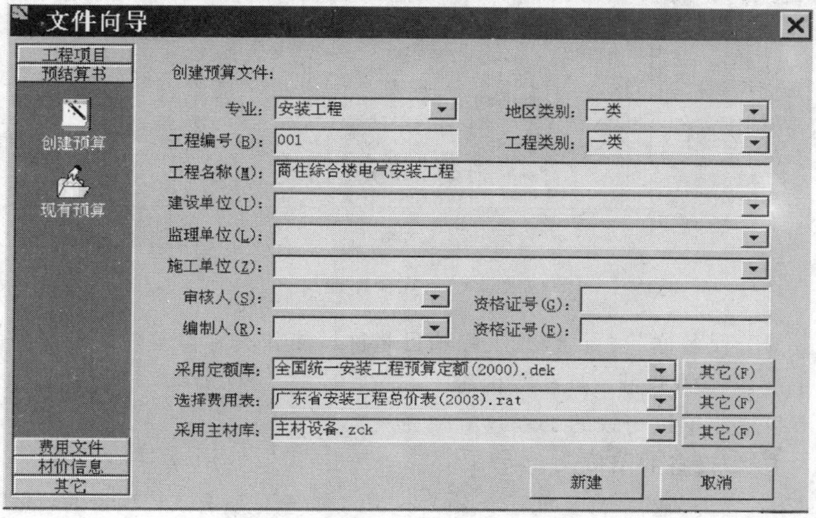

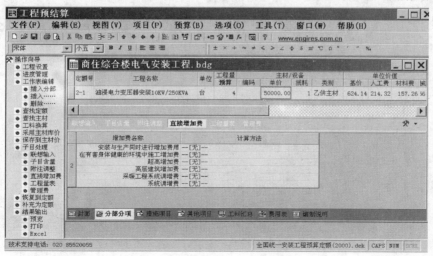

图 10-1 文件向导

其中地区类别决定管理费的默认费率，工程类别决定利润的默认费率，可在其后的编制过程中根据实际情况进行修改。

三、输入工程数据

软件的主界面如图 10-2 所示，其中包括封面、分部分项、技术措施、其他措施、工料汇总、费用表、编制说明等 7 个页面，用鼠标点击即可进入相应页面进行数据输入或查

图 10-2 工程数据输入界面

看。预算的绝大多数数据都在分部分项页面输入。

点击分部分项页面，按如下方法输入工程数据：

（1）在"定额号"栏键入定额编号，例如"2-1"，按回车后，自动调出该定额子目。也可用鼠标双击该位置，进入定额查找窗口，查到所需子目后，双击该子目或点击"插入"，即可调出该定额子目。如图10-3所示。

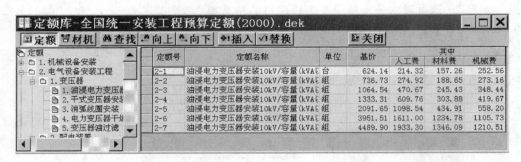

图10-3　定额库查找

（2）双击"工程名称"栏，修改工程项目名称，使其具有与实际工程相符合的项目特征。比如加上变压器的型号、规格等内容。

（3）输入与定额单位一致的工程数量。

（4）输入主材/设备的单价。

（5）按回车，增加新的一行。重复步骤（1）～（4），直至把所有工程项目的数据输入完毕。

四、设置按系数计取的技术措施费用

在"预算"菜单选择"直接增加费"，即出现增加费设置窗口。选中需要进行增加费计算的项目，比如需要计算超高作业增加费的灯具安装项目，然后点击超高增加费栏。如图10-4所示。

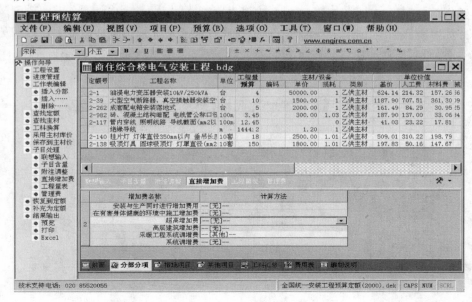

图10-4　直接增加费设置

在直接增加费窗口中，双击相应费用项目的计算方法，选择其他，在弹出的窗口中根据工程实际情况选择直接增加费的计算费率。如图 10-5 所示。

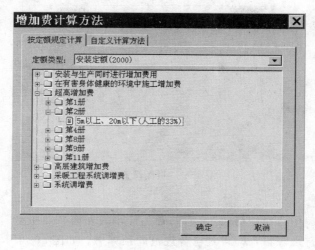

图 10-5　直接增加费计算方法

五、输入编制说明，完成预算文件的编制

点击编制说明页面，按预算编制说明的编写要求输入预算编制的文字说明。点击其他页面进行查看，保存文件。

至此，一份预算文件便编制好了。

六、打印预算书

预算书是预算编制的最终目的，打印预算书可按如下步骤进行：

1. 页面设置。

在"文件"菜单中选择"页面设置"，选中要进行格式设置的表，点击设置。如图 10-6 所示。

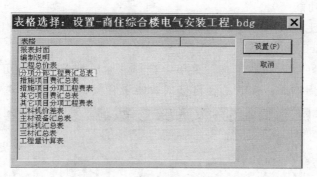

图 10-6　表格设置选择窗口

在弹出的页面设置窗口中，设置纸张大小、边距，表格标题及表头的字体、字号、对齐方式，表格线的粗细，要打印的表格栏目及栏目名称、列宽、对齐方式、各栏中的数据格式等等。如图 10-7 所示。一般在第一次使用时，把所有表格都设置为符合自己需要的报表格式，以后就无需再设置了。

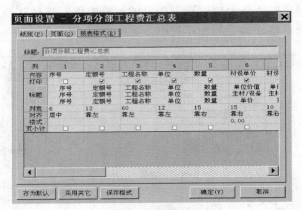

图 10-7 页面设置窗口

2. 打印预算书。

在"文件"菜单中选择"打印",选中需要打印的表格,点击"打印"。打印结束后,按照预算书的顺序整理装订,即得到符合规范的预算书。如图 10-8 所示。

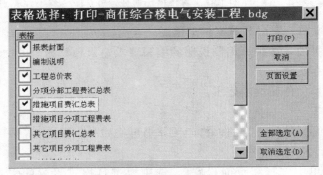

图 10-8 预算书打印窗口

七、软件其他功能

除了编制一般工程预算之外,该软件还有许多功能,其中比较常用的有以下几项:

1. 输出到 Excel

预算文件编制好后,在"工具"菜单中选择"输出到 Excel",可把所选中的预算书内容转换成普遍使用的 Excel 电子表格格式,便于和其他软件用户进行交流。如图 10-9

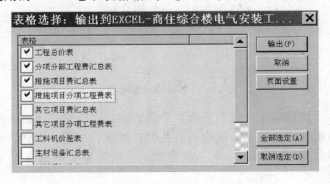

图 10-9 输出到 Excel

所示。

2. 编辑费用表文件

在"文件"菜单中，选择"打开"，选择"费用文件"，创建或打开已有的费用文件。根据当地的费用项目及计算方法进行编辑，保存后成为新的费用表文件。下次编制预算时直接调用即可。如图 10-10 所示。

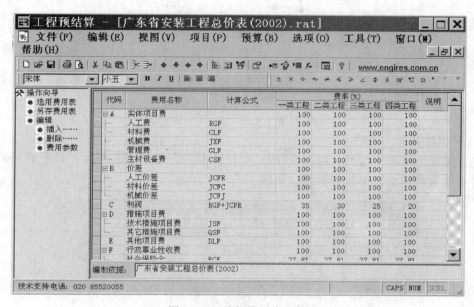

图 10-10　编辑费用表文件

3. 定额库管理

在"工具"菜单中选择"定额库管理"，打开需要编辑修改的定额库，对数据进行更新，形成补充定额。如图 10-11 所示。

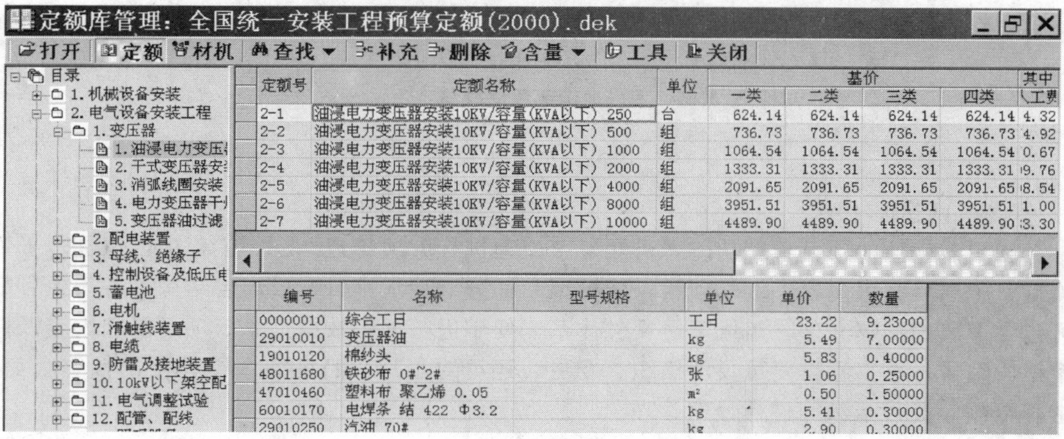

图 10-11　定额库管理

4. 主材库管理

在"工具"菜单中选择"主材库管理"，输入新的主材/设备价格，供预算编制时直接调用。如图 10-12 所示。

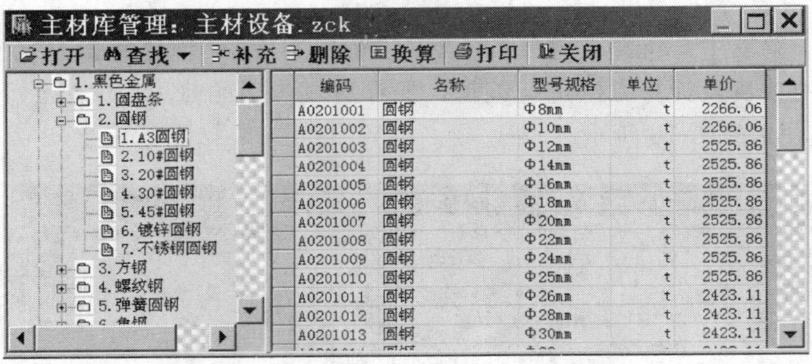

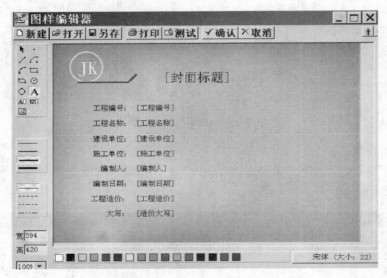

图 10-12　主材库管理

5. 封面设计器

在"工具"菜单中选择"封面设计器"，设计出符合规定的具有自己特色的预算书封面，对专业的预算编制单位很有用。如图 10-13 所示。

图 10-13　封面设计

6. 项目管理

利用该软件的项目管理功能，可对复杂工程进行分项管理。一个工程项目包含若干子项目，子项目又可包含下级子项目，像树型一样分级往下排，形成项目结构。各子项目都可包含下属的预算文件，组成项目文件体系，便于进行工程数据汇总。项目管理内容以树型结构编排，按工程需要可灵活组织、变更。还可对工程项目的每一个季度的预算金额、结算金额、拨付金额等进行分期管理。

第三节　工程量清单 2003 软件

"工程量清单 2003"软件以《建设工程工程量清单计价规范》（GB 50500—2003）为依

据，按照建筑工程、装饰工程、安装工程、市政工程、园林工程等不同专业工程量清单编制的要求，将各清单项目所对应的定额子目整合在一起，能快速编制施工工程项目的工程量清单。并根据各地区的定额、材料市场价格和取费标准的规定，根据一定的费用计算程序，计算出各清单项目的综合单价和合价，根据其他措施项目费用，汇总计算出工程总报价，自动生成招(投)标书，用于建设工程招投标业务。

工程量清单 2003 计价软件，不仅可在单机上工作，也可在网络环境下工作。在网络环境下工作时，所有原始数据保存在服务器端，用户的工程文件由工程文档管理系统集中保存，支持多人同时工作。另外，通过公司网站，软件和工程数据(清单库、定额库、材价库、取费表等)可随时联机更新。

一、安装与运行

运行光盘或下载文件中的"SETUP.EXE"，按照提示操作即可安装软件。如果计算机系统未安装过 MDAC2.7，则在软件安装时会自动弹出信息，要求用户安装 MDAC2.7。确定后弹出安装对话框，点击继续安装便能自动安装 MDAC2.7。软件自动安装在"C：\ En-giRes\Bidder2003_GD"目录，用户可修改。安装或运行软件时，对计算机的要求如下：

586 以上机型；

50~100M 硬盘空间(视选择安装的定额库个数而定)；

32M 以上内存；

Win98 第二版，IE4.0 以上/2000/XP 操作系统。

软件安装完成后，自动生成运行图标。

二、建立工程文件

双击软件运行图标，运行软件后出现文件向导窗口。在文件向导窗口中选择文件类别(投标文件或招标文件)、地区类别、工程专业(建筑、装饰、安装、市政、园林)、材价地区，并输入工程基本信息，点击新建，便能建立一份初始的工程量清单计价文件。如图10-14 所示。

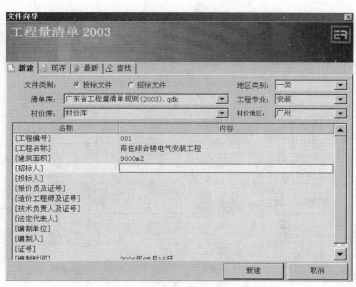

图 10-14　文件向导

其中地区类别决定管理费的默认费率，可在随后的编制过程中，根据实际情况进行修改。

三、输入分部分项工程量清单数据

"工程量清单 2003"软件的主界面如图 10-15 所示。其中包含封面、分部分项、措施项目、其他项目、零星项目、工料汇总、规费税金等 7 个页面。用鼠标点击相应页面，即可在该页面中输入相关数据。输入分部分项工程量清单数据的步骤如下：

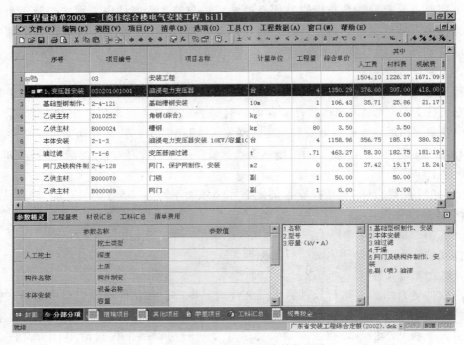

图 10-15 分部分项工程量清单数据输入

（1）点击分部分项页面，用鼠标双击序号栏，输入清单项目序号。

（2）用鼠标在项目编号栏处双击，弹出工程数据窗口。如图 10-16 所示。

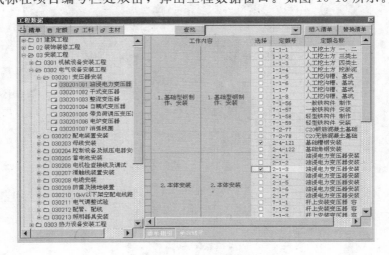

图 10-16 工程数据

（3）在工程数据窗口中，选择所需的清单项目，根据该清单项目实际发生的工作内容，在右侧选择实际工作内容所对应的定额子目，点击插入清单。

也可以直接在项目编号栏输入清单编码，按回车后，在弹出的窗口中选择该清单项目的参数，点击确定。如图10-17所示。

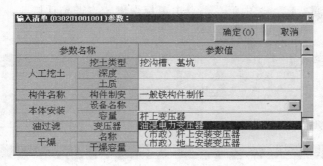

图 10-17 输入清单参数

（4）在分部分项页面中，输入清单项目的工程量。输入该清单项目所对应的各定额子目的工程量、主材单价。如图10-15所示。

（5）选中各定额子目，参照工、料、机的定额价，输入相应的市场价格。如图10-18所示。

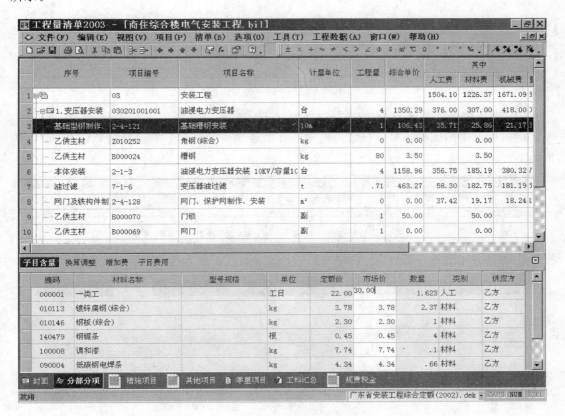

图 10-18 市场价格输入

（6）在最末一行用鼠标右键点击，点选插入清单，增加新的空行。

（7）重复步骤（1）～（6），直至所有分部分项工程量清单数据输入完毕。

（8）选中需要进行费用调整的清单项目，点击清单费用，在其下的费用窗口中用鼠标右键点击，点选添加，在新增加的空行中输入管理费的代码、名称、计算基础、费率等参数，同时可修改利润费率。选中汇总，点击鼠标右键，点选确认修改，该清单项目的管理费或利润随之更改。如图 10-19 所示。

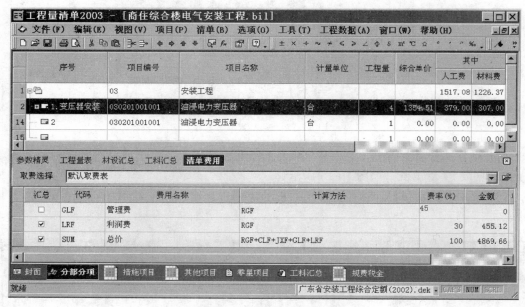

图 10-19　管理费、利润调整

四、输入措施项目清单数据

用鼠标点击措施项目页，在该页面输入各措施项目的名称、数量及价格。如图 10-20 所示。

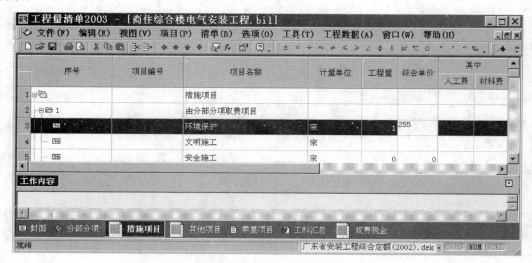

图 10-20　措施项目清单数据输入

五、输入其他项目清单

用同样的方法输入其他项目清单，以及零星项目工作内容。

六、输入规费项目及其费率

用鼠标点击规费税金页，在该页面调整规费费率。通常将本地区的规费项目名称及其费率设定好后，保存为费用文件，下次直接调用。如图 10-21 所示。

	序号	项目编号	项目名称	计算公式	费率(%)	金额(元)	备注
1	1	A	分部分项工程费	FBF	100	5401.16	
2	2	B	措施项目费	CSF	100	315.16	
3	3	C	其他项目费	QTF	100	162.03	
4	4	D	规费		0	575.66	规费
5	4.1	D1	社会保险费	FB[RGF]	27.81	418.29	
6	4.2	D2	住房公积金	FB[RGF]	8	120.33	
7	4.3	D3	工程定额测定费	A+B+C	.1	5.88	
8	4.4	D4	建筑企业管理费	A+B+C	.2	11.76	
9	4.5	D5	工程排污费	A+B+C	.33	19.4	
10	4.6	D6	施工噪音排污费	A+B+C	0	0	
11	4.7	D7	防洪工程维护费	A+B+C	0	0	
12	5	E	不含税工程造价	A+B+C+D	100	6454.01	
13	6	F	税金	E	3.41	220.08	
14			含税工程造价	E+F	100	6674.09	

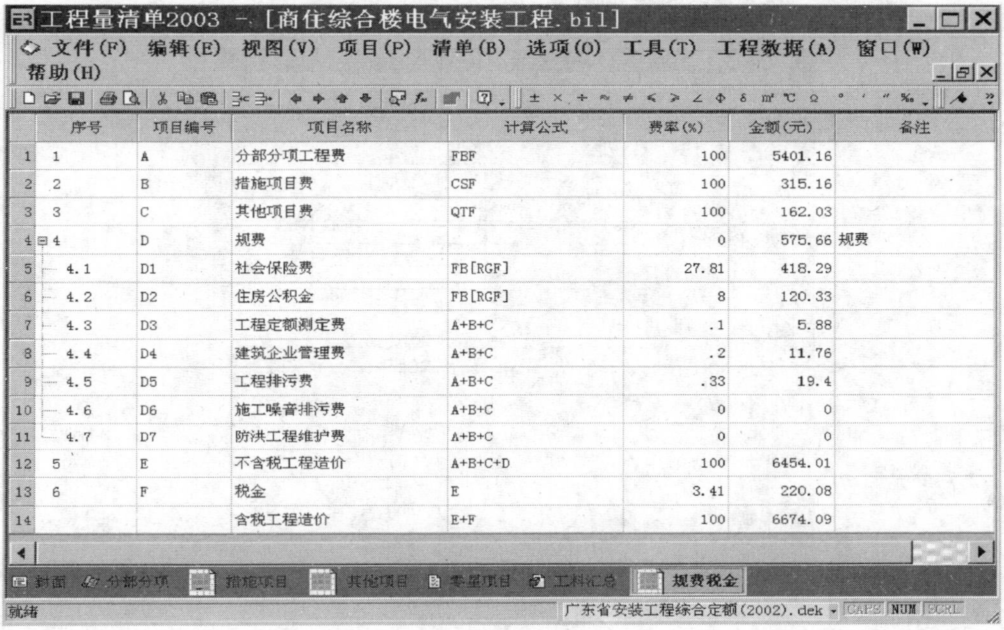

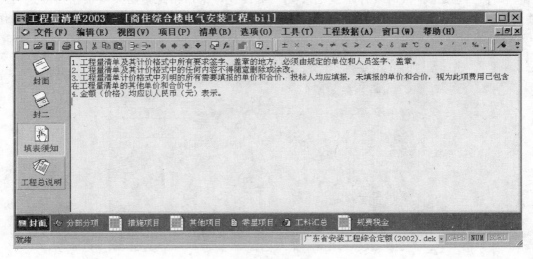

图 10-21　规费税金

七、编辑封面和说明

点击进入封面页面，对封面及投标报价页面进行编辑，输入填表须知、工程总说明等内容。该部分内容编辑设置好后，可保存为默认封面，下次直接调用。如图 10-22 所示。

图 10-22　编辑封面

如果是编制招标文件的工程量清单，到此即可进行打印了；如果是编制标底或投标报价，可根据工程实际情况或投标报价策略进行适当调整。

八、工程造价调整

在"工具"菜单中选择"工程造价调整"，在弹出的窗口中，对工、料、机等费用进行上浮或下调，点击"试调并预览"，可查看调整后的结果，如图 10-23 所示。调整满意后，点击"确定"完成工程造价的调整。

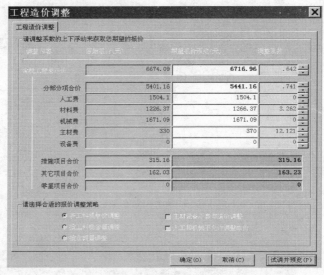

图 10-23　工程数据调整

九、打印报表

工程数据输入完毕后，即可按要求打印所需的表格，形成招标文件所需的工程量清单文件、标底以及投标报价标书等。打印步骤及方法如下：

1. 页面设置

软件已经按工程量清单计价规范对各表格设置好默认格式，用户可根据需要进行调整。在"文件"菜单中选择"页面设置"，选择需要设置格式的表格，点击设置。如图 10-24所示。

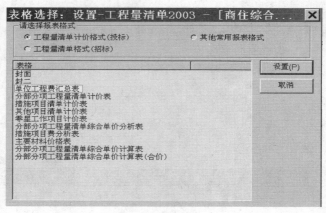

图 10-24　表格选择

在弹出的窗口中，设置打印纸张的大小，设置表格线的粗细、表格文字的字体、字号，表格栏目内容及对齐方式等。所有表格的打印格式设置好后，可以保存，供以后直接调用。如图 10-25 所示。

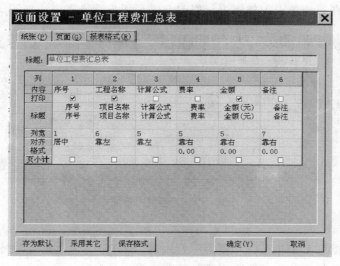

图 10-25　页面设置

2. 打印

在"文件"菜单中选择"打印"，选定要打印的报表格式类型，选中要打印的表格，点击打印便可打印出符合规定的表格。按顺序装订形成相应的标书。如图 10-26 所示。

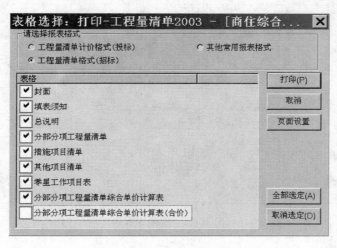

图 10-26　打印表格

十、软件的其他功能

"工程量清单 2003"软件的功能较多，除了编制工程量清单、标底、投标报价以外，还有如下主要功能。

1. 工程项目和工程文档管理

在"项目"菜单中选择"工程项目管理"、"工程文档管理"，可登录网络服务器进行相应操作，适合大型工程项目的多人联网操作。

2. 清单库管理

在"工程数据"菜单中选择"清单库管理器"，可对清单编码、项目名称、单位、工作内容、计算规则等清单引入规则进行修改，满足用户特殊需要。如图 10-27 所示。

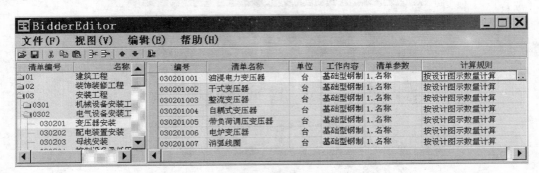

图 10-27　清单库管理

3. 定额库管理

在"工程数据"菜单中选择"定额库管理器"，打开要修改的定额库，可对定额项目及其工、料、机耗量及其单价等数据进行修改，形成适合施工企业投标报价所用的内部定额。如图 10-28 所示。

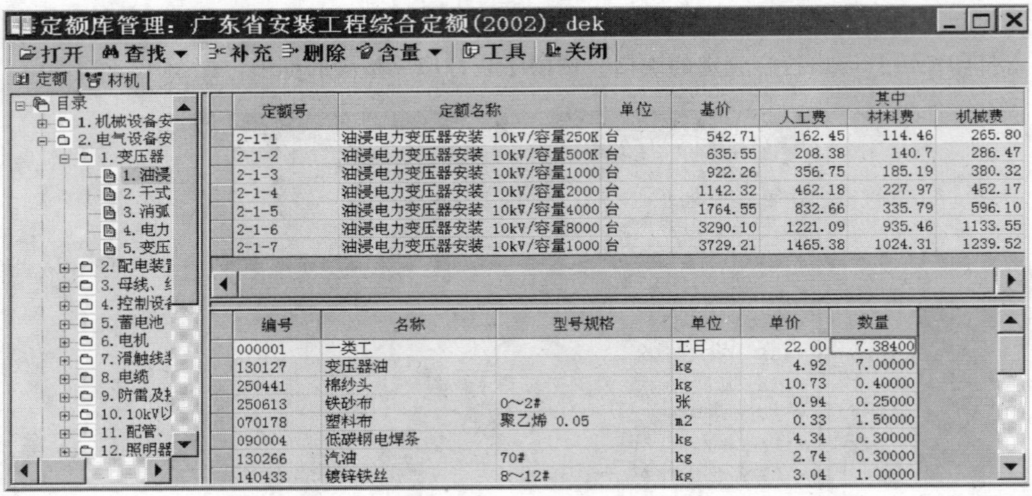

图 10-28　定额库管理

4. 主材库管理

在"工程数据"菜单中选择"材价库管理器"，可对主材/设备的市场价格进行更新，供工程计价时直接调用。如图 10-29 所示。可随时从软件公司网站下载最新材价数据库，更新投标报价。

5. 工程设置

在"清单"菜单中选择"工程设置"，可对工程名称、工程描述、报表内容、计算单位等参数进行设置。如图 10-30 所示。

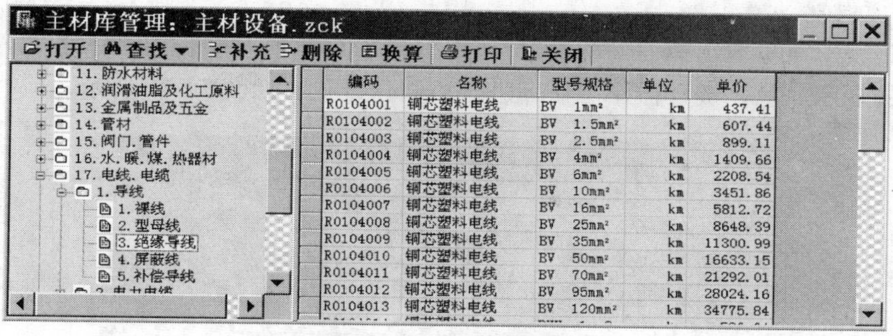

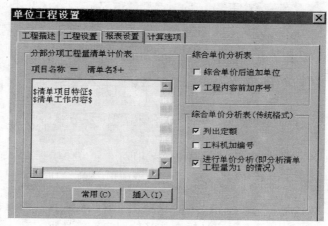

图 10-29　材价库管理

图 10-30　工程设置

6. 操作选项

在"选项"菜单中选择"操作选项",可根据用户习惯对工程数据的输入方式进行个性化设置。如图 10-31 所示。

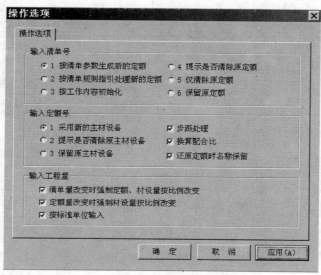

图 10-31　操作选项

7. 环境设置

在"选项"菜单中选择"环境设置"，可根据用户习惯对软件涉及的各文件的默认位置、界面的显示颜色、键盘操作习惯等进行个性化设置。如图 10-32 所示。

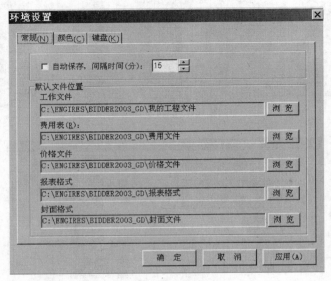

图 10-32　环境设置

8. 导入 Excel 数据

在"工具"菜单中选择"导入 Excel"，可将用 Excel 格式保存的工程量清单数据导入并转换为本软件的格式。用于工程招投标中与其他用户交换数据。

9. 输出到 Excel

在"文件"菜单中选择"打印"，在弹出的窗口中选择要输出的表格，点击"输出到Excel"按钮，可将选定的表格转换为 Excel 文件，便于和其他用户交换数据。如图 10-33 所示。

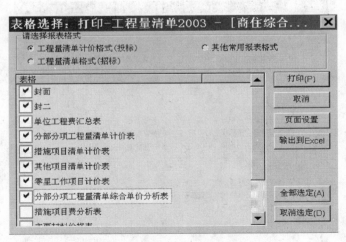

图 10-33　输出到 Excel

10. 文件备份

编制清单文件时，可在"选项"菜单中选择"环境选项"，设定自动保存的时间，以防电脑故障丢失数据。

编辑完清单文件、项目文件、费用文件或价格文件后，点取主菜单"文件"，在下拉菜单中选择"另存为……"出现"另存为……"窗口，在此确定保存位置及文件名，点取"保存"即可。

11. 设置密码

清单文件可加密，确保标底、标书等重要文件的安全性。在"文件"菜单中点取"设置密码"选项，弹出设置密码对话框，根据需要进行设置，如图 10-34 所示。

只读密码：设置招投标文件为只读。

完全访问密码：设置招投标文件为完全访问。

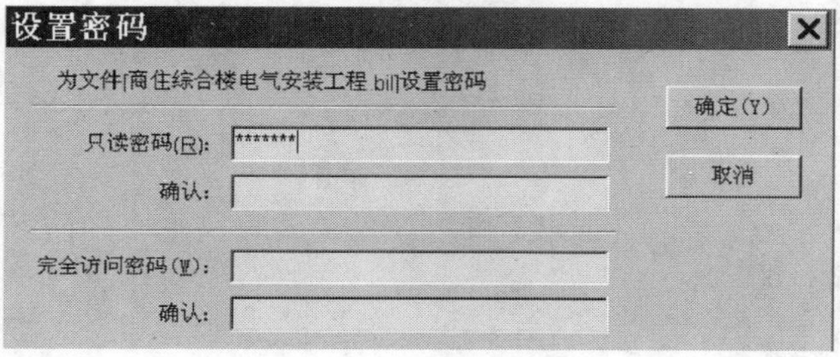

图 10-34　设置密码

12. 网络调用

若当前操作的计算机与其他电脑已联网，在"打开"窗口中，点取"查看桌面"按钮，点取"网上邻居"，即可查看、调用网络连接的其他计算机上的清单文件。

13. 在线更新

在"工程数据"菜单中点取"在线更新"，可通过软件公司的网站，对软件和工程数据(清单库、定额库、材价库、取费表等)进行联机更新。

本　章　小　结

(1) 工程计价软件主要分为定额计价软件和工程量清单计价软件两大类。工程计价软件具有适用范围广、操作方便、计算准确、适合网络化管理等特点。

(2) "工程预结算 2003"软件为定额计价模式，用于编制施工图预结算书。软件融合了所有专业定额的计算规则，深入体现出不同定额的应用规律，彻底消除专业界限，适用新旧定额，编制预算时可交叉调用不同的定额。该软件可用于编制建筑工程、安装工程、装饰工程、市政工程、园林工程、修缮工程等工程的预结算书，使用非常方便。

(3) "工程量清单 2003"软件是以《建设工程工程量清单计价规范》(GB 50500—2003)为依据，按照建筑工程、装饰工程、安装工程、市政工程、园林工程等不同专业工程量清单的规则及编制要求，快速编制施工工程项目的工程量清单。并根据各地区的定额、材料市场价格和取费标准的规定，根据一定的费用计算程序，计算出各清单项目的综合单价和合价，根据其他措施项目费用，汇总计算出工程总报价，自动生成招(投)标书，用于建设工程招投标业务。

思 考 题 与 习 题

1. 安装"工程预结算 2003"软件，安装后练习操作使用方法。

2. 根据你所在地的材料预算价格及计费程序，套用《全国统一安装工程预算定额》（2000），用软件对第五章第三节的例题重新编制并打印预算书。

3. 安装"工程量清单 2003"软件，安装后练习操作使用方法。

4. 根据你所在地的材料市场价格以及《全国统一安装工程预算定额》（2000），管理费及利润费率自定，用软件对第九章复习思考题 9 的工程量清单编制打印投标报价标书。

附录　某商贸中心工程量清单及投标报价标书

工程报建号：<u>穗建（2003-38）号</u>

<u>商贸中心电气安装工程</u>

工 程 量 清 单

招　标　人：_____（单位盖章）

法 定 代 表 人：_____（签字盖章）

编制人及证号：_____（签字并盖执业专用章）

编 制 单 位：_____（单位盖章）

编 制 日 期：_____

填 表 须 知

1. 工程量清单及其计价格式中所有要求签字、盖章的地方，必须由规定的单位和人员签字、盖章。

2. 工程量清单及其计价格式中的任何内容不得随意删除或涂改。

3. 工程量清单计价格式中列明的所有需要填报的单价和合价，投标人均应填报，未填报的单价和合价，视为此项费用已包含在工程量清单的其他单价和合价中。

4. 金额（价格）均应以人民币（元）表示。

总　说　明

工程名称：商贸中心电气安装工程

1. 本工程建筑面积共 86500m² ，地处闹市区，交通便利。

2. 本工程由开发商自筹资金兴建。

3. 计划工期：2004 年 3 月 1 日～2004 年 12 月 30 日。

4. 工程招标部分为：由变压器低压出线端开始的动力工程、照明工程；火灾自动报警系统工程。

5. 工程量清单依据《建设工程工程量清单计价规范》(GB 50500—2003)进行编制。

6. 火灾自动报警系统主机由开发商购置，其余设备、材料均由投标企业购置。

7. 施工时必须遵守《建筑电气工程施工质量验收规范》(GB 50303—2002)，保证工程质量。

分部分项工程量清单

工程名称：商贸中心电气安装工程

序号	项目编码	项 目 名 称	计量单位	工程数量
一	0302	动力、照明电气安装工程		
1	030204004001	低压开关柜 1. 基础槽钢制作、安装 2. 柜安装 3. 端子板安装 4. 焊、压接线端子	台	12.00
2	030204010001	低压电容器柜 1. 基础槽钢制作、安装 2. 柜安装 3. 端子板安装 4. 焊、压接线端子 5. 屏边安装	台	2.00
3	030204018001	落地式动力配电箱 1. 基础型钢制作、安装 2. 箱体安装	台	8.00
4	030204018002	照明配电箱 箱体安装	台	24.00
5	030204018003	小型配电箱 箱体安装	台	278.00
6	030203003001	带形母线 TMY125×10 1. 支持绝缘子、穿墙套管的耐压试验、安装 2. 穿通板制作、安装 3. 母线安装 4. 引下线安装 5. 刷分相漆	m	98.00
7	030203003002	带形母线 TMY50×5 1. 支持绝缘子、穿墙套管的耐压试验、安装 2. 穿通板制作、安装 3. 母线安装 4. 母线桥安装 5. 引下线安装 6. 刷分相漆	m	156.00
8	030208001001	电力电缆 ZRVV－4×35＋1×16 1. 揭（盖）盖板 2. 电缆敷设 3. 电缆头制作、安装 4. 过路保护管敷设 5. 防火堵洞 6. 电缆防护 7. 电缆防火隔板 8. 电缆防火涂料	m	372.00
9	030208001002	电力电缆 ZRVV－4×16＋1×10 1. 电缆敷设 2. 电缆头制作、安装 3. 过路保护管敷设 4. 防火堵洞 5. 电缆防护	m	560.00

工程名称：商贸中心电气安装工程

序号	项目编码	项 目 名 称	计量单位	工程数量
10	030208001003	电力电缆 ZRVV－4×10＋1×6 1. 电缆敷设 2. 过路保护管敷设 3. 防火堵洞 4. 电缆防护	m	1250.00
11	030208005001	电缆支架制作安装 1. 制作、涂锈、刷油 2. 安装	t	2.00
12	030209001001	接地母线敷设 1. 接地母线敷设 2. 接地跨接线 3. 构架接地	项	1.00
13	030212001001	钢架配管 DN32 1. 支架制作、安装 2. 电线管路敷设 3. 接线盒(箱)、灯头盒、开关盒、插座盒安装 4. 防腐油漆 5. 接地	m	153.00
14	030212001002	钢架配管 DN25 1. 支架制作、安装 2. 电线管路敷设 3. 接线盒(箱)、灯头盒、开关盒、插座盒安装 4. 防腐油漆 5. 接地	m	250.00
15	030212001003	钢架配管 DN15 1. 支架制作、安装 2. 电线管路敷设 3. 接线盒(箱)、灯头盒、开关盒、插座盒安装 4. 防腐油漆 5. 接地	m	336.00
16	030212001004	电线管暗埋 DN32 1. 支架制作、安装 2. 电线管路敷设 3. 接线盒(箱)、灯头盒、开关盒、插座盒安装 4. 接地	m	80.00
17	030212001005	电线管暗埋 DN25 1. 支架制作、安装 2. 电线管路敷设 3. 接线盒(箱)、灯头盒、开关盒、插座盒安装 4. 接地	m	345.00
18	030212001006	电线管暗埋 DN15 1. 支架制作、安装 2. 电线管路敷设 3. 接线盒(箱)、灯头盒、开关盒、插座盒安装 4. 接地	m	2890.00

工程名称：商贸中心电气安装工程

序号	项目编码	项 目 名 称	计量单位	工程数量
19	030212003001	管内穿线 BV—10 管内穿线	m	850.00
20	030212003002	管内穿线 BV—6 管内穿线	m	1100.00
21	030212003003	管内穿线 BV—2.5 管内穿线	m	3678.00
22	030212003004	管内穿线 BV—1.5 管内穿线	m	6135.00
23	030213001001	圆球吸顶灯 ϕ300 1. 支架制作、安装 2. 组装 3. 油漆	套	85.00
24	030213001002	方型吸顶灯安装 1. 支架制作、安装 2. 组装 3. 油漆	套	176.00
25	030213001003	壁灯安装 1. 支架制作、安装 2. 组装 3. 油漆	套	62.00
26	030213003001	装饰灯 ϕ700 吸顶 1. 支架制作、安装 2. 安装	套	38.00
27	030213003002	装饰灯 ϕ800 吊式 1. 支架制作、安装 2. 安装	套	8.00
28	030213003003	疏散指示灯 1. 支架制作、安装 2. 安装	套	72.00
29	030213004001	吊链式荧光灯 YG2-1 安装	套	180.00
30	030213004002	吊链式荧光灯 YG2-2 安装	套	286.00
31	030213004003	吊链式荧光灯 YG6-3 安装	套	32.00
32	030213002001	直杆式防水防尘灯 1. 支架制作、安装 2. 安装	套	18.00
33	030204031001	三联暗开关(单控)86 系列 1. 安装 2. 焊压端子	个	315.00
34	030204031002	双联暗开关(单控)86 系列 1. 安装 2. 焊压端子	个	193.00
35	030204031003	单联暗开关(单控)86 系列 1. 安装 2. 焊压端子	个	126.00

工程名称：商贸中心电气安装工程

序号	项目编码	项 目 名 称	计量单位	工程数量
36	030204031004	单相二、三孔暗插座 220V6A 1. 安装 2. 焊压端子	个	385.00
37	030204031005	单相三孔暗插座 220V15A 1. 安装 2. 焊压端子	个	21.00
38	030211002001	送配电装置系统 系统调试	系统	75.00
39	030211004001	补偿电容器柜调试 调试	套	2.00
40	030211008001	接地装置 接地电阻测试	系统	2.00
二	0307	火灾自动报警系统		
1	030705001001	智能型感烟探测器 JTY-LZ-ZM1551 1. 探头安装 2. 底座安装 3. 校接线 4. 探测器调试	只	800.00
2	030705001002	智能型感温探测器 JTW-BD-ZM5551 1. 探头安装 2. 底座安装 3. 校接线 4. 探测器调试	只	63.00
3	030705001003	普通感烟探测器 1. 探头安装 2. 底座安装 3. 校接线 4. 探测器调试	只	326.00
4	030705003001	手动报警按钮 1. 安装 2. 校接线 3. 调试	只	60.00
5	030705009001	声光报警盒 1. 安装 2. 调试	台	84.00
6	030705005001	报警控制器 1. 本体安装 2. 消防报警备用电源 3. 校接线 4. 调试	台	1.00
7	030705008001	重复显示器 1. 安装 2. 调试	台	12.00
8	030705004001	输入模块 JSM-M500M 1. 安装 2. 调试	只	94.00
9	030705004002	输出模块 KM-M500C 1. 安装 2. 调试	只	136.00
10	030706001001	自动报警系统装置调试 系统装置调试	系统	1.00

措施项目清单

工程名称：商贸中心电气安装工程

序 号	项 目 名 称	金 额 （元）
1	环境保护	
2	文明施工	
3	安全施工	
4	临时设施	
5	脚手架搭拆费	
	小计	
	合计	

其 他 项 目 清 单

工程名称：商贸中心电气安装工程

序 号	项 目 名 称	金 额 （元）
1	招标人部分	
1.1	预留金	35000.00
1.2	材料购置费	128500.00
	小计	163500.00
2	投标人部分	
2.1	总承包服务费	
2.2	零星工作项目	
2.3	其他费用	
	小计	
	合计	

零星工作项目表

工程名称：商贸中心电气安装工程

序 号	名 称	计量单位	数 量	金 额 （元）	
				综合单价	合 价
1	人工				
1.1	高级技术工人	工 日			
	技术工人	工 日			
	零工	工 日			
	小计				

工程名称：商贸中心电气安装工程

序 号	名 称	计量单位	数 量	金 额（元）	
				综合单价	合 价
2	材料				
2.1	电焊条	kg			
	型材	kg			
	小计				
3	机械				
3.1	5t汽车起重机	台 班			
	交流电焊机22kVA	台 班			
	小计				
	合计				

工程报建号：穗建(2003-38)号

商贸中心电气安装工程

工程量清单报价表

投 标 人：_____(单位盖章)

法定代表人：_____(签字盖章)

编制人及证号：_____(签字并盖执业专用章)

编 制 单 位：_____(单位盖章)

编 制 日 期：__2004年3月15日__

投 标 总 价

建设单位：_____（单位盖章）

工程名称：___商贸中心电气安装工程___

投标总价(小写)：___1023475.23 元___

　　　　(大写)：壹佰零贰万叁仟肆佰柒拾伍元贰角叁分

投　标　人：_____（单位盖章）

法定代表人：_____（签字盖章）

编　制　日　期：___2004 年 3 月 15 日___

单位工程费汇总表

工程名称：商贸中心电气安装工程

序 号	项 目 名 称	金 额 （元）
1	分部分项工程费	759677.93
2	措 施 项 目 费	16500.00
3	其 他 项 目 费	171746.05
4	规 费	41801.61
4.1	社 会 保 险 费	23776.43
4.2	住 房 公 积 金	6839.68
4.3	工 程 定 额 测 定 费	947.92
4.4	建 筑 企 业 管 理 费	1895.85
4.5	工 程 排 污 费	3791.70
4.6	施 工 噪 音 排 污 费	1706.26
4.7	防 洪 工 程 维 护 费	2843.77
5	不 含 税 工 程 造 价	989725.59
6	税 金	33749.64
	含 税 工 程 造 价	1023475.23

分部分项工程清单项目费汇总表

工程名称：商贸中心电气安装工程

序 号	名 称 及 说 明	合 价 （元）	备 注
1	动力、照明电气安装工程	505296.68	
2	火灾自动报警系统	254381.25	
	合 计	759677.93	

分部分项工程量清单计价表

工程名称：商贸中心电气安装工程

序　号	项目编码	项　目　名　称	计量单位	工程数量	金　额　（元）	
					综合单价	合　　价
一	0302	动力、照明电气安装工程				
1	030204004001	低压开关柜 1. 基础槽钢制作、安装 2. 柜安装 3. 端子板安装 4. 焊、压接线端子	台	12.00	6120.73	73448.76
2	030204010001	低压电容器柜 1. 基础槽钢制作、安装 2. 柜安装 3. 端子板安装 4. 焊、压接线端子 5. 屏边安装	台	1.00	2739.75	2739.75
3	030204018001	落地式动力配电箱 1. 基础型钢制作、安装 2. 箱体安装	台	8.00	1403.38	11227.04
4	030204018002	照明配电箱 箱体安装	台	24.00	338.57	8125.68
5	030204018003	小型配电箱 箱体安装	台	278.00	157.14	43684.92
6	030203003001	带形母线 TMY125×10 1. 支持绝缘子、穿墙套管的耐压试验、安装 2. 穿通板制作、安装 3. 母线安装 4. 引下线安装 5. 刷分相漆	m	98.00	310.28	30407.44
7	030203003002	带形母线 TMY50×5 1. 支持绝缘子、穿墙套管的耐压试验、安装 2. 穿通板制作、安装 3. 母线安装 4. 母线桥安装 5. 引下线安装 6. 刷分相漆	m	156.00	20.68	3226.08
8	030208001001	电力电缆 ZRVV—4×35＋1×16 1. 揭（盖）盖板 2. 电缆敷设 3. 电缆头制作、安装 4. 过路保护管敷设 5. 防火堵洞 6. 电缆防护 7. 电缆防火隔板 8. 电缆防火涂料	m	372.00	92.28	34328.16

序号	项目编码	项目名称	计量单位	工程数量	金额（元）	
					综合单价	合价
9	030208001002	电力电缆 ZRVV—4×16+1×10 1. 电缆敷设 2. 电缆头制作、安装 3. 过路保护管敷设 4. 防火堵洞 5. 电缆防护	m	560.00	48.11	26941.60
10	030208001003	电力电缆 ZRVV—4×10+1×6 1. 电缆敷设 2. 过路保护管敷设 3. 防火堵洞 4. 电缆防护	m	1250.00	30.69	38362.50
11	030208005001	电缆支架制作安装 1. 制作、涂锈、刷油 2. 安装	t	2.00	7411.96	14823.92
12	030209001001	接地母线敷设 1. 接地母线敷设 2. 接地跨接线 3. 构架接地	项	1.00	4491.47	4491.47
13	030212001001	钢架配管 DN32 1. 支架制作、安装 2. 电线管路敷设 3. 接线盒（箱）、灯头盒、开关盒、插座盒安装 4. 防腐油漆 5. 接地	m	153.00	42.61	6519.33
14	030212001002	钢架配管 DN25 1. 支架制作、安装 2. 电线管路敷设 3. 接线盒（箱）、灯头盒、开关盒、插座盒安装 4. 防腐油漆 5. 接地	m	250.00	41.89	10472.50
15	030212001003	钢架配管 DN15 1. 支架制作、安装 2. 电线管路敷设 3. 接线盒（箱）、灯头盒、开关盒、插座盒安装 4. 防腐油漆 5. 接地	m	336.00	41.48	13937.28
16	030212001004	电线管暗埋 DN32 1. 支架制作、安装 2. 电线管路敷设 3. 接线盒（箱）、灯头盒、开关盒、插座盒安装 4. 接地	m	80.00	6.65	532.00

工程名称：商贸中心电气安装工程

序号	项目编码	项 目 名 称	计量单位	工程数量	综合单价	合 价
					金 额 （元）	
17	030212001005	电线管暗埋 DN25 1. 支架制作、安装 2. 电线管路敷设 3. 接线盒（箱）、灯头盒、开关盒、插座盒安装 4. 接地	m	345.00	6.11	2107.95
18	030212001006	电线管暗埋 DN15 1. 支架制作、安装 2. 电线管路敷设 3. 接线盒（箱）、灯头盒、开关盒、插座盒安装 4. 接地	m	2890.00	6.45	18640.50
19	030212003001	管内穿线 BV－10 管内穿线	m	850.00	2.35	1997.50
20	030212003002	管内穿线 BV－6 管内穿线	m	1100.00	1.70	1870.00
21	030212003003	管内穿线 BV－2.5 管内穿线	m	3678.00	1.23	4523.94
22	030212003004	管内穿线 BV－1.5 管内穿线	m	6135.00	1.18	7239.30
23	030213001001	圆球吸顶灯 $\phi300$ 1. 支架制作、安装 2. 组装 3. 油漆	套	85.00	111.15	9447.75
24	030213001002	方型吸顶灯安装 1. 支架制作、安装 2. 组装 3. 油漆	套	176.00	70.18	12351.68
25	030213001003	壁灯安装 1. 支架制作、安装 2. 组装 3. 油漆	套	62.00	84.47	5237.14
26	030213003001	装饰灯 $\phi700$ 吸顶 1. 支架制作、安装 2. 安装	套	38.00	356.62	13551.56
27	030213003002	装饰灯 $\phi800$ 吊式 1. 支架制作、安装 2. 安装	套	8.00	1341.37	10730.96
28	030213003003	疏散指示灯 1. 支架制作、安装 2. 安装	套	72.00	86.04	6194.88
29	030213004001	吊链式荧光灯 YG2-1 安装	套	180.00	43.69	7864.20
30	030213004002	吊链式荧光灯 YG2-2 安装	套	286.00	58.40	16702.40

序号	项目编码	项目名称	计量单位	工程数量	综合单价	合价
31	030213004003	吊链式荧光灯 YG6-3 安装	套	32.00	84.58	2706.56
32	030213002001	直杆式防水防尘灯 1. 支架制作、安装 2. 安装	套	18.00	89.53	1611.54
33	030204031001	三联暗开关（单控）86系列 1. 安装 2. 焊压端子	个	315.00	16.18	5096.70
34	030204031002	双联暗开关（单控）86系列 1. 安装 2. 焊压端子	个	193.00	11.67	2252.31
35	030204031003	单联暗开关（单控）86系列 1. 安装 2. 焊压端子	个	126.00	9.38	1181.88
36	030204031004	单相二、三孔暗插座 220V6A 1. 安装 2. 焊压端子	个	385.00	10.32	3973.20
37	030204031005	单相三孔暗插座 220V15A 1. 安装 2. 焊压端子	个	21.00	12.32	258.72
38	030211002001	送配电装置系统 系统调试	系统	75.00	486.58	36493.50
39	030211004001	补偿电容器柜调试 调试	套	2.00	4767.02	9534.04
40	030211008001	接地装置 接地电阻测试	系统	2.00	230.02	460.04
		小计				505296.68
二	0307	火灾自动报警系统				
1	030705001001	智能型感烟探测器 JTY-LZ-ZM1551 1. 探头安装 2. 底座安装 3. 校接线 4. 探测器调试	只	800.00	149.97	119976.00
2	030705001002	智能型感温探测器 JTW-BD-ZM5551 1. 探头安装 2. 底座安装 3. 校接线 4. 探测器调试	只	63.00	204.97	12913.11
3	030705001003	普通感烟探测器 1. 探头安装 2. 底座安装 3. 校接线 4. 探测器调试	只	326.00	104.26	33988.76

工程名称：商贸中心电气安装工程

序 号	项目编码	项 目 名 称	计量单位	工程数量	金　额（元）	
					综合单价	合　　价
4	030705003001	手动报警按钮 1. 安装 2. 校接线 3. 调试	只	60.00	65.40	3924.00
5	030705009001	声光报警盒 1. 安装 2. 调试	台	84.00	137.30	11533.20
6	030705005001	报警控制器 1. 本体安装 2. 消防报警备用电源 3. 校接线 4. 调试	台	1.00	1518.64	1518.64
7	030705008001	重复显示器 1. 安装 2. 调试	台	12.00	793.82	9525.84
8	030705004001	输入模块 JSM-M500M 1. 安装 2. 调试	只	94.00	190.73	17928.62
9	030705004002	输出模块 KM-M500C 1. 安装 2. 调试	只	136.00	212.73	28931.28
10	030706001001	自动报警系统装置调试 系统装置调试	系统	1.00	14141.80	14141.80
		小计				254381.25
		合计				759677.93

措施项目清单计价表

工程名称：商贸中心电气安装工程

第 1 页　共 1 页

序　　号	项 目 名 称	金　额（元）
1	环 境 保 护	2500.00
2	文 明 施 工	1000.00
3	安 全 施 工	1500.00
4	临 时 设 施	3500.00
5	脚手架搭拆费	8000.00
	小　　计	16500.00
	合　　计	16500.00

其他项目清单计价表

工程名称：商贸中心电气安装工程

序 号	项 目 名 称	金 额（元）
1	招标人部分	
1.1	预 留 金	35000.00
1.2	材 料 购 置 费	128500.00
	小 计	163500.00
2	投标人部分	
2.1	总承包服务费	
2.2	零星工作项目	8246.05
2.3	其 他 费 用	
	小 计	8246.05
	合 计	171746.05

零星工作项目计价表

工程名称：商贸中心电气安装工程

序 号	名 称	计量单位	数 量	金 额（元）	
				综合单价	合 价
1	人 工				
1.1	高级技术工人	工 日	50.00	75.00	3750.00
	技 术 工 人	工 日	35.00	30.00	1050.00
	零 工	工 日	36.00	20.00	720.00
	小 计				5520.00
2	材 料				
2.1	电 焊 条	kg	15.00	5.50	82.50
	型 材	kg	160.00	3.40	544.00
	小 计				626.50
3	机 械				
3.1	5t汽车起重机	台 班	4.00	300.00	1200.00
	交流电焊机22kVA	台 班	15.00	60.00	900.00
	小 计				2100.00
	合 计				8246.50

分部分项工程量清单综合单价分析表

工程名称：商贸中心电气安装工程 　　　　　　　　　　　　　　　第 1 页　共 7 页

序号	项目编码	项目名称	工 程 内 容	综合单价组成					综合单价
				人工费	材料费	机械使用费	管理费	利润	
1	030204004001	低压开关柜	低压开关柜安装	63.89	20.01	49.11	28.75	15.97	6120.73
			低压开关柜		5800.00				
			基础槽钢制作、安装	7.26	5.26	4.30	3.27	1.82	
			槽钢		113.87				
			手工除中锈	1.04	0.40		0.47	0.26	
			红丹防锈漆第一遍	0.29	0.08		0.13	0.07	
			红丹防锈漆第二遍	0.28	0.07		0.12	0.07	
			醇酸防锈漆 G53-1		1.84				
			醇酸防锈漆 G53-1		2.10				
			小计	72.75	5943.63	53.41	32.74	18.19	
2	030204010001	低压电容器柜	电容器柜安装	63.89	20.01	49.11	28.75	15.97	2739.75
			低压电容器柜		2500.00				
			基础槽钢制作、安装	7.14	5.17	4.23	3.21	1.78	
			槽钢		28.00				
			屏边安装	5.46	3.20		2.46	1.36	
			小计	76.49	2556.38	53.34	34.42	19.12	
3	030204018001	落地式动力配电箱	箱体安装	63.89	20.01	49.11	28.75	15.97	1403.38
			落地式动力配电箱		1200.00				
			基础型钢制作、安装	5.36	3.88	3.18	2.41	1.34	
			槽钢		8.40				
			红丹防锈漆第一遍	0.31	0.09		0.14	0.08	
			红丹防锈漆第二遍	0.03	0.01		0.01	0.01	
			醇酸防锈漆 G53-1		0.20				
			醇酸防锈漆 G53-1		0.22				
			小计	69.59	1232.81	52.29	31.31	17.40	
4	030204018002	照明配电箱	箱体安装	31.68	28.71		14.26	7.92	338.57
			照明配电箱 XRM-16		256.00				
			小计	31.68	284.71		14.26	7.92	
5	030204018003	小型配电箱	箱体安装	26.40	26.26		11.88	6.60	157.14
			小型配电箱		86.00				
			小计	26.40	112.26		11.88	6.60	
6	030203003001	带形母线	母线安装	5.77	10.62	11.39	2.60	1.44	
			铜母线 TMY125×10		125.00				
			母线桥安装	28.51	11.52	10.97	12.83	7.13	

222

工程名称：商贸中心电气安装工程

序号	项目编码	项目名称	工 程 内 容	综 合 单 价 组 成					综合单价
				人工费	材料费	机械使用费	管理费	利润	
6	030203003001	带形母线	扁钢－25～40		8.25				310.28
			圆钢（综合）		2.16				
			角钢（综合）		29.81				
			母线桥安装	18.53	2.41	8.37	8.34	4.63	
			小计	52.81	189.77	30.73	23.77	13.20	
7	030203003002	带形母线	母线安装	3.22	6.47	7.07	1.45	0.81	20.68
			母线桥安装	0.30	0.12	0.12	0.14	0.08	
			扁钢－25～40		0.09				
			圆钢（综合）		0.02				
			角钢（综合）		0.33				
			母线桥安装	0.20	0.03	0.09	0.09	0.05	
			小计	3.72	7.06	7.28	1.68	0.94	
8	030208001001	电力电缆 ZRVV4×35＋1×16	揭（盖）盖板	0.04			0.02	0.01	92.28
			电缆敷设	1.24	0.88	0.05	0.56	0.31	
			电缆 ZRVV－4×35＋1×16		86.00				
			电缆头制作、安装	0.34	1.38		0.15	0.08	
			户内热缩式电缆终端头 35-400mm²		0.05				
			防火堵洞	0.13	0.11		0.06	0.03	
			超高增加费	0.44			0.20	0.11	
			高层建筑增加费	0.05			0.02	0.01	
			小计	2.24	88.42	0.05	1.01	0.56	
9	030208001002	电力电缆 ZRVV－4×16＋1×10	电缆敷设	2.23	0.96	0.36	1.00	0.56	48.11
			电缆 ZRVV－4×16＋1×10		38.00				
			电缆头制作、安装	0.93	2.74		0.42	0.23	
			户内热缩式电缆终端头 35-400mm²		0.11				
			防火堵洞	0.17	0.13		0.07	0.04	
			高层建筑增加费	0.09			0.04	0.02	
			小计	3.42	41.94	0.36	1.53	0.85	
10	030208001003	电力电缆 ZRVV－4×10＋1×6	电缆敷设	2.23	0.96	0.36	1.00	0.56	30.69
			电缆 ZRVV－4×10＋1×6		25.00				
			防火堵洞	0.17	0.13		0.07	0.04	
			高层建筑增加费	0.09			0.04	0.02	
			小计	2.49	26.10	0.36	1.12	0.62	

序号	项目编码	项目名称	工 程 内 容	综合单价组成					综合单价
				人工费	材料费	机械使用费	管理费	利润	
11	030208005001	电缆支架制作安装	制作、涂锈、刷油	1900.80	768.00	731.10	855.36	475.20	7411.96
			扁钢—25～40		550.00				
			圆钢（综合）		144.00				
			角钢（综合）		1987.50				
			安装						
			小计	1900.80	3449.50	731.10	855.36	475.20	
12	030209001001	接地母线敷设	接地母线敷设	602.75	289.50	224.00	271.24	150.69	4491.47
			接地母线 40×4						
			接地母线敷设	1157.28	555.84	430.08	520.78	289.32	
			接地母线 25×4						
			小计	1760.03	845.34	654.08	792.01	440.01	
13	030212001001	钢架配管 DN32	支架制作、安装	8.45	3.41	3.25	3.80	2.11	42.61
			扁钢—25～40		2.74				
			圆钢（综合）		0.69				
			角钢（综合）		10.00				
			电线管路敷设	1.96	1.34	0.37	0.88	0.49	
			电线管 DN32		2.99				
			高层建筑增加费	0.08			0.04	0.02	
			小计	10.48	21.17	3.62	4.72	2.62	
14	030212001002	钢架配管 DN25	支架制作、安装	8.45	3.41	3.25	3.80	2.11	41.89
			扁钢—25～40		2.74				
			圆钢（综合）		0.69				
			角钢（综合）		10.00				
			电线管路敷设	1.96	1.34	0.37	0.88	0.49	
			电线管 DN25		2.27				
			高层建筑增加费	0.08			0.04	0.02	
			小计	10.48	20.45	3.62	4.72	2.62	
15	030212001003	钢架配管 DN15	支架制作、安装	8.45	3.41	3.25	3.80	2.11	41.48
			扁钢—25～40		2.74				
			圆钢（综合）		0.69				
			角钢（综合）		10.00				
			电线管路敷设	1.96	1.34	0.37	0.88	0.49	
			电线管 DN15		1.85				
			高层建筑增加费	0.08			0.04	0.02	

序号	项目编码	项目名称	工程内容	综合单价组成					综合单价
				人工费	材料费	机械使用费	管理费	利润	
			小计	10.48	20.04	3.62	4.72	2.62	
16	030212001004	电线管暗埋 DN32	电线管路敷设	1.40	0.58	0.37	0.63	0.35	6.65
			电线管 DN32		2.88				
			接线盒（箱）、灯头盒、开关盒、插座盒安装	0.09	0.07		0.04	0.02	
			接线盒		0.21				
			高层建筑增加费	0.00			0.00	0.00	
			小计	1.49	3.74	0.37	0.67	0.37	
17	030212001005	电线管暗埋 DN25	电线管路敷设	1.32	0.43	0.37	0.59	0.33	6.11
			电线管 DN25		2.58				
			接线盒（箱）、灯头盒、开关盒、插座盒安装	0.10	0.09		0.04	0.02	
			接线盒		0.24				
			高层建筑增加费	0.00			0.00	0.00	
			小计	1.42	3.34	0.37	0.63	0.35	
18	030212001006	电线管暗埋 DN15	电线管路敷设	0.91	0.30	0.41	0.41	0.23	6.45
			电线管 DN15		2.01				
			接线盒（箱）、灯头盒、开关盒、插座盒安装	0.42	0.37		0.19	0.10	
			接线盒		1.02				
			高层建筑增加费	0.05			0.02	0.01	
			小计	1.38	3.69	0.41	0.62	0.35	
19	030212003001	管内穿线 BV—10	管内穿线	0.16	0.26		0.07		2.35
			绝缘导线 BV—10		1.82				
			小计	0.16	2.08		0.07	0.04	
20	030212003002	管内穿线 BV—6	管内穿线	0.13	0.22		0.06		1.70
			绝缘导线 BV—6		1.25				
			小计	0.13	1.47		0.06	0.04	
21	030212003003	管内穿线 BV—2.5	管内穿线	0.17	0.15		0.07		1.23
			绝缘导线 BV—2.5		0.80				
			小计	0.17	0.95		0.07	0.04	
22	030212003004	管内穿线 BV—1.5	管内穿线	0.17	0.15		0.07		1.18
			绝缘导线 BV—1.5		0.75				
			小计	0.17	0.90		0.07	0.04	

序号	项目编码	项目名称	工程内容	综合单价组成					综合单价
				人工费	材料费	机械使用费	管理费	利润	
23	030213001001	圆球吸顶灯φ300	组装	3.61	6.04		1.62	0.90	111.15
			成套灯具		98.98				
			小计	3.61	105.02		1.62	0.90	
24	030213001002	方型吸顶灯安装	组装	3.61	1.42		1.62	0.90	70.18
			成套灯具		62.62				
			小计	3.61	64.04		1.62	0.90	
25	030213001003	壁灯安装	组装	3.38	2.98		1.52	0.84	84.47
			成套灯具		75.75				
			小计	3.38	78.73		1.52	0.84	
26	030213003001	装饰灯φ700吸顶	安装	65.51	17.03	0.98	29.48	16.38	356.62
			成套灯具		227.25				
			小计	65.51	244.28	0.98	29.48	16.38	
27	030213003002	装饰灯φ800吊式	安装	65.51	17.03	0.98	29.48	16.38	1341.37
			成套灯具		1212.00				
			小计	65.51	1229.03	0.98	29.48	16.38	
28	030213003003	疏散指示灯	安装	4.28	2.01		1.92	1.07	86.04
			成套灯具		76.76				
			小计	4.28	78.77		1.92	1.07	
29	030213004001	吊链式荧光灯 YG2-1	安装	3.63	5.20		1.63	0.91	43.69
			成套灯具 YG2-1		32.32				
			小计	3.63	37.52		1.63	0.91	
30	030213004002	吊链式荧光灯 YG2-2	安装	4.56	5.20		2.05	1.14	58.40
			成套灯具 YG2-2		45.45				
			小计	4.56	50.65		2.05	1.14	
31	030213004003	吊链式荧光灯 YG6-3	安装	5.10	5.20		2.30	1.28	84.58
			成套灯具 YG6-3		70.70				
			小计	5.10	75.90		2.30	1.28	
32	030213002001	直杆式防水防尘灯	安装	4.95	1.33		2.23	1.24	89.53
			成套灯具		79.79				
			小计	4.95	81.12		2.23	1.24	
33	030204031001	三联暗开关(单控)86系列	安装	1.50	0.58		0.67	0.37	16.18
			照明开关86系列 220V3A		13.06				
			小计	1.50	13.64		0.67	0.37	

序号	项目编码	项目名称	工程内容	综合单价组成					综合单价
				人工费	材料费	机械使用费	管理费	利润	
34	030204031002	双联暗开关(单控)86系列	安装	1.50	0.46		0.67	0.37	11.67
			照明开关86系列 220V3A		8.67				
			小计	1.50	9.13		0.67	0.37	
35	030204031003	单联暗开关(单控)86系列	安装	1.43	0.33		0.64	0.36	9.38
			照明开关86系列 220V3A		6.63				
			小计	1.43	6.96		0.64	0.36	
36	030204031004	单相二、三孔暗插座 220V6A	安装	1.60	0.59		0.73		10.32
			单相二、三孔暗插座 220V6A		7.00				
			小计	1.60	7.59		0.73	0.40	
37	030204031005	单相三孔暗插座 220V15A	安装	1.60	0.59		0.73		12.32
			单相三孔暗插座 220V15A		9.00				
			小计	1.60	9.59		0.73	0.40	
38	030211002001	送配电装置系统	系统调试	176.00	4.64	182.74	79.20	44.00	486.58
			小计	176.00	4.64	182.74	79.20	44.00	
39	030211004001	补偿电容器柜调试	调试	1073.60	28.33	2913.57	483.12	268.40	4767.02
			小计	1073.60	28.33	2913.57	483.12	268.40	
40	030211008001	接地装置	接地电阻测试	68.99	1.86	110.88	31.05	17.25	230.02
			小计	68.99	1.86	110.88	31.05	17.25	
1	030705001001	智能型感烟探测器 JTY-LZ-ZM1551	安装	10.47	5.00	2.17	3.67		149.97
			智能型感烟探测器 JTY-LZ-ZM1551		125.00				
			小计	10.47	130.00	2.17	4.71	2.62	
2	030705001002	智能型感温探测器 JTW-BD-ZM5551	安装	10.47	5.00	2.17	3.67		204.97
			智能型感温探测器 JTW-BD-ZM5551		180.00				
			小计	10.47	185.00	2.17	4.71	2.62	
3	030705001003	普通感烟探测器	安装	5.10	4.74	0.85	2.30	1.28	104.26
			普通感烟探测器		90.00				
			小计	5.10	94.74	0.85	2.30	1.28	
4	030705003001	手动报警按钮	安装	7.57	5.18	1.35	3.41	1.89	65.40
			手动报警按钮		46.00				

工程名称：商贸中心电气安装工程

序号	项目编码	项目名称	工 程 内 容	综合单价组成					综合单价
				人工费	材料费	机械使用费	管理费	利润	
			小计	7.57	51.18	1.35	3.41	1.89	
5	030705009001	声光报警盒	安装	10.74	3.03	1.01	4.83	2.69	137.30
			声光报警盒		115.00				
			小计	10.74	118.03	1.01	4.83	2.69	
6	030705005001	报警控制器	本体安装	390.72	123.07	711.05	175.82	97.68	1518.64
			消防报警备用电源	8.80	4.57	0.77	3.96	2.20	
			小计	399.52	127.64	711.82	179.78	99.88	
7	030705008001	重复显示器	安装	136.75	18.32	58.02	61.54	34.19	793.82
			重复显示屏		485.00				
			小计	136.75	503.32	58.02	61.54	34.19	
8	030705004001	输入模块 JSM-M500M	安装	16.02	5.38	2.12	7.21	4.01	190.73
			输入模块 JSM-M500M		156.00				
			小计	16.02	161.38	2.12	7.21	4.01	
9	030705004002	输出模块 KM-M500C	安装	16.02	5.38	2.12	7.21	4.01	212.73
			输出模块 KM-M500C		178.00				
			小计	16.02	183.38	2.12	7.21	4.01	
10	030706001001	自动报警系统装置调试	系统装置调试	2895.02	2368.17	6852.09	1302.76	723.76	14141.80
			小计	2895.02	2368.17	6852.09	1302.76	723.76	

主要材料价格表

工程名称：商贸中心电气安装工程

序 号	材料编码	材 料 称	规格、型号	单 位	单价(元)
1		低压开关柜		台	5800.00
2		低压电容器柜		台	2500.00
3		落地式动力配电箱		台	1200.00
4		照明配电箱	XRM-16	台	256.00
5		小型配电箱		台	86.00
6		铜母线	TMY125×10	m	125.00
7		绝缘导线	BV—10	m	1.82
8		绝缘导线	BV—6	m	1.25
9		绝缘导线	BV—2.5	m	0.80
10		绝缘导线	BV—1.5	m	0.75
11		单相二、三孔暗插座	220V6A	个	7.00

工程名称：商贸中心电气安装工程

序　号	材料编码	材　料　称	规格、型号	单　位	单价(元)
12		单相三孔暗插座	220V15A	个	9.00
13		智能型感烟探测器	JTY-LZ-ZM1551	只	125.00
14		智能型感温探测器	JTW-BD-ZM5551	只	180.00
15		普通感烟探测器		只	90.00
16		手动报警按钮		只	46.00
17		声光报警盒		只	115.00
18		重复显示屏		台	485.00
19		输入模块 JSM-M500M		只	156.00
20		输出模块 KM-M500C		只	178.00

参 考 文 献

1. 张允明，兰剑等．工程量清单的编制与投标报价．北京：中国建材工业出版社，2004
2. 张秀德等．安装工程定额与预算．北京：中国电力出版社，2004
3. 安成云．建筑电气工程概预算．北京：中国电力出版社，2003
4. 王智伟．建筑设备安装工程经济与管理．北京：中国建筑工业出版社，2003
5. 韩永学．建筑电气工程概预算．哈尔滨：哈尔滨工业大学出版社，2002